Excel 2016

高效办公 人力资源与行政管理

U0196131

Excel Home 编著

人民邮电出版社

北京

图书在版编目（CIP）数据

Excel 2016高效办公. 人力资源与行政管理 / Excel
Home编著. -- 北京 : 人民邮电出版社, 2019.8
　　ISBN 978-7-115-50565-1

　　Ⅰ. ①E… Ⅱ. ①E… Ⅲ. ①表处理软件－应用－人力
资源管理②表处理软件－应用－行政管理 Ⅳ.
①TP391.13②F243-39③D035-39

中国版本图书馆CIP数据核字(2019)第028022号

内 容 提 要

本书以 Excel 在人力资源与行政管理中的具体应用为主线，按照人力资源管理者的日常工作特点谋篇布局，通过介绍典型应用案例，在讲解具体工作方法的同时，介绍相关的 Excel 2016 常用功能。

全书共 7 章，分别介绍了人员招聘与录用、培训管理、薪酬福利管理、人事信息数据统计分析、职工社保管理、Excel 在行政管理中的应用，以及考勤和年假管理等内容。

本书案例实用，步骤清晰，主要面向需要提高 Excel 应用水平的人力资源与行政管理人员。此外，书中讲解的典型案例也非常适合其他职场人士学习。

◆ 编　　著　Excel Home
　　责任编辑　马雪伶
　　责任印制　马振武

◆ 人民邮电出版社出版发行　　北京市丰台区成寿寺路 11 号
　　邮编　100164　　电子邮件　315@ptpress.com.cn
　　网址　https://www.ptpress.com.cn
　　涿州市殷润文化传播有限公司印刷

◆ 开本：787×1092　1/16
　　印张：22.5　　　　　　　　2019 年 8 月第 1 版
　　字数：595 千字　　　　　　2024 年 8 月河北第 9 次印刷

定价：69.00 元

读者服务热线：(010)81055410　印装质量热线：(010)81055316
反盗版热线：(010)81055315
广告经营许可证：京东市监广登字 20170147 号

前　言

在 Excel Home 网站上，会员们经常讨论这样一个话题：**如果我精通 Excel，我能做什么？**

要回答这个问题，首先要明确为什么要学习 Excel。我们知道，Excel 是应用性很强的软件，多数人学习 Excel 的主要目的是更高效地处理工作，及时地解决问题，也就是说，学习 Excel 的目的不是要精通它，而是要通过应用 Excel 来解决实际问题。

应该清楚地认识到，Excel 只是我们在工作中能够利用的一个工具而已，从这一点上看，最好不要把自己的前途和 Excel 捆绑起来，行业知识和专业技能才是我们更需要关注的。但是，Excel 功能的强大是毫无疑问的。因此我们多掌握一些它的用法，专业水平也能随之提升，至少在做同样的工作时会比别人更有竞争力。

在 Excel Home 网站上，经常可以看到高手们在某个领域不断开发出 Excel 的新用法，这些受人尊敬的、可以被称为 Excel 专家的高手无一不是各自行业中的出类拔萃者。从某种意义上说，Excel 专家也必定是某个或多个行业的专家，他们拥有丰富的行业知识和经验。**高超的 Excel 技术配合行业经验来共同应用，才有可能把 Excel 的功能发挥到极致**。同样的 Excel 功能，不同的人去运用，效果将是完全不同的。

基于上面的这些观点，也为了满足众多 Excel Home 会员与读者提出的结合自身行业来学习 Excel 的需求，我们组织了来自 Excel Home 的多位资深 Excel 专家和编写"Excel 高效办公"丛书[1]的主要作者，精心编写了本书。

本书特色

■　由资深专家编写

本书的编写者都是相关行业的资深专家，同时也是 Excel Home 上万众瞩目的明星、备受尊敬的"大侠"。他们往往能一针见血地指出你工作中最常见的疑难点，然后帮你分析应该使用何种思路来寻求答案，最后贡献出自己从业多年所总结的专业知识与经验，并且通过来源于实际工作中的案例向大家展示高效利用 Excel 2016 进行办公的绝招。

■　与职业技能对接

本书完全按照职业工作内容进行谋篇布局，以 Excel 在人力资源工作中的具体应用为主线，通过介绍典型应用案例，细致地讲解工作内容和工作思路，并将 Excel 各项常用功能（包括基本

---

[1] "Excel 高效办公"丛书，人民邮电出版社于 2008 年 7 月出版，主要针对 Excel 2003 用户。

操作、函数、图表、数据分析和 VBA）的使用方法与职业技能进行无缝融合。

本书力图让读者在掌握具体工作方法的同时也相应地提高 Excel 2016 的技术水平，并能够举一反三，将示例的用法进行"消化"和"吸收"后用于解决自己工作中的问题。

读者对象

本书主要面向人力资源和行政管理人员，特别是职场新人和急需提升自身职业技能的进阶者。同时，本书也适合希望提高现有实际操作能力的职场人士和各类院校的学生阅读。

声明

本书案例所使用的数据均为虚拟数据，如有雷同，纯属巧合。

致谢

本书由 Excel Home 策划并组织编写，技术作者为胡炜，执笔作者为丁昌萍，审校为吴晓平。

特别感谢董学良，他无私分享多年的人力资源管理经验，并在本书"年度薪酬统计"这一重要内容中提供了优秀的解决方法。

Excel Home 论坛管理团队和 Excel Home 免费在线培训中心教管团队长期以来都是 Excel Home 图书的坚实后盾，他们是 Excel Home 中最可爱的人，其中最为广大会员所熟知的代表人物有朱尔轩、刘晓月、杨彬、朱明、郗金甲、方骥、赵刚、黄成武、赵文妍、孙继红、王建民等。在此向这些最可爱的人表示由衷的感谢。

衷心感谢 Excel Home 的百万会员，是他们多年来的不断支持与分享，营造出热火朝天的学习氛围，并成就了今天的 Excel Home 系列图书。

在本书的编写过程中，尽管作者团队始终竭尽全力，但仍无法避免不足之处。如果您在阅读过程中有任何意见或建议，请反馈给我们，我们将根据您宝贵的意见或建议进行改进，继续努力，争取做得更好。

如果您在学习过程中遇到困难或疑惑，可以通过以下任意一种方式与我们互动。

（1）访问 Excel Home 论坛，通过论坛与我们交流。

（2）访问 Excel Home 论坛，参加 Excel Home 的免费培训。

（3）如果您是微博控和微信控，可以关注我们的新浪微博、腾讯微博或者微信公众号。微博和微信会长期更新很多优秀的学习资源，发布实用的 Office 技巧，并与大家进行交流。

您也可以发送电子邮件到 book@excelhome.net，我们将尽力为您服务。如果您有任何建议或者意见，还可以发邮件到 maxueling@ptpress.com.cn 与本书责任编辑联系。

目 录

第 **1** 章　人员招聘与录用

Excel 2016 高效办公

　　招聘实施是整个招聘与录用工作模块的核心。在整个过程中有招募、选择和录用 3 个环节。规范的招聘流程是保证招聘到合适、优秀人员的前提，Excel 软件可以在这些工作环节中发挥作用。本章首先通过制作"招聘流程图"介绍一般的招聘工作流程，同时讲述 Excel 基本的操作方法。之后介绍实际工作中常用的"面试通知单"和"员工信息登记表"等案例，为人力资源管理者提供实用简便的解决方案。

1.1 招聘流程图

案例背景

从某种意义来说企业间的竞争实质上是对人才的竞争，以人为本是企业成功的重要因素。人员招聘是人力资源管理中非常重要的一环，当企业出现职位空缺时，人力资源部应及时有效地补充人力资源，保证各岗位对人员的需求。本例通过 "招聘流程图" 的制作及应用，帮助企业人力资源部获知人员招录的渠道和方法，并为各部门的紧密协作提供平台基础。

最终效果展示

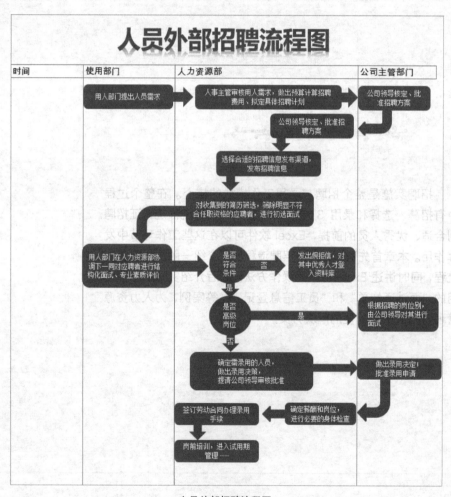

人员外部招聘流程图

关键技术点

要实现本例中的功能，读者应掌握以下 Excel 技术点。

- 新建及保存工作簿
- 绘制自选图形的方法、步骤
- 页面设置、打印预览
- Excel 中设置的使用
- 自定义纸张的方法

示例文件

\第 1 章\人员外部招聘流程图.xlsx

1.1.1 新建工作簿

本案例主要涉及 Excel 的一些基本功能使用，首先介绍新建工作簿、保存并命名等操作。

Step 1 创建工作簿

① 单击桌面"开始"菜单，拖动滚动条至"Excel 2016"，然后单击，启动 Excel 2016。

② 默认打开一个开始界面，其左侧显示最近使用的文档，右侧显示"空白工作簿"和一些常用的模板，单击"空白工作簿"。

此时，系统会自动创建一个新的工作簿"工作簿1"。

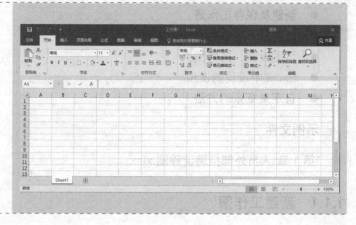

技巧　直接新建空白工作簿

如果无须使用这些模板，希望启动 Excel 2016 时直接新建空白工作簿，可通过下面的设置来跳过开始界面。

单击 Excel 2016 的"文件"→"选项"，弹出"Excel 选项"对话框，单击"常规"选项卡，在"启动选项"区域取消勾选"此应用程序启动时显示开始屏幕"复选框，单击"确定"按钮。

这样，以后启动 Excel 2016 时即可直接新建一个空白工作簿。

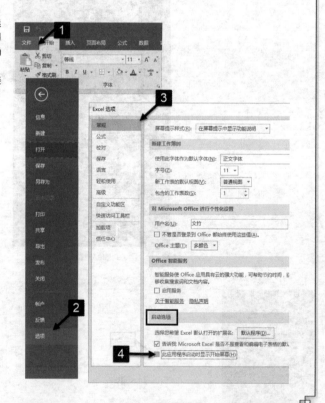

Step 2 保存并命名工作簿

① 在功能区中单击"文件"选项卡，在下拉菜单中单击"另存为"命令，然后单击右侧的"浏览"按钮。

② 弹出"另存为"对话框，"此电脑"下的"文档"文件夹为系统默认的保存位置。

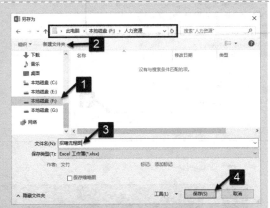

③ 在"另存为"对话框左侧列表框中选择具体的文件存放路径，如"本地磁盘(F:)"。单击"新建文件夹"按钮，将新建的"新建文件夹"重命名为"人力资源"，双击"人力资源"文件夹。

假定本书中所有相关文件均存放在这个文件夹中。

④ 在"文件名"文本框中输入工作簿的名称"招聘流程图"，其余选项保留默认设置，最后单击"保存"按钮。

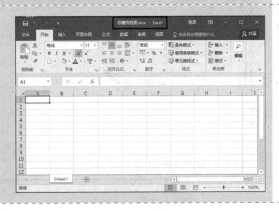

此时在 Excel 的标题栏会出现保存后的文档名。

技巧 自动保存功能

新建文档后，第一次单击"快速访问工具栏"上的"保存"按钮 ，或者按<Ctrl+S>组合键都可以打开"另存为"页面。

对已经保存过的工作簿，再次单击"保存"按钮或按<Ctrl+S>组合键，不会出现"另存为"对话框，而是直接将工作簿保存在原来位置，并以修改后的内容覆盖旧文件中的内容。

由于异常断电、系统不稳定、Excel 程序本身问题、用户误操作等原因，Excel 程序可能会在用户保存文档之前就意外关闭，使用"自动保存"功能可以减少这些意外所造成的损失。

在 Excel 2016 中，不仅会自动生成备份文件，而且会根据间隔定时生成多个文件版本。当 Excel 程序因意外崩溃而退出，或者用户没有保存文档就关闭工作簿时，可以选择其中的某一个版本进行恢复。

具体的设置方法如下。

① 依次单击"文件"选项卡→"选项"，弹出"Excel 选项"对话框，单击"保存"选项卡。

② 勾选"保存工作簿"区域中"保存自动恢复信息时间间隔"复选框（默认被勾选），即所谓的"自动保存"。在微调框中设置自动保存的时间间隔，默认为 10 分钟，用户可以设置 1~120 分钟的整数。勾选"如果我没保存就关闭，请保留上次自动恢复的版本"复选框。在下方"自动恢复文件位置"文本框中输入需要保存的位置，Windows10 系统中的默认路径为"C:\Users\用户名\AppData\Roaming\Microsoft\Excel\"。

③ 单击"确定"按钮即可应用保存设置并退出"Excel 选项"对话框。

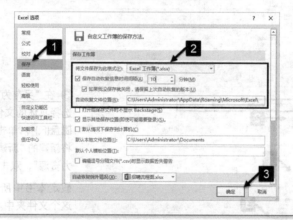

Step 3 重命名工作表

双击"Sheet1"的工作表标签进入标签重命名状态，输入"招聘流程图"，然后按<Enter>键确认。

也可以右键单击工作表标签，在弹出的快捷菜单中选择"重命名"，进入重命名状态。

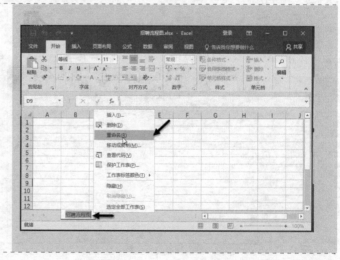

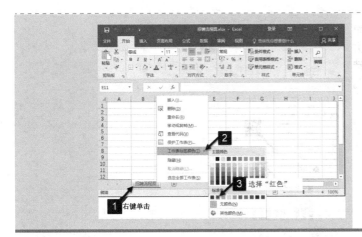

Step 4 设置工作表标签颜色

为工作表标签设置醒目的颜色，可以帮助用户快速查找和定位所需的工作表，下面介绍设置工作表标签颜色的方法。

右键单击"招聘流程图"工作表标签，在打开的快捷菜单中选择"工作表标签颜色"→"标准色"区域中的"红色"。

扩展知识点讲解

"另存为"的快捷键使用

在 Excel 以及 Office 其他组件中，要保存文件，除了"保存"操作外，还有"另存为"操作。"保存"的快捷方式是按<Ctrl+S>组合键，"另存为"的快捷方式是按<F12>键。

"保存"和"另存为"功能的区别是：对于新建文档，在进行"保存"或"另存为"操作时，都会弹出相同的"另存为"对话框，单击该对话框里的"保存"按钮，执行的都是文件保存的功能。但对已保存过的文件，按<Ctrl+S>组合键仅是对该文件进行保存；而按<F12>键则可调出"另存为"对话框，再单击"保存"可将工作簿保存成另一个文件。

例如，在 Step2 中，文件保存在"本地磁盘(F:)"，若按<F12>键，在弹出的"另存为"对话框中单击"桌面"按钮 ▬桌面 ，再单击"确定"按钮，当前文件就被保存在"桌面"。

1.1.2 招聘流程图的表格绘制

本案例中涉及简单表格的制作，下面将介绍如何来绘制招聘流程图。

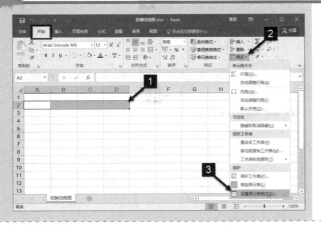

Step 1 设置表格边框

① 在"招聘流程图"工作表中单击 A2 单元格，按住<Shift>键，单击 D2 单元格，这样就选中了 A2:D2 单元格区域。在"开始"选项卡的"单元格"命令组中单击"格式"按钮，在下拉菜单中选择"设置单元格格式"命令，弹出"设置单元格格式"对话框。

② 在"设置单元格格式"对话框中单击"边框"选项卡。单击"颜色"下方的下箭头按钮，在弹出的颜色面板中选择"主题颜色"下的"蓝色,个性色 1"。

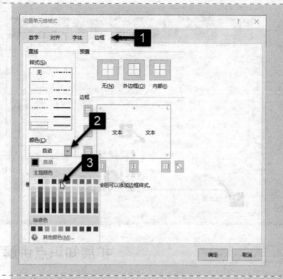

③ 依次单击"预置"下的"外边框"和"内部"，单击"确定"按钮。

④ 选中 B3:C33 单元格区域，然后按<Ctrl+1>组合键，弹出"设置单元格格式"对话框，在"边框"选项卡"预置"区域中单击"外边框"按钮和田按钮，最后单击"确定"按钮。

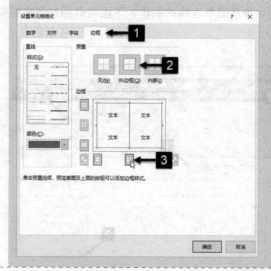

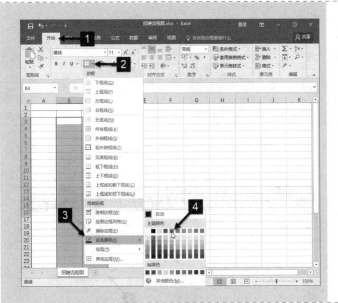

⑤ 在"开始"选项卡的"字体"命令组中单击"下边框"按钮右侧的下箭头按钮▼，在打开的下拉菜单中选择"线条颜色"→"蓝色,个性色1"命令。

⑥ 此时鼠标指针变为铅笔形状 ✐，拖动鼠标，在 A33:D33 单元格区域的下边框处绘制下边框。

⑦ 按<Esc>键退出绘制状态。

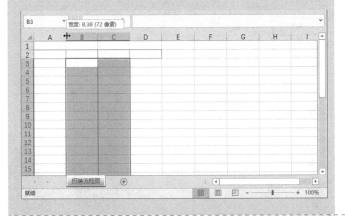

Step 2 调整表格列宽

表格边框设置完成后，接着进行表格列宽的调整。

① 移动鼠标指针到 A、B 两列列标之间，当鼠标指针变成╋形状时，按住鼠标左键,屏幕上将显示"宽度:8.38(72 像素)"。

按住鼠标左键不放向右拖曳,此时会看到"宽度"的数值在不停变化,直至屏幕上显示"宽度:14.00(133 像素)"再松开左键,停止拖动。

这时，A 列的列宽变成"14"。

② 移动鼠标指针到 B、C 两列列标之间，按住鼠标左键不放向右拖曳至"宽度:17.89(168 像素)"，调整 B 列列宽为"17.89"。

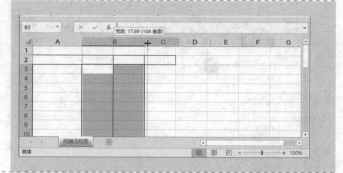

③ 单击 C 列的列标以选中 C 列，在"开始"选项卡的"单元格"命令组中单击"格式"按钮，在打开的下拉菜单中选择"列宽"。

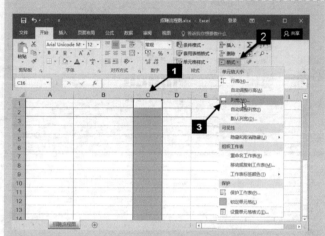

④ 弹出"列宽"对话框，在"列宽"右侧的文本框中输入"35.75"，单击"确定"按钮。

⑤ 用拖曳法或者利用"列宽"命令，调整 D 列的列宽为"14.78"。

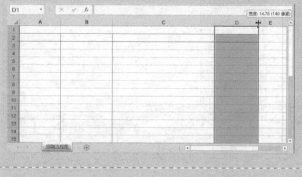

Step 3 调整表格行高

① 将鼠标指针移动到第 1 行和第 2 行的行号之间，当鼠标指针变成➕形状时，按住鼠标左键，屏幕上将显示默认高度。

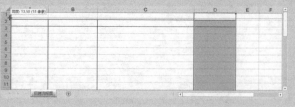

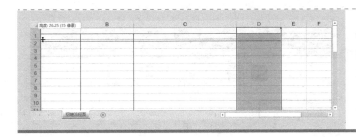

② 按住鼠标左键不放向下拖曳，"高度"的数值会不断变化，一直到屏幕上显示"高度:26.25(35 像素)"时，松开鼠标左键停止拖动，此时第 1 行的行高变为"26.25"。

1.1.3 应用自选图形绘制招聘流程图

前面已经介绍了表格的制作，接下来介绍应用自选图形绘制招聘流程图的具体步骤。

Step 1 添加"可选过程"图形

① 切换到"插入"选项卡，在"插图"命令组中单击"形状"按钮，并在弹出的下拉菜单中选择"流程图"下的"流程图：可选过程"形状。

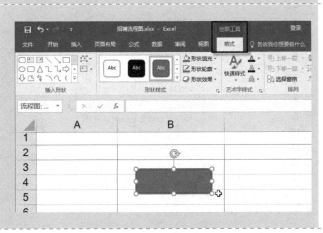

② 此时鼠标指针变成＋形状，单击工作表中的任意位置，拖动鼠标，即可在该位置上添加一个"可选过程"图形。

绘制图形后，如果该图形处于选中状态，功能区中将激活"绘图工具—格式"选项卡。

③ 按<F4>键，在工作表中将自动添加一个"可选过程"图形。再连续按 12 次<F4>键，工作表将添加 12 个"可选过程"图形（这些图形会重叠在一起，但是在名称框中可以观察到新的名称），在"名称框"中将出现"流程图：可选过程 14"。

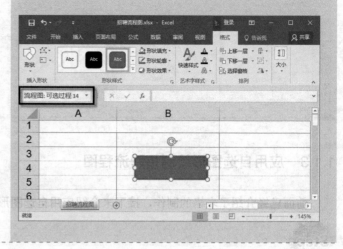

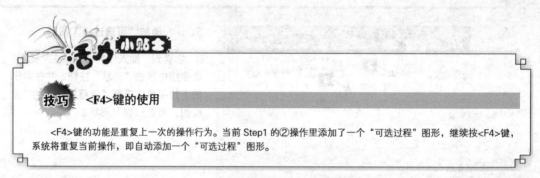

技巧 <F4>键的使用

　　<F4>键的功能是重复上一次的操作行为。当前 Step1 的②操作里添加了一个"可选过程"图形，继续按<F4>键，系统将重复当前操作，即自动添加一个"可选过程"图形。

Step 2 添加"联系"图形

① 单击"插入"选项卡，在"插图"命令组中单击"形状"按钮，并在弹出的下拉菜单中选择"流程图"下的"流程图：接点"图标。

② 单击工作表中的任意位置，拖动鼠标，在工作表中添加"流程图：接点"图形。

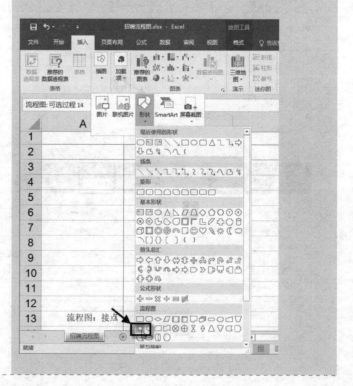

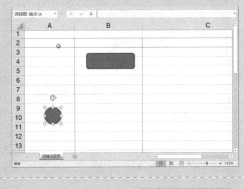

③ 按<F4>键，再添加一个"流程图：接点"图形。

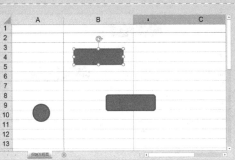

Step 3 移动自选图形

单击任意的"流程图：可选过程"图形，按住鼠标左键不放，将该"可选过程"图形拖曳到其他位置，再松开左键，此时就完成了该图形的移动。

小贴士

技巧 同时选择多个自选图形

单击功能区的"绘图工具—格式"选项卡，在"排列"命令组中单击"选择窗格"按钮，在 Excel 窗口右侧会打开"选择"窗格，在这里列出工作表中插入的所有"形状"，包括图片等。通过单击列表中的文字即可选择相应的"形状"，按住< Ctrl >键的同时单击鼠标左键可以多选，再次单击即取消选择。

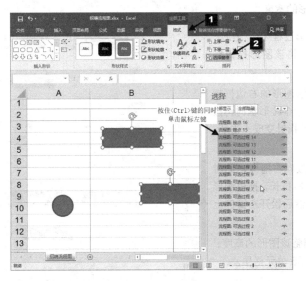

Step 4 调整自选图形的高度

① 移动鼠标指针到"流程图:可选过程14"图形的右下角控制点,当鼠标指针变成形状时,按住鼠标左键,鼠标指针则变为+形状。

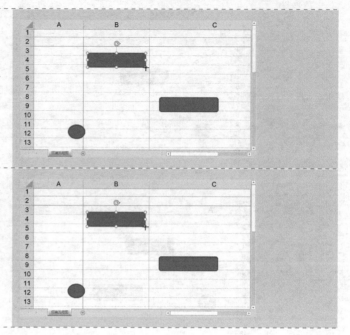

② 按住鼠标左键不放向左上方拖曳,此时"可选过程"图形的大小将随着拖曳而变化。拖曳"可选过程"图形使之大致位于 B4 和 B5 两个单元格之间,再松开左键,该图形将保持拖曳后的大小。

技巧 自选图形的控制点

　　用户通常要调整自选图形的大小来获得工作中所需的样式,借助自选图形边上的 8 个控制点就可以调整图形的大小。

Step 5 调整自选图形的宽度

① 单击"流程图:可选过程13"图形,按住鼠标左键不放,将该图形拖曳到C4 单元格位置。

② 移动鼠标指针到该图形的右边框控制点,当鼠标指针变成◁══▷形状时再按住鼠标左键,此时鼠标指针变成+形状。

③ 按住鼠标左键不放向右拖曳,此时该图形将随着拖曳向右拉长,拖曳图形到如图所示的位置,然后松开左键停止拖曳。

参照 Step4 的方法调整该图形的高度,使之大致处于 C4 和 C5 单元格里。

技巧 调整自选图形的大小

在实际应用中，有时为了精确地调整自选图形的大小，可以在"绘图工具—格式"选项卡的"大小"命令组中单击"形状高度"或者"形状宽度"右侧的上下调节旋钮或者直接在文本框中输入尺寸，调整图形的高度或宽度。

也可以单击"大小"命令组右下角的"对话框启动器"按钮，打开"设置形状格式"窗格，依次单击"形状选项"选项→"大小属性"按钮→"大小"选项卡，单击"高度"或"宽度"右侧的上下调节旋钮或者直接在文本框中输入尺寸，调整大小。

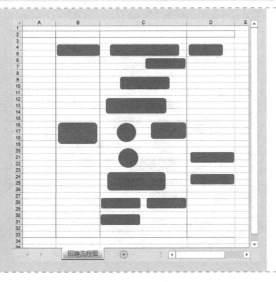

参照 Step3 至 Step5 的操作方法，将余下的 12 个"流程图：可选过程"图形和 2 个"流程图：联系"图形进行调整，效果如图所示。

Step 6 添加常规箭头

① 在"绘图工具—格式"选项卡的"插入形状"命令组中单击"其他"按钮。

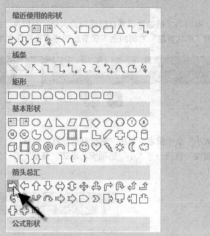

② 弹出"自选图形"的列表,在"箭头总汇"下单击"箭头:右"图标。

③ 此时鼠标指针变成＋形状,单击工作表中的任意位置,"右箭头"图形就添加在该位置。

④ 连续按<F4>键5次,添加5个"右箭头"图形。

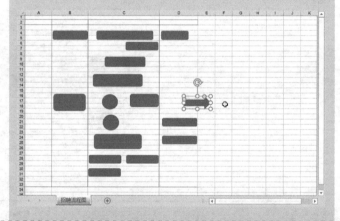

⑤ 按Step6的①操作,在箭头选项菜单里选中"下箭头"图标,单击工作表任意位置,在工作表里添加"下箭头"图形。

⑥ 连续按<F4>键4次,添加4个"下箭头"图形。

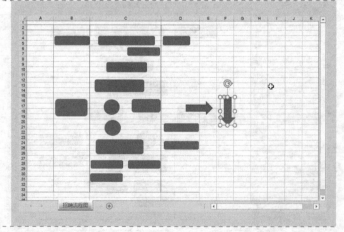

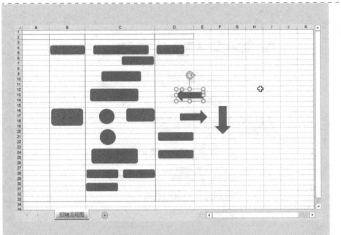

⑦ 按 Step6 的①操作，在工作表里添加一个"左箭头"图形。

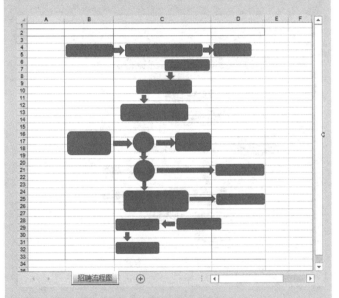

⑧ 适当移动箭头位置，并调整箭头的大小，效果如图所示。

Step 7 添加非常规箭头

① "在"绘图工具—格式"选项卡的"插入形状"命令组中单击"其他"按钮 ⊡ ，弹出"自选图形"的列表，在"箭头总汇"下单击"箭头：圆角右"图标 ╔⇒ 。

② 单击工作表任意位置，系统自动在工作表中添加"圆角右箭头"图标。

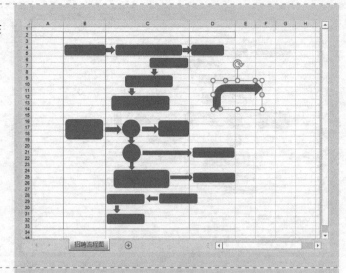

③ 选中"圆角右箭头"时，鼠标指针在图形顶端变成⚙形状。按住鼠标左键，鼠标指针变成♻形状，逆时针拖转鼠标指针90°，效果如图所示。

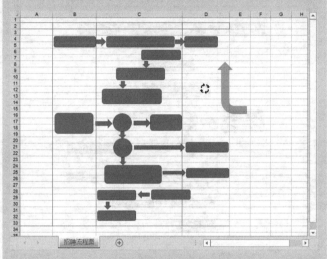

④ 松开鼠标左键，移动鼠标指针到该图形的下边框控制点，鼠标指针变成⬍形状。按住鼠标左键不放，向上适当拖动，使图形呈180°翻转，这样就获得所需箭头。

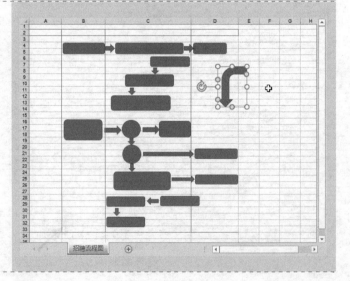

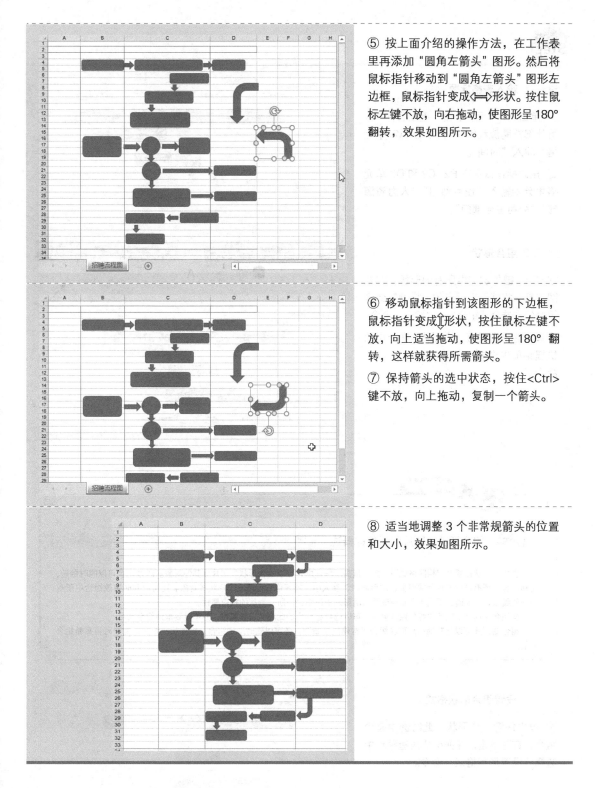

⑤ 按上面介绍的操作方法，在工作表里再添加"圆角左箭头"图形。然后将鼠标指针移动到"圆角左箭头"图形左边框，鼠标指针变成⟨➡️形状。按住鼠标左键不放，向右拖动，使图形呈 180°翻转，效果如图所示。

⑥ 移动鼠标指针到该图形的下边框，鼠标指针变成↕形状，按住鼠标左键不放，向上适当拖动，使图形呈 180° 翻转，这样就获得所需箭头。

⑦ 保持箭头的选中状态，按住<Ctrl>键不放，向上拖动，复制一个箭头。

⑧ 适当地调整 3 个非常规箭头的位置和大小，效果如图所示。

1.1.4 美化招聘流程图

现在给绘制好的招聘流程图添加文字。

Step

Step 1 输入表格标题

① 单击 A1 单元格，输入流程名称"人员外部招聘流程图"；再单击 A2 单元格，输入"时间"。

② 按此操作依次在 B2、C2 和 D2 单元格里分别输入"使用部门""人力资源部""公司主管部门"。

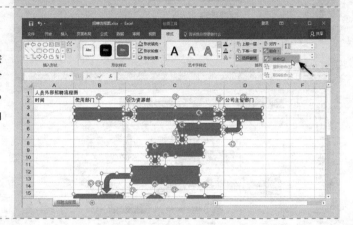

Step 2 组合形状

按<Ctrl>键依次选中所有的形状，在"绘图工具—格式"选项卡的"排列"命令组中依次选择"组合"→"组合"命令。

或者右键单击任意一个形状，在弹出的快捷菜单中选择"组合"→"组合"命令。

技巧 组合形状、图片和对象的概述

  当大量形状需要设置相同格式时，为了提高工作速度，可以组合形状、图片或其他对象。通过组合可以同时翻转、旋转、移动所有选中的形状或对象，或者同时调整大小，就好像它们是一个形状或对象。还可以同时更改组合中所有形状的属性，例如通过更改填充颜色或添加阴影来更改组合中所有形状的相应属性。

  当组合中的某个项目需要单独设置时，可以选择组合中的此项目设置属性，并不需要取消组合命令。

  组合图形还可以与其他图形再次组合以构建复杂绘图，还可以随时取消组合一组形状或图片，需要时再重新组合它们。

Step 3 设置组合形状格式

① 单击任意一个形状，此时选中整个组合，右键单击，在弹出的快捷菜单中选择"设置形状格式"命令。

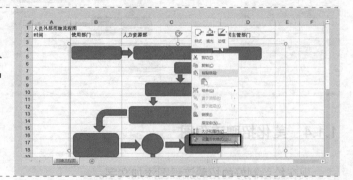

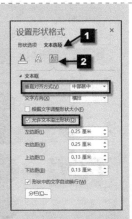

② 打开"设置形状格式"窗格，依次单击"文本选项"选项→"文本框"按钮 → "文本框"选项卡，单击"垂直对齐方式"右侧的下箭头按钮，在弹出的列表中选择"中部居中"。勾选"允许文本溢出形状"复选框。关闭"设置形状格式"窗格。

Step 4　设置组合字号

单击组合中的任意一个形状，选中整个组合，切换到"开始"选项卡，在"字体"命令组中设置字号为"9"，在对齐方式命令组中设置对齐方式为"居中"。

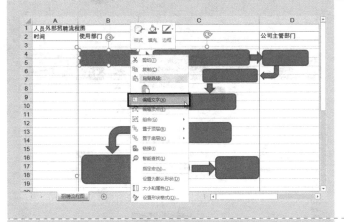

Step 5　编辑文字

① 先选中组合，再单击左上角的第一个自选图形，然后单击鼠标右键，在弹出的快捷菜单中选择"编辑文字"。

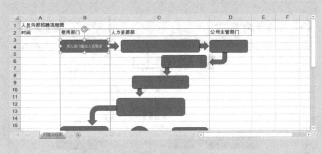

② 这时该自选图形处于文字编辑状态，输入"用人部门提出人员需求"。

③ 对照"最终效果展示"图，在各个自选图形里输入相应文字。

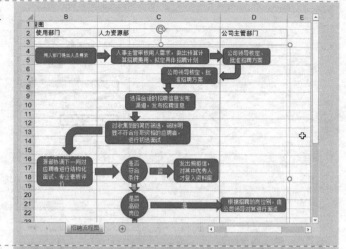

Step 6 设置组合填充颜色和线条颜色

① 选中组合，在"绘图工具—格式"选项卡的"形状样式"命令组中单击"形状填充"右侧的下箭头按钮，在弹出的颜色面板中选择"紫色"。

② 单击"形状轮廓"右侧的下箭头按钮，在弹出的颜色面板中选择"紫色"。

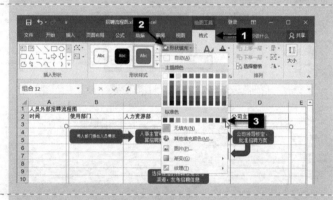

③ 此时如果单击"形状样式"右下角的"对话框启动器"按钮，打开"设置形状格式"窗格，依次单击"形状选项"选项→"填充与线条"按钮→"填充"选项卡和"线条"选项卡，可以看到其中分别设置了纯色填充和线条颜色。关闭"设置形状格式"窗格。

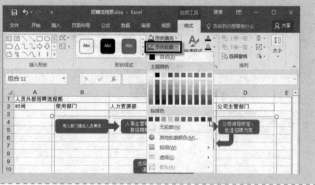

Step 7 取消编辑栏和网格线的显示

单击"视图"选项卡,在"显示"命令组中取消勾选"编辑栏"和"网格线"复选框。

此时网格线和编辑栏被隐藏起来,工作表显得简洁美观。

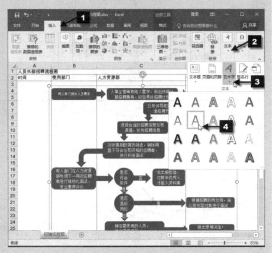

Step 8 插入艺术字

在工作表里适当添加艺术字可进一步美化表格。

① 切换到"插入"选项卡,单击"文本"命令组中的"艺术字"按钮,并在弹出的样式列表中选择第2行第2列的"渐变填充—水绿色,主题5,映射"。

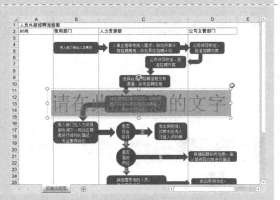

这样就在工作表中间插入了默认的艺术字。

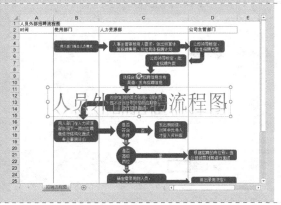

② 单击艺术字使其处于输入状态,然后输入流程名称"人员外部招聘流程图"。

Step 9 设置艺术字的字体样式

① 选中 A1 单元格，按<Delete>键删除该单元格文本，调整第 1 行的行高为"66"。

② 单击艺术字边框使其处于选中状态，然后按住鼠标左键将其拖曳至A1:D1 单元格区域中间。

③ 在艺术字边框上单击，使其处于选中状态，然后在"开始"选项卡的"字体"命令组中，设置其字体为"微软雅黑"，字号为"32"，设置"加粗"，设置字体颜色为"紫色"。

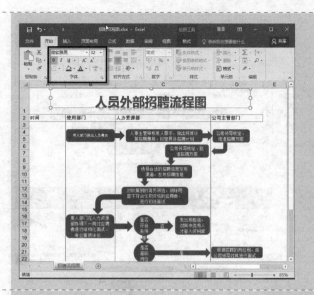

Step 10 插入工作表

单击工作表标签右侧的"插入工作表"按钮⊕，在标签列的最后插入一个新的工作表"Sheet2"。

Step 11 重命名工作表

① 右键单击"Sheet2"工作表标签，在弹出的快捷菜单中选择"重命名"进入重命名状态，输入"图片"，按<Enter>键确认。

② 设置"图片"工作表标签颜色为"橙色"。

Step 12 选中粘贴图片

① 切换到"招聘流程图"工作表，选中 A1:D33 单元格区域，按<Ctrl+C>组合键复制。

② 切换到"图片"工作表，在"开始"选项卡的"剪贴板"命令组中单击"粘贴"按钮，在弹出的列表中选择"其他粘贴选项"→"图片"命令。

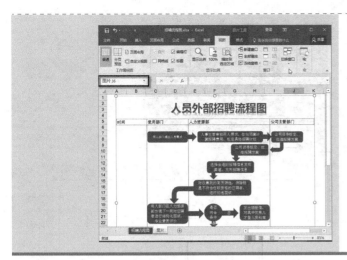

这样就将图片粘贴到了"图片"工作表中。在"视图"选项卡的"显示"命令组中取消勾选"网格线"复选框,勾选"编辑栏"复选框,重新显示"编辑栏",选中"图片",在"名称框"中可以看到该图片的名称。

1.1.5 页面设置及打印

前面已经介绍了招聘流程图的绘制,下面将介绍如何打印文档。在正式打印前通常要调整页面和预览打印效果,以便输出的打印效果能符合所需要求。

Step 1 设置页边距

① 切换到"招聘流程图"工作表,单击"页面布局"选项卡,在"页面设置"命令组中单击"页边距"下拉按钮,在下拉菜单中选择"自定义页边距"命令。

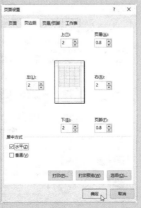

② 弹出"页面设置"对话框,切换到"页边距"选项卡,设置上下左右 4 个方向的页边距为"2"。在"居中方式"区域中勾选"水平"复选框。单击"确定"按钮。

Step 2 自定义纸张

若打印的纸张为非常规尺寸，比如要打印 16 开，可以通过如下操作来实现。

① 依次单击"开始"→"设置"。

② 在打开的"设置"页面中单击"设备"选项。

③ 在打开的"设置"对话框中拖动右侧的滚动条，在"相关设置"区域单击"设备和打印机"。

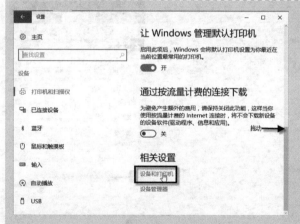

④ 打开"设备和打印机"窗口。选中默认的打印机并单击，单击菜单"打印服务器属性"，如图所示。

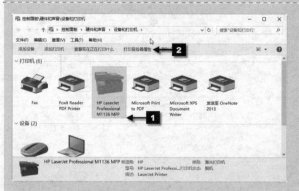

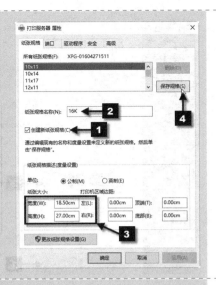

⑤ 在弹出的"打印服务器 属性"对话框中，勾选"创建新纸张规格"复选框。在"纸张规格名称"文本框中输入"16K"，在"宽度"和"高度"文本框里分别输入"18.50cm"和"27.00cm"。单击右上角的"保存规格"按钮。

⑥ 此时在"所有纸张规格"选项框里将自动添加"16K"，"确定"按钮变成"关闭"按钮。单击"关闭"按钮。

⑦ 在"招聘流程图"工作表中切换到"页面布局"选项卡，单击"页面设置"命令组右下角的"对话框启动器"按钮，打开"页面设置"对话框。

⑧ 在"页面"选项卡中，单击"纸张大小"右侧的下箭头按钮，弹出下拉菜单，拖动右侧的滚动条至最下方，将显示刚添加的自定义纸张大小"16K"。选中"16K"，单击"确定"按钮。

Step 3 打印预览

在"页面设置"对话框的"页面"选项卡中单击"打印预览"按钮，可以显示预览的效果。单击"缩放选项"右侧的下箭头按钮，在弹出的菜单中选择"将工作表调整为一页"。

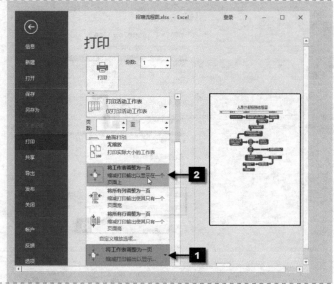

Step 4 文件打印

在"打印预览"窗口中，单击"打印"按钮，即可执行打印任务。

单击"返回"按钮，可以返回工作表编辑页面。

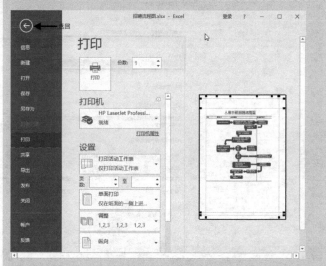

技巧　调整页边距

　　在打印预览窗口的右下角单击"显示边距"按钮⊞，在预览窗口中将显示边距，直接拖动各方向的边距可以直观便捷地调整边距。

技巧　"打印"功能的快捷键使用

　　若当前窗口是工作表，则直接按<Ctrl+P>组合键，会切换到"打印预览"状态。此时再单击"打印"按钮，系统将进行文件打印。

扩展知识点讲解

插入新工作表

比如，制作一份包含 12 个月（每月 1 个表格）的报表工作簿时，默认的 1 个工作表不够使用，还需要插入 11 个空白工作表，有 5 种方法可以实现。

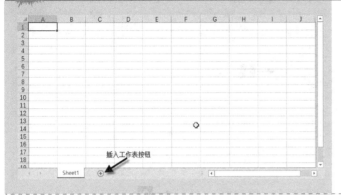

方法一：

① 单击工作表标签右侧的"插入工作表"按钮⊕，可以在标签列的最后插入一个新的工作表"Sheet2"。

② 重复以上动作 10 次，插入 10 张新的工作表。

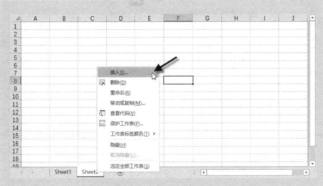

方法二：

① 移动鼠标指针到工作表标签处，单击鼠标右键，在弹出的快捷菜单中选择"插入"。

② 此时会弹出"插入"对话框，默认选中"工作表"，直接单击"确定"按钮即可插入新工作表。

③ 重复以上动作 10 次，插入 10 张新的工作表。

方法三：

按方法二插入一个新的工作表后，直接
按<F4>键，即可继续插入一个新表，
如此再连续按<F4>键9次。

方法四：

直接按<Shift+F11>组合键，系统将自
动添加一个新工作表。再按10次，添
加另外10个工作表。

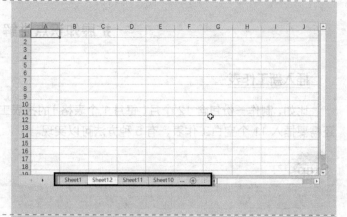

方法五：更改新建工作簿的工作表数量

单击"文件"选项卡，打开下拉菜单后，
单击"选项"命令，弹出"Excel 选项"
对话框。单击"常规"选项卡，在右侧
的"新建工作簿时"区域中的"包含的
工作表数"文本框中输入"12"，再单
击"确定"按钮。

这样，下一次新建工作簿时，默认就会
有12个工作表。

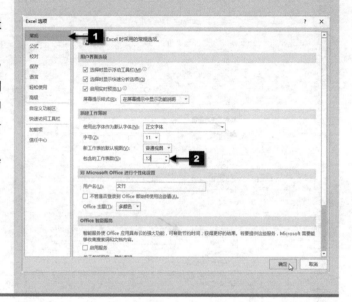

1.2 招聘人员增补申请表

案例背景

企业中各部门依据业务发展、工作需求及人员变动，向人力资源部门提出人员招聘请求。此
时用人部门需填写好"部门人员申请表"，并递交人力资源部。人力资源部依据各部门的申请情况
进行汇总，当内部人才选配不能满足需求时，就需要进行外部人才的招聘，做出相应的人才招聘
计划。

最终效果展示

部门人员增补申请表

申请部门		职位名称	
申请增补原因	□扩编 □储备人力 □离职补充 □临时用工		
拟增补人数		拟到岗时间	
任职资格			
应具资格条件			
年龄		性别		学历	
技能		外语能力	
工作经验			
工作内容			
工作环境			
其他			
部门意见 （签字）：	人力资源部意见 （签字）：	公司主管领导意见 （签字）：

申请部门：　　　　　　　申请人：　　　　　　　制表日期：

招聘人员之增补申请表

关键技术点

要实现本例中的功能，读者应掌握以下 Excel 技术点。

- 表格边框设置，边框加粗
- 字体设置、字号设置
- 单元格内文本对齐方式、合并单元格、自动换行
- 单元格内文字强制换行
- 特殊字符的插入方法

示例文件

\第 1 章\招聘人员之增补申请表.xlsx

1.2.1　绘制增补申请表

本案例的实现主要涉及两部分操作，一是文字的添加及工作表的设置，二是工作表的美化。

首先介绍工作表的设置方法。

Step 1 保存并命名工作簿

① 单击"快速访问工具栏"上的"保存"按钮 🔲 。

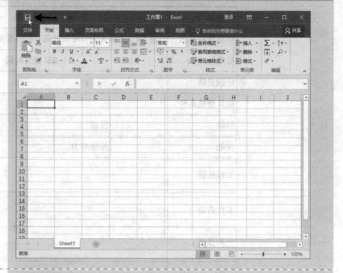

② 打开"另存为"页面，在"另存为"区域中选择默认的"这台电脑"选项，然后单击下方的"浏览"按钮。

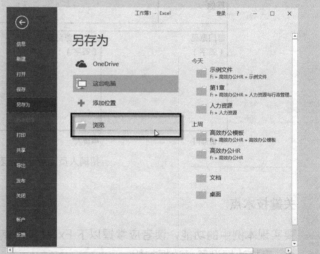

③ 弹出"另存为"对话框，选择文件存放的位置后，在"文件名"右侧的文本框中输入工作簿的名称"招聘人员之增补申请表"，保存格式保持默认的"*.xlsx"即可，单击"保存"按钮，即完成文件的保存。

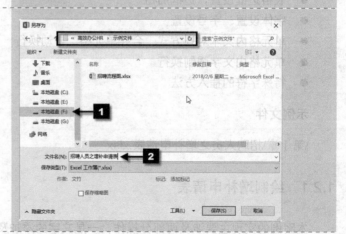

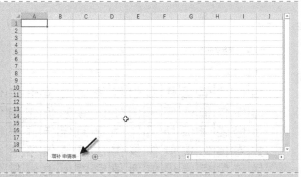

Step 2 重命名工作表

双击"Sheet1"的工作表标签进入标签重命名状态，输入"增补 申请表"，然后按<Enter>键确认。

Step 3 输入表格标题

选中 A1 单元格，输入"部门人员增补申请表"。

对照"最终效果展示"图，在不同的单元格中输入相应文本。

Step 4 插入特殊符号"□"

① 双击 B3 单元格，按方向键，使鼠标指针位于"扩编"文字前面，然后切换到"插入"选项卡，在"符号"命令组中单击"符号"按钮。

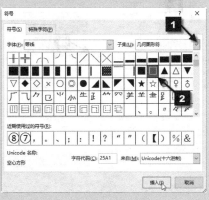

② 在弹出的"符号"对话框中单击"子集"右侧的下箭头按钮，在弹出的列表中选择"几何图形符"，选中"□"，单击"插入"按钮。插入符号后，"插入"按钮变为"关闭"按钮，单击"关闭"按钮。

③ 连续按方向键，使鼠标指针位于"储备人力"文字前面，在"插入"选项卡的"符号"命令组中再次单击"符号"按钮，弹出"符号"对话框。在"近期使用过的符号"下方选中"□"，单击"插入"按钮，再单击"关闭"按钮。

④ 按上述操作方法，将特殊符号"□"依次插入到单元格中相应的位置。

也可以用通过复制的方法插入特殊符号"□"，具体操作如下：在编辑栏中选中"□"，按<Ctrl+C>组合键复制，然后移动鼠标指针至需要插入"□"的位置，再按<Ctrl+V>组合键粘贴，同样可以完成符号"□"的插入。

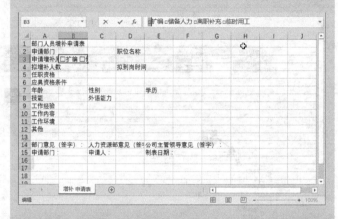

Step 5 设置单元格外边框颜色和样式

为了使表格更加美观，可以为表格设置边框、边框的颜色和样式。

① 选择要设置边框的 A2:F14 单元格区域，在"开始"选项卡的"字体"命令组中单击框线按钮 右侧的下箭头按钮，在下拉菜单中选择"所有框线"。

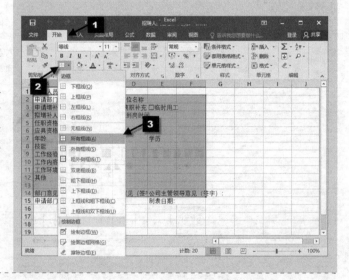

② 再次在"开始"选项卡的"字体"命令组中单击"下框线"按钮右侧的下箭头按钮 ，在下拉菜单中选择"粗外侧框线"命令。

效果如图所示。

Step 6 调整表格行高

① 单击第 1 行的行号，在"开始"选项卡的"单元格"命令组中单击"格式"按钮，在下拉菜单中选择"行高"命令，弹出"行高"对话框。

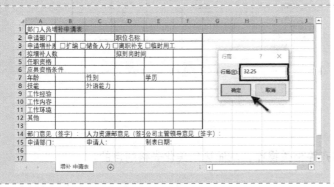

② 在"行高"文本框中输入"32.25"。单击"确定"按钮，完成第 1 行行高的调整。

③ 依据实际工作需要调整第 2 行至第 15 行的行高。

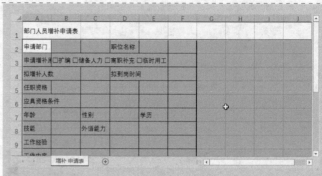

Step 7 调整表格列宽

① 单击 A 列的列标，然后单击鼠标右键，在弹出的下拉菜单中选择"列宽"命令，弹出"列宽"对话框。

② 在"列宽"文本框中输入"13"，单击"确定"按钮，完成 A 列列宽的调整。

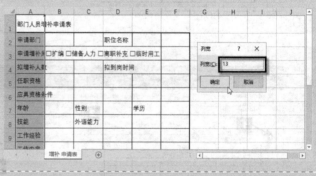

③ 依据实际需要调整 B 列至 F 列的列宽，效果如图所示。

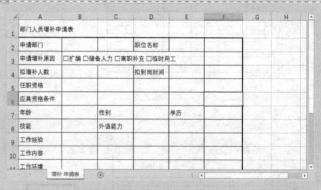

1.2.2 美化增补申请表

下面介绍单元格的合并、文字对齐等相关操作，从而达到美化表格的目的。

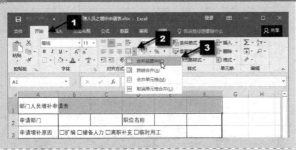

Step 1　设置合并后居中

① 选中 A1:F1 单元格区域，在"开始"选项卡的"对齐方式"命令组中单击"合并后居中"按钮。

② 选中 B3:F3 单元格区域，按<Ctrl+1>组合键，弹出"设置单元格格式"对话框，单击"对齐"选项卡，在"文本控制"组合框下勾选"合并单元格"复选框。

③ 按住<Ctrl>键，分别选中 B2:C2、E2:F2、B4:C4、E4:F4、B5:F5、B6:F6、D8:F8 和 A13:F13 区域，重复 Step 1 中的②操作，可同时分别完成以上所有区域的单元格合并。

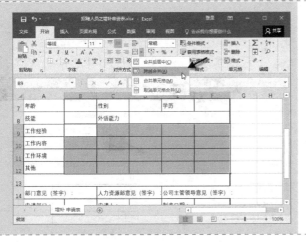

Step 2　设置跨越合并

选中 B9:F12 单元格区域，在"开始"选项卡的"对齐方式"命令组中单击"合并后居中"右侧的下箭头按钮，在弹出的列表中选择"跨越合并"。

效果如图所示。

Step 3 设置字体和字号

① 单击 A1 单元格，在"开始"选项卡的"单元格"命令组中单击"格式"按钮，在下拉菜单中选择"设置单元格格式"命令。

② 在弹出的"设置单元格格式"对话框中单击"字体"选项卡，连续单击"字体"下方的下箭头按钮 ▾，或者拖动滚动条，直至字体选项框里显示"华文新魏"，选中"华文新魏"；接着设置"字号"为"20"，再单击"确定"按钮。

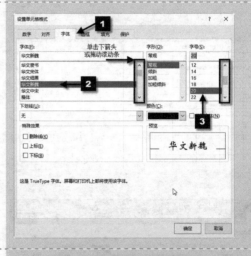

③ 选中 A2:F15 单元格区域，在"开始"选项卡的"字体"命令组中单击"字体"右侧的下箭头按钮，在弹出的列表中选择"Arial Unicode MS"。

④ 选中 A14:F14 单元格区域，按 <Ctrl+1>组合键，打开"设置单元格格式"对话框，单击"字体"选项卡。删除"字号"文本框中的数字，手动输入"10.5"，单击"确定"按钮。

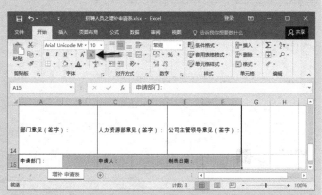

⑤ 选中 A15:F15 单元格区域，在"开始"选项卡的"字体"命令组中单击"减小字号"按钮 A˅，设置"字号"为"10"。

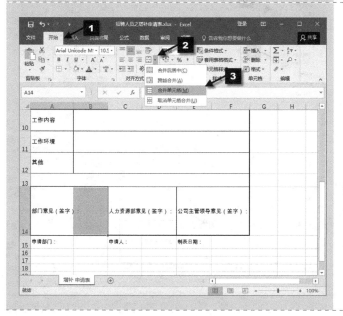

Step 4 设置对齐方式

① 选中 A14:B14 单元格区域，在"开始"选项卡的"对齐方式"命令组中单击"合并后居中"按钮右侧的下箭头按钮，在弹出的列表中选择"合并单元格"命令。

② 在"对齐方式"命令组中单击"顶端对齐"按钮 。

③ 保持 A14:B14 单元格区域的选中状态，在编辑栏中将鼠标指针定位在"部门意见"和"（签字）"之间，按<Alt+Enter>组合键，即可使"（签字）"强制换行。

Step 5 设置对齐方式

① 选中 C14:D14 单元格区域，按<Ctrl+1>组合键，弹出"设置单元格格式"对话框，切换到"对齐"选项卡，单击"垂直对齐"下方右侧的下箭头按钮，在弹出的列表中选择"靠上"。在"文本控制"区域中勾选"合并单元格"复选框。单击"确定"按钮。

② 选中 C14:D14 单元格区域，在 C14 单元格中双击，移动方向键将鼠标指针定位于"人力资源部意见"和"（签字）"之间，按<Alt+Enter>组合键，使"（签字）"强制换行。

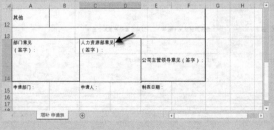

③ 使用同样的方法，选中 E14:F14 单元格区域，设置合并单元格、顶端对齐和强制自动换行。

Step 6 取消网格线显示

单击"视图"选项卡，在"显示"命令组中取消勾选"编辑栏"和"网格线"复选框。

此时编辑栏和网格线都被隐藏起来，工作表显得简洁美观。

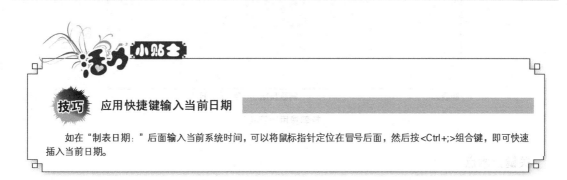

应用快捷键输入当前日期

如在"制表日期："后面输入当前系统时间，可以将鼠标指针定位在冒号后面，然后按<Ctrl+;>组合键，即可快速插入当前日期。

1.3 招聘费用预算表

案例背景

人力资源部门审核各用工部门的申请后，制订合适的招聘计划和招聘预算，常规的招聘费用包括广告宣传费、海报制作费、场地租用费、表格资料的打印复印费、招聘人员的餐费和交通费等。一张简洁方便的招聘费用预算表可以使工作事半功倍。

最终效果展示

招聘费用预算表

招聘时间	
招聘地点	
负责部门	
具体负责人	

招聘费用预算			
序号	项目		预算金额（元）
1	企业宣传海报及广告制作费		1200.00
2	招聘场地租用费		2000.00
3	会议室租用费		800.00
4	交通费		100.00
5	食宿费		100.00
6	招聘资料复印打印费		60.00
合计			4260.00

预算审核人（签字）：	公司主管领导审批（签字）：

制表人： 　　　　　　　　制表日期： 年 月 日

招聘费用预算表

关键技术点

要实现本例中的功能，读者应掌握以下 Excel 技术点。

● 序号的填充
● SUM 函数的应用

示例文件

\第 1 章\招聘费用预算表.xlsx

1.3.1 创建招聘费用预算表

本案例通过两部分来实现，一是编制预算表格基本内容，二是编制求和公式。下面首先介绍预算表的创建。

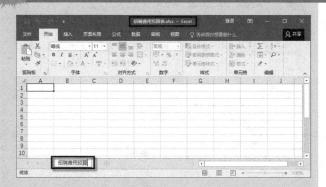

Step 1 新建工作簿

新建一个工作簿，保存并命名为"招聘费用预算表"，重命名"Sheet1"工作表为"招聘费用预算"。

Step 2 输入表格标题

选中 A1 单元格，输入"招聘费用预算表"。

对照本案例的"最终效果展示图"，在工作表相应单元格输入文本。

Step 3 填充序号

① 选中 A8 单元格，输入数字"1"。

② 选中 A8 单元格，将鼠标指针移动到 A8 单元格的右下角"填充柄"位置。当鼠标指针变为 ✚ 形状时，按住<Ctrl>键，同时按住鼠标左键不放并向下拖曳，到达 A13 单元格后再松开左键，释放填充柄。系统将自动完成在 A8:A13 单元格区域里的序号填充。

Step 4 输入表格数据

选中 E8 单元格，输入"1200"，然后在 E9:E13 单元格区域中输入相应数据。

Step 5 编制求和公式

选中 E14 单元格，输入以下公式，按
<Enter>键确认。

```
=SUM(E8:E13)
```

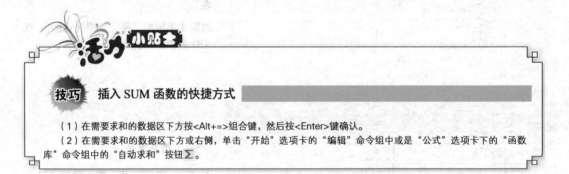

技巧 插入 SUM 函数的快捷方式

（1）在需要求和的数据区下方按<Alt+=>组合键，然后按<Enter>键确认。

（2）在需要求和的数据区下方或右侧，单击"开始"选项卡的"编辑"命令组中或是"公式"选项卡下的"函数库"命令组中的"自动求和"按钮∑。

Step 6 设置数值格式

选中 E8 单元格，在"开始"选项卡的
"数字"命令组中单击"数字格式"右
侧的下箭头按钮，在弹出的列表中选择
"数字"。

此时，如果单击"数字"选项卡右下角的"对话框启动器"按钮，弹出"设置单元格格式"对话框，可以看到设置的"数值"格式，小数位数为"2"，在"负数"列表框中选中了第 1 项，即红色字体的"(1234.10)"。

Step 7 使用格式刷

选中 E8 单元格，在"开始"选项卡的"剪贴板"命令组中单击"格式刷"按钮，准备将此单元格的格式应用到工作表中的其他单元格。

Step 8 复制格式

当鼠标指针变为 形状时，表示处于"格式刷"状态，此时选中的目标区域将应用源区域的格式。

按住<Shift>键的同时单击 E14 单元格，E8:E14 单元格区域将全部应用 E8 单元格的格式，鼠标指针恢复为常态。

关键知识点讲解

函数应用：SUM 函数

函数用途

计算指定单元格区域中所有数字之和。

■ 函数语法

SUM(number1,[number2],...)

■ 参数说明

number1,number2,... 要对其求和的 1~255 个参数。

■ 函数说明

● 直接键入参数表中的数字、逻辑值及数字的文本表达式将被计算，请参阅下面的示例 1 和示例 2。

● 如果参数是一个数组或引用，则只计算其中的数字。数组或引用中的空白单元格、逻辑值或文本将被忽略。请参阅下面的示例 5。

● 如果参数为错误值或为不能转换为数字的文本，将会导致错误。

■ 函数简单示例

	A
1	数据
2	-6
3	28
4	32
5	14
6	TRUE

示例	公式	说明	结果
1	=SUM(3,2)	将 3 和 2 相加	5
2	=SUM("5",15,TRUE)	将 5、15 和 1 相加，因为文本值 "5" 被转换为数字，逻辑值 TRUE 被转换成数字 1	21
3	=SUM(A2:A4)	将 A2:A4 单元格区域中的数相加	54
4	=SUM(A2:A4,15)	将 A2:A4 单元格区域中的数之和与 15 相加	69
5	=SUM(A5,A6,2)	将 A5、A6 的值与 2 求和。因为引用中的非数字值没有转换为数字，所以 A5、A6 的值被忽略	2

■ 本例公式说明

以下为本例单元格 E14 的公式。

```
=SUM(E8:E13)
```

将 E8 单元格到 E13 单元格里的数据相加。从表格里可以看出 E8:E13 单元格区域里都是招聘人员的预算费用，对它们求和便可得到本次招聘预算的总费用。

扩展知识点讲解

1. SUM 函数计算区域的交叉合计、非连续区域合计

实际工作中可能需要进行一些特殊求和，比如交叉区域求和或者非连续区域求和，下面介绍如何实现这种特殊求和的操作。

（1）交叉区域求和操作。

如图所示，输入相应的数据，在 C6 单元格输入以下公式，按<Enter>键确认。

`=SUM(A2:D4 B1:B5)`

此时 C6 单元格输出结果"12"。

注：公式里"A2:D4"和"B1:B5"之间留有一个空格，表示对 A2:D4 和 B1:B5 两个单元格区域重叠的部分，即对 B2、B3 和 B4 单元格进行求和。

（2）非连续区域求和操作。

如图所示输入相应的数据，在 C6 单元格输入以下公式，按<Enter>键确认。

`=SUM(A2:A4,C1:D5)`

此时 C6 单元格输出结果"64"。公式使用半角逗号在两个不同的区域之间进行间隔，表示分别对 A2:A4 和 C1:D5 两个单元格区域中的数值求和，然后再进行汇总。

2. 单击"自动求和"按钮 Σ 得到平均数

"自动求和"按钮 Σ 不仅仅局限于求和功能。单击"自动求和"按钮右侧的下拉箭头，弹出选项菜单，用户可以按需选择"平均值""计数""最大值"或"最小值"等。如选择"平均值"，则表示应用 AVERAGE 函数，可以快速计算选定范围内数值的平均数。

Σ	求和(S)
	平均值(A)
	计数(C)
	最大值(M)
	最小值(I)
	其他函数(F)…

1.3.2 美化费用预算表

表格的基本内容绘制已经完成，下面进行工作表的美化。

Step 1 调整行高

① 调整第 1 行的行高为"37.5"。

② 拖动鼠标选中第 2 至第 5 行，将鼠标指针放置在第 5 行和第 6 行的交界处，待鼠标指针变成✛形状时，向下方拖动鼠标，待鼠标指针右侧的注释变成"高度:28.50(38 像素)"时释放鼠标。

③ 重复以上操作，调整第 6 行至第 17 行至适当的行高。

Step 2 合并单元格

① 选中 A1:E1 单元格区域，设置"合并后居中"。

② 选中 A2:B5 单元格区域，在"开始"选项卡的"对齐方式"命令组中单击"合并后居中"按钮右侧的下箭头按钮，在弹出的列表中选择"跨越合并"。

③ 分别选中 C2:E5 和 B7:D13 单元格区域，设置"跨越合并"。

④ 按住<Ctrl>键，同时选中 A6:E6 和 A14:D14 单元格区域，设置"合并后居中"。

⑤ 按住<Ctrl>键，同时选中 A15:C16 和 D15:E16 单元格区域，设置"合并单元格"。

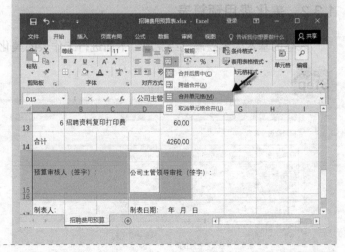

Step 3 设置字体和字号

① 选中 A1:E1 单元格区域，在"开始"选项卡的"字体"命令组中单击"字体"右侧的下箭头按钮，在弹出的列表中选择"华文新魏"字体，设置"字号"为"20"。

② 选中 A2:E17 单元格区域，设置字体为"Arial Unicode MS"。

Step 4 设置字体加粗

选中 A1:E1 单元格区域，按<Crlt+B>组合键使字体加粗显示，相当于单击"字体"命令组中的"加粗"按钮 **B** 。

Step 5 设置字体颜色

① 选中 A1:E1 单元格区域,在"开始"选项卡中,单击"字体"命令组中"字体颜色"按钮 △ 右侧的下箭头按钮 ﹀,在打开的颜色面板中选择"其他颜色"。

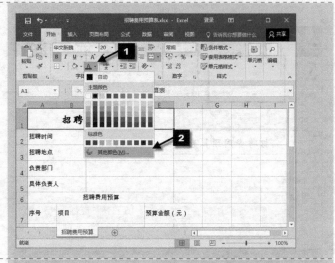

② 弹出"颜色"对话框,在"标准"选项卡中选择需要设置的颜色,单击"确定"按钮。

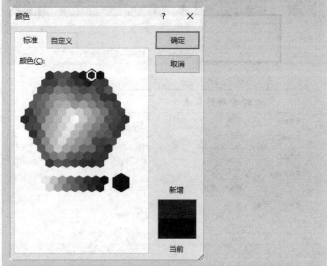

Step 6 设置对齐方式

① 按住<Ctrl>键,同时选中 A7:E7 和 A8:A13 单元格区域,在"开始"选项卡的"对齐方式"命令组中单击"居中"按钮 ≡。

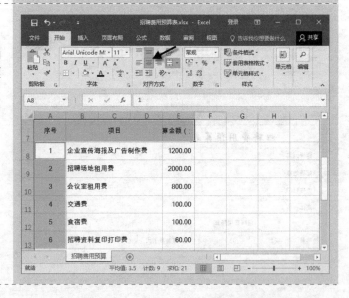

② 按<Ctrl>键，同时选中 A15 和 D15 单元格，在"开始"选项卡的"对齐方式"命令组中单击"顶端对齐"按钮和"自动换行"按钮。

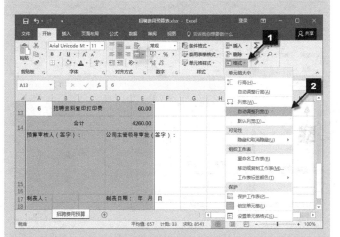

Step 7 自动调整列宽

选中 A:E 列，在"开始"选项卡的"单元格"命令组中单击"格式"按钮，在下拉菜单中选择"自动调整列宽"命令。

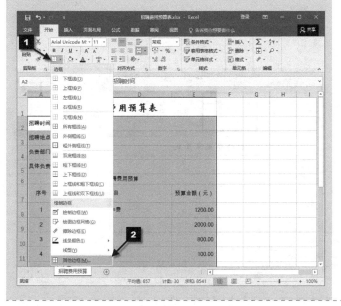

Step 8 设置单元格外边框颜色和样式

① 选择要设置边框的 A2:E16 单元格区域，在"开始"选项卡的"字体"命令组中单击"下框线"右侧的下箭头按钮，在打开的下拉菜单中选择"其他边框"命令。

② 弹出"设置单元格格式"对话框，默认切换至"边框"选项卡，单击"颜色"下方右侧的下箭头按钮，在弹出的颜色面板中选择"蓝色,个性色1"。

③ 在"直线"的"样式"列表框中选择第12种样式。

④ 单击"预置"复选框中的"外边框"按钮。

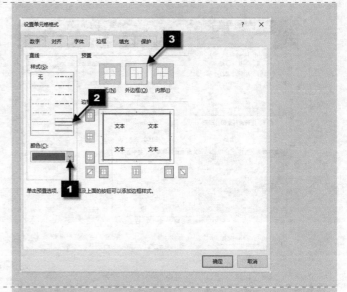

Step 9 设置单元格内边框样式

① 在"直线"的"样式"列表框中选择第3种样式。

② 单击"预置"复选框中的"内部"按钮，单击"确定"按钮。

至此完成单元格边框的设置。

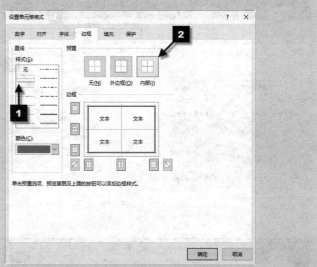

Step 10 取消编辑栏和网格线显示

单击"视图"选项卡，在"显示"命令组中取消勾选"编辑栏"和"网格线"复选框。

效果如图所示。

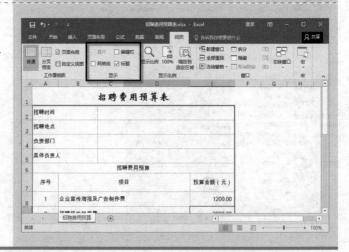

视频：发送面试通知

1.4 招聘面试通知单

案例背景

经过初步筛选，人力资源部筛除明显不符合岗位任职资格的人员，通知基本符合录用要求的人员进行面试，此时，使用电子邮箱通知面试人员更方便快捷。应聘者在简历上都留有 E-mail，我们可以群发 E-mail 及时通知候选人参加面试。

最终效果展示

序号	应聘岗位	申请人姓名	性别	年龄	初步简历筛选通过	最终学历	面试日期	面试具体时间	面试地点	联系电话	E-mail
1	销售	张	男	28	是	大专	2017年3月20日	上午9时30分	某某区某某路26号某公司人力资源部	1351■■■■■000	123@123.com
2	销售	王	男	25	是	本科	2017年3月20日	上午9时30分	某某区某某路26号某公司人力资源部	1351■■■■■001	124@123.com
3	销售	李	男	28	是	大专	2017年3月20日	上午9时30分	某某区某某路26号某公司人力资源部	1351■■■■■002	125@123.com
4	销售	赵	男	30	是	本科	2017年3月20日	上午9时30分	某某区某某路26号某公司人力资源部	1351■■■■■003	126@123.com
5	销售	刘	女	32	是	大专	2017年3月20日	上午9时30分	某某区某某路26号某公司人力资源部	1351■■■■■004	127@123.com
6	销售	马	女	30	是	大专	2017年3月20日	上午9时30分	某某区某某路26号某公司人力资源部	1351■■■■■005	128@123.com
7	财务主管	胡	女	32	是	本科	2017年3月20日	下午1时00分	某某区某某路26号某公司人力资源部	1351■■■■■006	129@123.com
8	操作岗	林	男	25	是	技校	2017年3月20日	下午1时00分	某某区某某路26号某公司人力资源部	1351■■■■■007	130@123.com
9	操作岗	童	男	26	是	技校	2017年3月20日	下午1时00分	某某区某某路26号某公司人力资源部	1351■■■■■008	131@123.com
10	操作岗	马	男	29	是	技校	2017年3月20日	下午1时00分	某某区某某路26号某公司人力资源部	1351■■■■■009	132@123.com

应聘者信息表

张先生/女士：

您好！

首先感谢您对我公司的信任和支持。经过对应聘简历的认真筛选，我们

认为您基本具备我公司销售岗位要求的相关能力，因此特通知您到我公司来

面试，具体要求如下：

面试日期：	3/20/2017	面试具体时间：	9:30:00 AM
面试具体地点	某某区某某路 26 号某公司人力资源部		
个人要求	1、　请携带个人身份证原件及复印件、学习证明原件及复印件；		
	2、　请携带相关职称证书、职业资格证书等原件和复印件；		
	3、　个人 1 寸免冠照片 1 张；		
	4、　着装庄重整洁。		

某有限公司人力资源部（盖章）

年 月 日

面试通知单

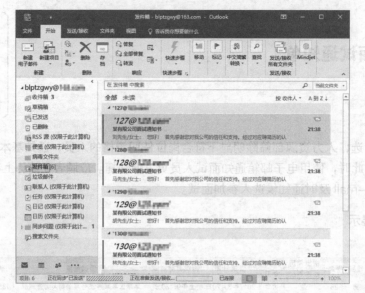

合并到邮件

关键技术点

要实现本例中的功能，读者应掌握以下的 Excel 技术点。

- 新建 Excel 和 Word 的邮件合并
- 生成邮件合并，使用 Outlook 发送邮件

示例文件

\第 1 章\应聘者信息表.xlsx

1.4.1　创建应聘者信息表

本案例功能的实现，共分为 3 部分：一是新建 Excel 格式的应聘者信息表，二是新建 Word 格式的面试通知单，三是将上述的应聘者信息表和面试通知单进行邮件合并。下面先介绍应聘者信息表的创建。

Step 1　新建工作簿

新建工作簿"应聘者信息表"，重命名"Sheet1"工作表为"应聘者信息表"。

Step 2　输入表格各字段标题

在 A1:L1 单元格区域输入各字段标题。

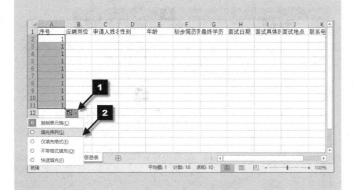

Step 3 填充序号

① 选中 A2 单元格，输入数字"1"。

② 选中 A2 单元格，拖曳右下角的填充柄至 A11 单元格。单击 A11 单元格右下角的"自动填充选项"按钮，在弹出的菜单中单击"填充序列"单选钮。

Step 4 批量输入相同数据

① 选中 B2:B7 单元格区域，输入"销售"，按<Ctrl+Enter>组合键，批量输入相同数据。

② 选中 B8 单元格，输入"财务主管"。

③ 选中 B9:B11 单元格区域，输入"操作岗"，按<Ctrl+Enter>组合键，批量输入相同数据。

④ 在 C2:L11 单元格区域输入相应的原始数据。

Step 5 单元格内文字自动换行

选中 A1:L1 单元格区域，在"对齐方式"命令组中，单击"自动换行"按钮。

Step 6 自动调整列宽

选中 A:L 列，在任意两列如 G 列和 H 列的列标之间双击，此时 A:L 列的列宽自动调整，使表格内容能够被完全显示出来。

Step 7 设置日期格式

选中 H2:H11 单元格区域,在"开始"选项卡的"数字"命令组中单击"数字格式"右侧的下箭头按钮,在弹出的列表中选择"长日期"。

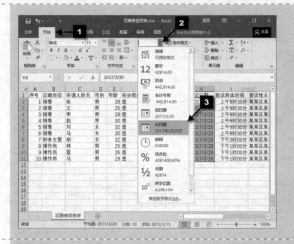

Step 8 设置时间格式

① 选中 I2:I11 单元格区域,在"开始"选项卡的"数字"命令组中单击右下角的"对话框启动器"按钮 。

② 弹出"设置单元格格式"对话框,在"数字"选项卡的"分类"列表框中选择"时间",在右侧的"类型"列表框中拖动滚动条选择"下午1时30分",单击"确定"按钮。

Step 9 设置居中

按住<Ctrl>键,同时选中 A1:L1、A2:A11 和 C2:G11 单元格区域,设置对齐方式为"居中"。

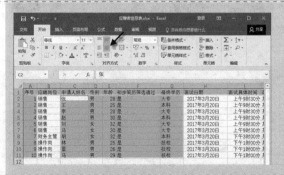

Step 10 设置填充颜色和字体加粗

① 选中 A1:L1 单元格区域,在"开始"选项卡的"字体"命令组中单击"填充颜色"按钮 右侧的下箭头按钮,在弹出的颜色面板中选择"蓝色,个性色 1,淡色 60%"。

② 选择 A1:L1 单元格区域,按<Ctrl+B>组合键,设置字体"加粗"。

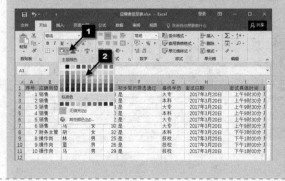

Step 11 设置字体

在工作表中选择任意非空单元格，如 C1 单元格，按<Ctrl+A>组合键，即可选中 A1:L11 单元格区域，在"开始"选项卡的"字体"命令组中单击"字体"右侧的下箭头按钮，在弹出的列表中选择"Arial Unicode MS"。

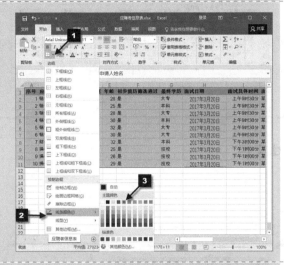

Step 12 设置边框

① 选中 A1:L11 单元格区域，在"开始"选项卡的"字体"命令组中单击"下框线"按钮 右侧的下箭头按钮 ，在打开的下拉菜单中选择"线条颜色"命令，在弹出的颜色面板中选择"蓝色,个性色 1"。

② 再次单击"边框"按钮右侧的下箭头按钮，在打开的下拉菜单中选择"所有框线"命令。

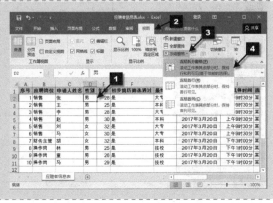

Step 13 冻结拆分窗格

选中 D2 单元格，在"视图"选项卡的"窗口"命令组中依次单击"冻结窗格" → "冻结拆分窗格"命令。

此时，如果向下或者向右拖动滚动条，第 1 行和 A~C 列的内容将保持不动，便于查看单元格内容。

Step 14 取消编辑栏和网格线显示

单击"视图"选项卡，在"显示"命令组中取消勾选"编辑栏"和"网格线"复选框。

1.4.2 创建"面试通知单"Word 文档

下面介绍"面试通知单"的创建。

Step 1 创建 Word 文档

单击 Windows 的"开始"菜单，向下拖动右侧的滚动条至"Word 2016"并单击，启动 Word 2016。

在右侧单击"空白文档"，系统会自动创建一篇新的文档。

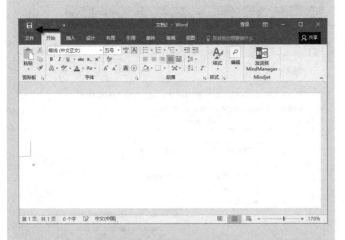

Step 2 保存并命名

① 在"快速访问工具栏"中单击"保存"按钮，或者直接按<Ctrl+S>组合键。

② 打开下拉菜单后，单击"另存为"区域中的"浏览"按钮。

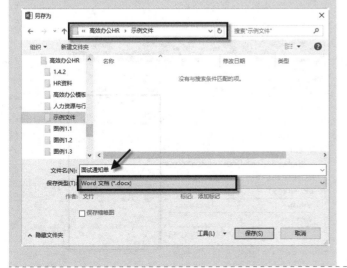

③ 弹出"另存为"对话框，在"另存为"对话框左侧列表框中选择具体的文档存放路径。

④ 在"文件名"文本框中输入文档的名称"面试通知单"，其余选项保留默认设置，最后单击"保存"按钮。

Step 3 输入相应文字

为了浏览方便，可单击屏幕右下角的"Web 版式视图"按钮 。

对照"最终效果展示"之"面试通知单"，在文档中输入相应文字。

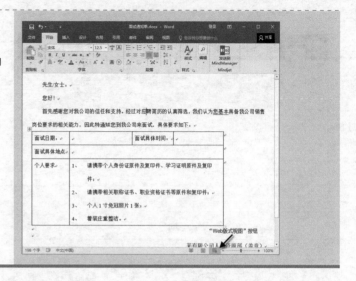

1.4.3 创建 Excel 和 Word 的邮件合并

应聘者信息表和面试通知单创建完成，下面介绍如何进行 Excel 和 Word 的邮件合并。

Step

Step 1 开始邮件合并

在"面试通知单"文档中，切换到"邮件"选项卡，在"开始邮件合并"命令组中单击"开始邮件合并"按钮，在弹出的下拉菜单中选择"邮件合并分步向导"命令。

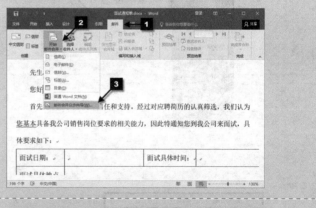

此时在右侧出现"邮件合并"任务窗格，该任务窗格将分步引导用户完成这一过程。

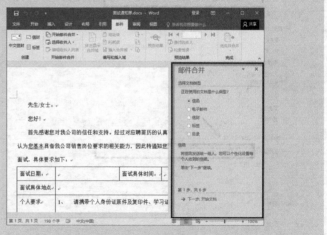

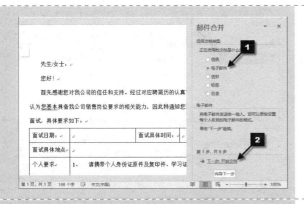

Step 2　选择文档类型

在"选择文档类型"下方单击"电子邮件"单选钮，在最下方的"第1步，共6步"下，单击"下一步：开始文档"。

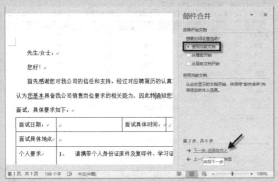

Step 3　选择开始文档

在"选择开始文档"下方默认选中"使用当前文档"。在最下方"第2步，共6步"下，单击"下一步：选择收件人"。

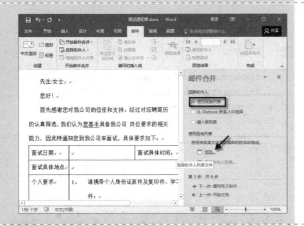

Step 4　选择收件人

① 在"选择收件人"下方默认选中"使用现有列表"。在"使用现有列表"下方单击"浏览"按钮。

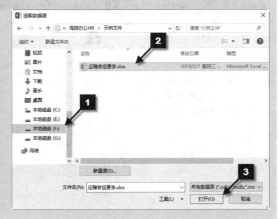

② 在弹出的"选取数据源"对话框中，选择前面创建的"应聘者信息表"所在的文件夹，选中"应聘者信息表"，单击"打开"按钮。

③ 弹出"选择表格"对话框。由于工作簿内仅有一个工作表，因此这里仅显示"应聘者信息表"，直接单击"确定"按钮。

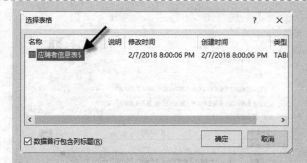

④ 弹出"邮件合并收件人"对话框，单击"确定"按钮。

返回"选择收件人"的"第3步，共6步"页面。

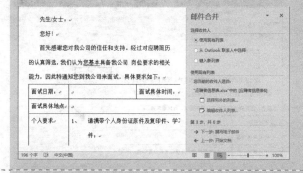

Step 5 编写和插入域

① 将鼠标指针置于文字"先生/女士"前，在"编写和插入域"命令组中，单击"插入合并域"按钮下方的下箭头按钮，在弹出的列表中选择"申请人姓名"。

此时在文字"先生/女士"前面自动添加了"申请人姓名"域。

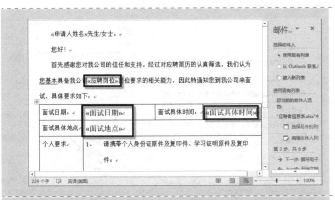

② 用类似的操作方法，将"应聘岗位""面试日期""面试具体时间"以及"面试地点"域插入相应的位置，效果如图所示。

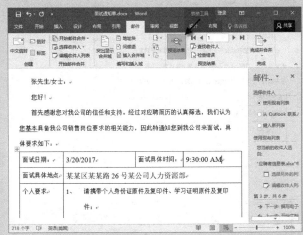

③ 在"邮件"选项卡的"预览结果"命令组中单击"预览结果"按钮，可以预览插入域之后的实际效果。再次单击"预览结果"按钮，取消预览状态。

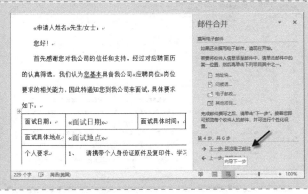

④ 在右侧任务窗格的最下方"第3步，共6步"下，单击"下一步：撰写电子邮件"。

Step 6 预览电子邮件

在任务窗格的最下方"第 4 步，共 6 步"下，单击"下一步：预览电子邮件"。

Step 7 完成合并

在任务窗格的最下方"第 5 步，共 6 步"下，单击"下一步：完成合并"。

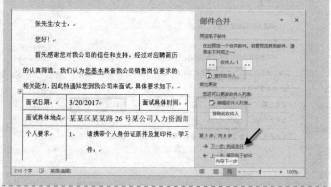

Step 8 撰写电子邮件

① 在任务窗格的"合并"下方，单击"电子邮件"。

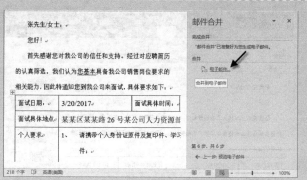

② 弹出"合并到电子邮件"对话框，在"主题行"右侧的文本框中输入"某有限公司面试通知书"。最后单击"确定"按钮。

③ 单击 Windows 的"开始"菜单，向下拖动滚动条找到"Outlook 2016"并单击，启动"Outlook 2016"，在"发件箱"中会显示所合并的邮件。

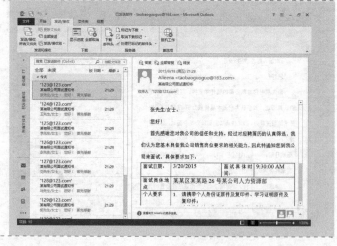

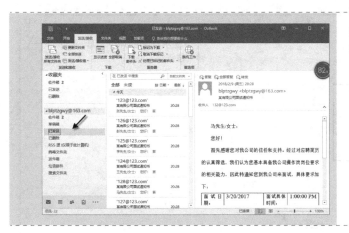

④ 在账户左侧单击"已发送邮件"，在右侧会显示已发送的面试通知书。

活力 小贴士

技巧 配置 Outlook 2016

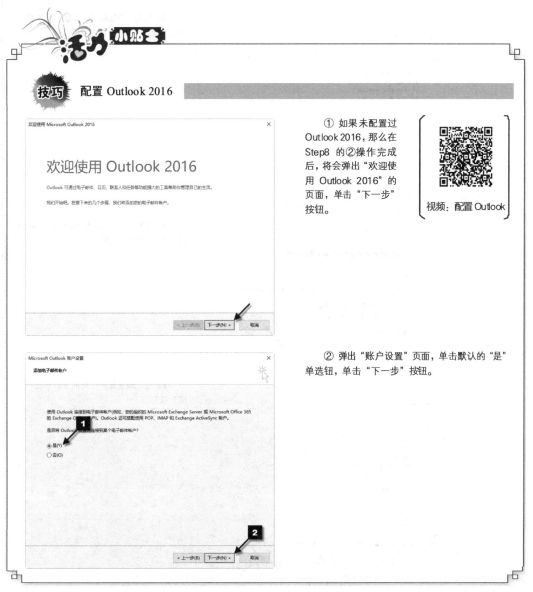

① 如果未配置过 Outlook 2016，那么在 Step8 的②操作完成后，将会弹出"欢迎使用 Outlook 2016"的页面，单击"下一步"按钮。

视频：配置 Outlook

② 弹出"账户设置"页面，单击默认的"是"单选钮，单击"下一步"按钮。

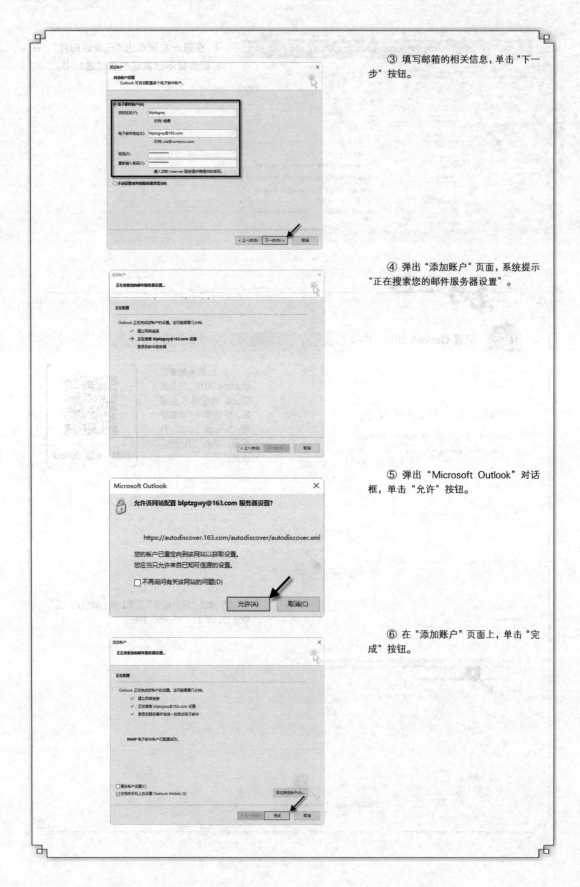

③ 填写邮箱的相关信息，单击"下一步"按钮。

④ 弹出"添加账户"页面，系统提示"正在搜索您的邮件服务器设置"。

⑤ 弹出"Microsoft Outlook"对话框，单击"允许"按钮。

⑥ 在"添加账户"页面上，单击"完成"按钮。

扩展知识点讲解

邮件合并到批量直接打印的方法

如果需要直接使用传统方法邮寄面试通知书，可使用邮件合并到直接打印的方法，利用这个方法可批量打印面试通知书。依据 1.4.1 小节和 1.4.2 小节的方法制作"应聘者信息表"和"面试通知单"。在进行 1.4.3 小节的"Step2 选择文档类型"操作时需做一些变化，具体操作步骤如下。

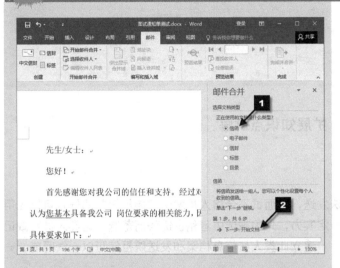

① 在"选择文档类型"下方单击"信函"单选钮，在最下方的"第 1 步，共 6 步"下，单击"下一步：开始文档"。

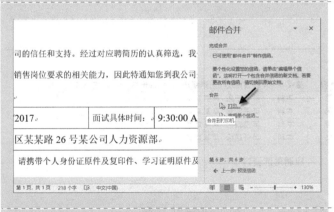

② 中间的步骤类似 Step3 至 Step7，在 Step8 的"完成合并"页面中，单击"合并"下方的"打印"命令。

③ 弹出"合并到打印机"对话框，默认选中"全部"。用户也可以依据实际需要来选择打印部分记录。单击"确定"按钮。

④ 弹出"打印"页面，单击"确定"
按钮即可打印。

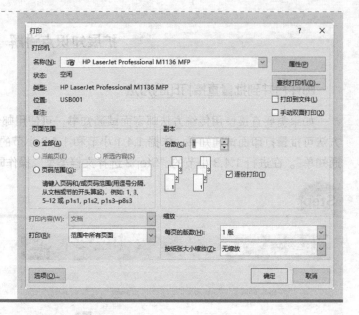

扩展知识点讲解

邮件合并批量发送婉拒信

除了面试通知书可用邮件合并方法发送，给面试不合格人员发送"婉拒信"同样也可以应用此方法。部分被淘汰的面试人员具有一定实力，只因被选中者稍占优势而落选，这类人员可做记录留档，以备今后可能的再招聘做参考。建立此类人员信息档案和发送婉拒信可以一气呵成、一步到位。

最终效果展示

	A	B	C	D	E	F	G	H	I
1	序号	应聘岗位	姓名	性别	最终学历	语言能力	工作经历	联系电话	Email
2	1	销售代表	张三	男	本科	英语四级	某某某某	135 00	120@163.com
3	2	销售代表	李四	男	本科	英语四级	某某某某	135 01	121@163.com
4	3	销售代表	王五	男	本科	英语四级	某某某某	135 02	122@163.com
5	4	销售代表	赵六	女	本科	英语四级	某某某某	135 03	123@163.com

应聘落选资料

你好：

　　非常感谢您对我公司的赏识及支持。您在初步面试时的优秀表现给我们留下了深刻的印象。但考虑到您工作经历及各方面情况与我公司销售代表岗位一职的要求存在差异，公司暂时无法录用您。我公司会保留您的求职材料以备将来所需。再一次感谢您对我公司的支持。

　　此致

敬礼

某某公司人力资源部

婉拒信

具体操作步骤如下。

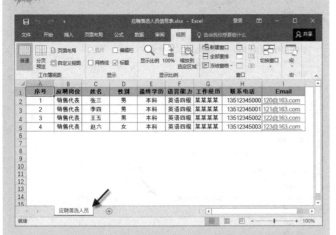

Step 1 创建"应聘落选人员信息表"

① 新建一个工作簿，保存并命名为"应聘落选人员信息表"，将"Sheet1"工作表重命名为"应聘落选人员"。

② 输入相关数据，并设置格式，美化工作表。

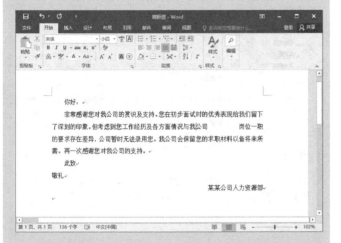

Step 2 创建"婉拒信"Word 文档

启动 Word 2016，新建一个 Word 文档，保存并命名为"婉拒信"，输入婉拒信的相应内容。

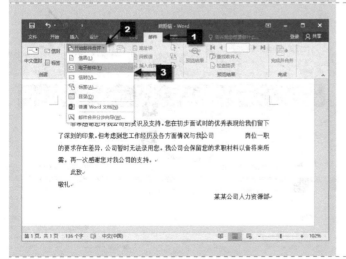

Step 3 开始邮件合并

单击"邮件"选项卡，在"开始邮件合并"命令组中单击"开始邮件合并"按钮，在弹出的下拉菜单中选择"电子邮件"命令。

Step 4 选择收件人

① 在"开始邮件合并"命令组中单击"选择收件人"按钮，在弹出的下拉菜单中选择"使用现有列表"。

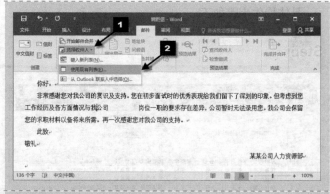

② 弹出"选取数据源"对话框，单击"查找范围"右侧的下箭头按钮，在弹出的列表中，选中前面创建的"应聘落选人员信息表"所在的文件夹，双击"应聘落选人员信息表"。

③ 弹出"选择表格"对话框，选择数据源工作表，单击"确定"按钮。

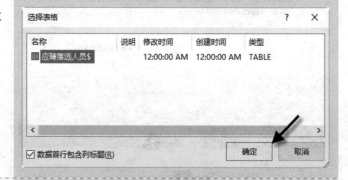

Step 5 插入合并域

将鼠标指针置于文字"你好"前，在"编写和插入域"命令组中，单击"插入合并域"按钮右侧的下箭头按钮，在弹出的列表中选择"姓名"。

此时在文字"你好"前面自动添加了"姓名"域。类似地，在"岗位"前面插入"应聘岗位"域。

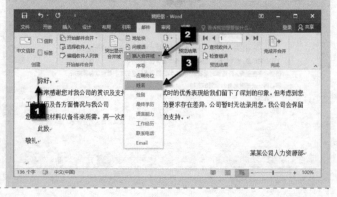

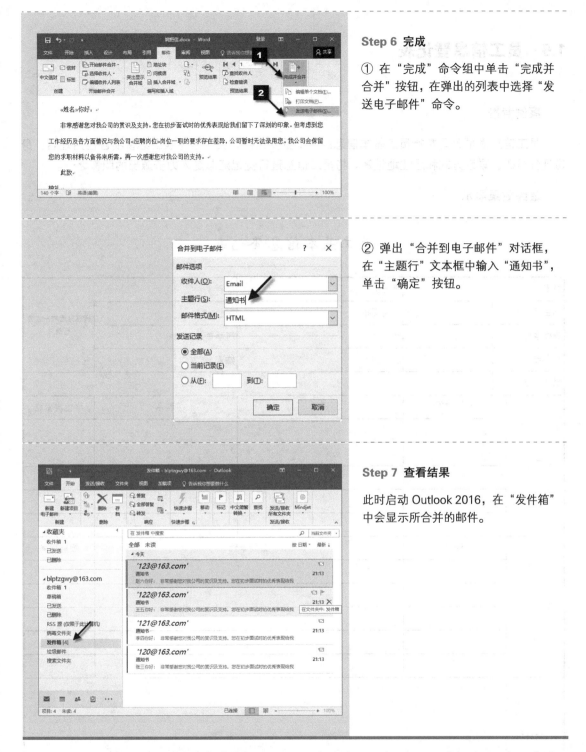

Step 6 完成

① 在"完成"命令组中单击"完成并合并"按钮，在弹出的列表中选择"发送电子邮件"命令。

② 弹出"合并到电子邮件"对话框，在"主题行"文本框中输入"通知书"，单击"确定"按钮。

Step 7 查看结果

此时启动 Outlook 2016，在"发件箱"中会显示所合并的邮件。

另外，如果需要打印邮件（纸张邮寄），读者可参阅前面"扩展知识点讲解"的"邮件合并到批量直接打印的方法"。

1.5 员工信息登记表

案例背景

员工信息表是公司掌握员工基本信息的一个重要途径，员工信息表上必备项目包括姓名、身份证件号码、联系方式和居住地址等。将员工信息进行登记汇总是人力资源部的职责之一。

最终效果展示

员工基本信息登记表

员工编号：

姓名：		身份证号：		性别：		
出生年月：		政治面貌：		民族：		请粘贴近期一寸免冠照片
最终学历：		毕业院校：		所学专业：		
联系电话：		E-mail：		婚否：		
居住地址：						

学习经历	学习时间	院校	科系	学位或资格

工作经历	工作时间	工作单位	担当职务
		江苏大学	

自我评价	

建表日期： 年 月 日

员工信息登记表

工作经历	工作时间	工作单位	担当职务
		江苏大学	
自我评价			

图片1

工作经历	工作时间	工作单位	担当职务
		江苏大学	
自我评价			

图片2

工作经历	工作时间	工作单位	担当职务
自我评价			

图片3

照相内容

关键技术点

要实现本例中的功能，读者应掌握以下 Excel 技术点。

● 表格页眉中插入公司 Logo 图片
● 使用"照相"功能制作复杂表格

示例文件

\第 1 章\员工信息登记表.xlsx

1.5.1 创建员工信息登记表

下面介绍员工信息登记表的制作。

Step

Step 1 创建工作簿

新建一个工作簿，保存并命名为"员工信息登记表"，将"Sheet1"工作表重命名为"员工信息"。

Step 2 输入相关数据

在"员工信息"工作表中输入相关数据。

Step 3 合并单元格

① 按<Ctrl>键的同时选中 A1:H1、H3:H6、A8:A13、A14:A19、A20:A24、C7:H7 和 B20:H24 单元格区域，设置"合并后居中"。

② 按<Ctrl>键的同时选中 A2:B7、B8:C13、D8:E13、F8:G13、B14:C19 和 D14:G19 单元格区域，设置"跨越合并"。

③ 选中 H3:H6 单元格区域，设置"自动换行"。

Step 4 设置字体和字号

① 选中 A1:H1 单元格区域，设置字体为"华文新魏"，设置字号为"20"。

② 选中 A2:H25 单元格区域，设置字体为"Arial Unicode MS"。

③ 选中 H3:H6 单元格区域，在"开始"选项卡的"字体"命令组中，单击"减小字体"按钮 A˅ 两次，设置字号为"9"。

Step 5 设置居中

按 <Ctrl> 键，同时选中 B8:H8 和 B14:H14 单元格区域，设置对齐方式为 "居中"。

Step 6 调整行高

拖动鼠标选中第 2~24 行，将鼠标指针放置在第 2~25 行的任意两行的交界处，如放置在第 2 行和第 3 行的交界处，待鼠标指针变成 ✛ 形状时，向下方拖动鼠标，待鼠标指针右侧的注释变成 "高度:25.50(34 像素)" 时，释放鼠标。

Step 7 调整列宽

调整 A:H 列至适当的宽度。

Step 8 设置表格边框

① 选中 A3:H24 单元格区域，在 "开始" 选项卡的 "字体" 命令组中单击 "下框线" 按钮 右侧的下箭头按钮 ，在打开的下拉菜单中选择 "所有框线" 命令。

② 单击 "下框线" 按钮右侧的下箭头按钮 ，在打开的下拉菜单中选择 "粗外侧框线" 命令。

Step 9 取消网格线的显示

单击"视图"选项卡，在"显示"命令组中取消勾选"编辑栏""网格线"复选框。

1.5.2 在页脚添加公司 Logo

实际工作中，有时需要在每页报表页脚处添加公司 Logo，具体操作步骤如下。

Step 1 分页预览

单击"视图"选项卡，在"工作簿视图"命令组中单击"分页预览"按钮，工作表即会由普通视图转换为分页预览视图。

如果打印区域不符合要求，则可通过拖动分页符来调整其大小，直到合适为止。

将鼠标指针移至垂直分页符上，向右拖动分页符至 H 列的右侧，增加垂直方向的打印区域。

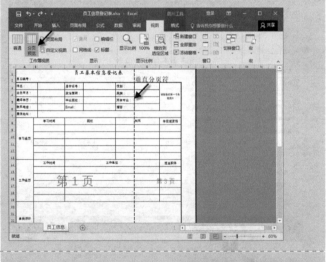

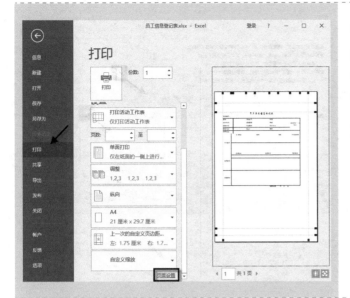

Step 2 打印预览

① 单击"文件"选项卡，在打开的下拉菜单中单击"打印"，即会显示打印预览。

在预览中可以对各种类型的参数进行打印设置，例如打印机属性、副本份数、页面范围、单面打印/双面打印、页面方向、页面大小和边距等。

② 除了"打印选项"菜单右侧显示的文档预览模式外，单击"视图"选项卡，在"工作簿视图"命令组中单击"页面布局"按钮也可对文档进行预览。

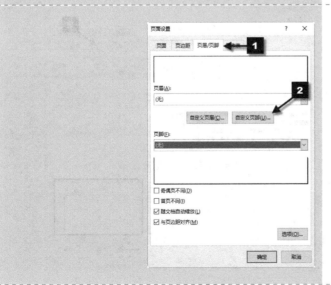

Step 3 设置页脚

① 在 Step2 的"打印预览"页面中，单击左下角的"页面设置"按钮，弹出"页面设置"对话框，切换到"页眉/页脚"选项卡，单击"自定义页脚"按钮。

② 弹出"页脚"对话框，接着单击对话框里的"右"文本框空白处，然后单击"插入图片"按钮。

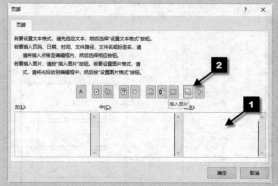

③ 弹出"插入图片"对话框，在"来自文件"右侧单击"浏览"按钮。

④ 在弹出的"插入图片"对话框中选择相关 Logo 图片，单击"插入"按钮。

此时会自动返回"页脚"对话框，在"右"框里将显示"&[图片]"。

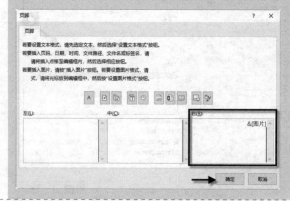

⑤ 单击"确定"按钮，将返回"页面设置"对话框，可以看到公司的 Logo 已被添加到页脚中。

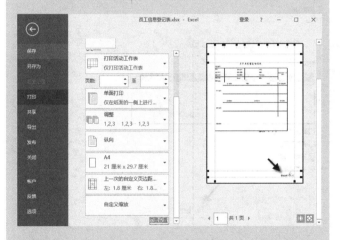

⑥ 在"页面设置"对话框中单击"确定"按钮。此时在打印预览的页面里，公司 Logo 已经添加到工作表的右下角，效果如图所示。

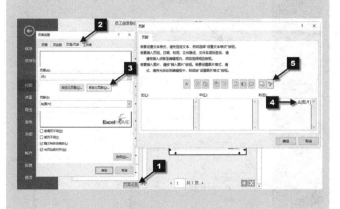

Step 4 调整公司 Logo 大小

① 在"打印预览"页面里，单击左下角的"页面设置"按钮，弹出"页面设置"对话框，单击"页眉/页脚"选项卡，单击"自定义页脚"按钮。

② 在弹出的"页脚"对话框中，先单击"右"框，此时"设置图片格式"按钮将被激活，单击该按钮。

③ 在弹出的"设置图片格式"对话框中,可按需在"大小"选项卡的"比例"区域中,在"高度"和"宽度"内调整图片比例。本案例修改"宽度"为"120%",因为默认勾选了"锁定纵横比"复选框,所以"高度"文本框中的数值自动调整为"120%"。

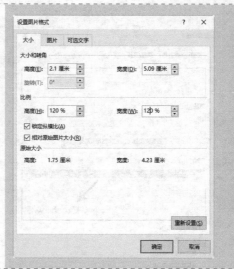

④ 单击"确定"按钮返回"页脚"对话框,再次单击"确定"按钮返回"页面设置"对话框,最后单击"确定"按钮。

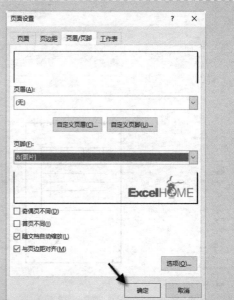

Step 5 打印

此时在输出的打印预览图里,公司 Logo 已调整为原尺寸的 120% 大小。

在"打印预览"窗口中单击"打印"按钮即可进行打印。

单击"返回"按钮,返回工作表编辑页面。

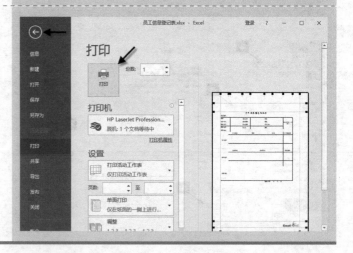

1.5.3 照相机功能的应用

前面已经介绍了表格的创建和在页脚中插入公司 Logo 的方法，下面将介绍如何在 Excel 里应用"照相机"功能。

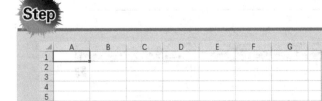

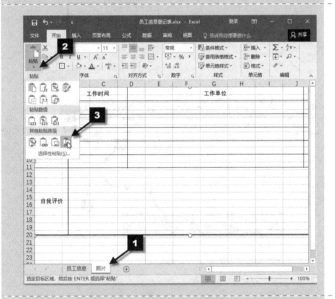

Step 1 插入新工作表

插入一个新工作表，重命名为"照片"。

Step 2 复制粘贴图片

① 单击"员工信息"工作表标签，选中 A14:H24 单元格区域，按<Ctrl+C>组合键复制。

② 切换到"照片"工作表，选中 A1 单元格，在"开始"选项卡的"剪贴板"命令组中单击"粘贴"按钮，在弹出的下拉菜单中选择"其他粘贴选项"→"链接的图片"命令。

这样就将图片粘贴到"照片"工作表中。在"照片"工作表中取消编辑栏和网格线的显示。

Step 3 移动图片，调整图片大小

① 选中图片，拖动图片至合适位置后释放鼠标。

② 在"图片工具—格式"选项卡中单击"大小"命令组右下角的"对话框启动器按钮"按钮，打开"设置图片格式"窗格，依次单击"大小与属性"按钮→"大小"选项卡，单击"缩放宽度"右侧的调节旋钮，使得文本框中的数字显示为"50%"，因为默认勾选了"锁定纵横比"复选框，所以缩放"高度"也将随之变化。关闭"设置图片格式"窗格。

Step 4 插入文本框

① 单击"插入"选项卡，单击"文本"命令组中的"文本框"→"绘制横排文本框"按钮，此时鼠标指针变为↓形状，拖动鼠标，设置合适大小的文本框，在文本框中输入文字"图片1"。

② 选中该文本框，切换到"开始"选项卡，设置字体为"Arial Unicode MS"，在"对齐方式"命令组中单击"垂直居中"按钮和"居中"按钮。

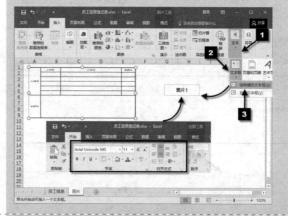

Step 5 新建自定义命令组

① 单击"文件"选项卡，打开下拉菜单后，单击"选项"命令，弹出"Excel选项"对话框，单击"自定义功能区"选项卡。

② 在右侧的"自定义功能区"下拉列表中选择"主选项卡"选项，在下方列表框中选择"开发工具"选项，单击"新建组(自定义)"按钮，即可在"开发工具"中建立一个新的组。

③ 单击"重命名"按钮。

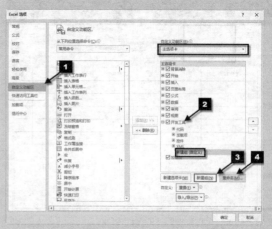

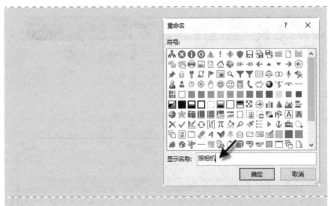

④ 弹出"重命名"对话框,在"显示名称"右侧的文本框中输入"照相机",单击"确定"按钮返回"Excel 选项"对话框。

Step 6 在"开发工具"选项卡添加"照相机"按钮

在"Excel 选项"对话框的"自定义功能区"命令组中,单击"从下列位置选择命令"列表框下方右侧的下箭头按钮 ⌄,在弹出的下拉列表中选择"不在功能区的命令",然后再拖动下方列表框右侧的滚动条至下部位置,选中"照相机",单击"添加"按钮,即可将"照相机"添加到"开发工具"选项卡中。单击"确定"按钮。

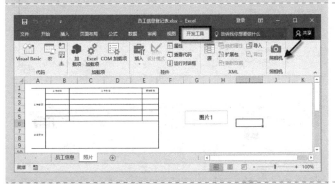

此时在功能区中出现了"开发工具"选项卡。单击此选项卡,在"照相机"命令组中可以查看"照相机"按钮 📷 。

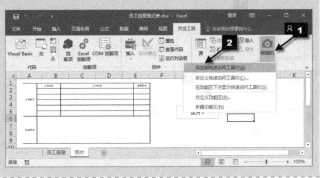

Step 7 添加"照相机"按钮至"快速访问工具栏"

单击"开发工具"选项卡,右键单击"照相机"命令组中的"照相机"按钮 📷 ,在弹出的快捷菜单中选择"添加到快速访问工具栏"命令。

此时在"快速访问工具栏"中添加了"照相机"按钮。

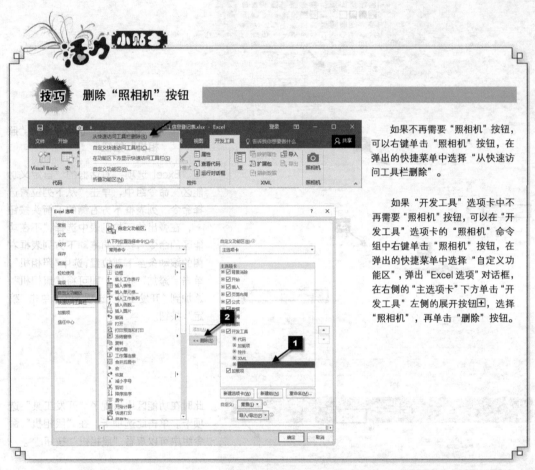

技巧　删除"照相机"按钮

如果不再需要"照相机"按钮，可以右键单击"照相机"按钮，在弹出的快捷菜单中选择"从快速访问工具栏删除"。

如果"开发工具"选项卡中不再需要"照相机"按钮，可以在"开发工具"选项卡的"照相机"命令组中右键单击"照相机"按钮，在弹出的快捷菜单中选择"自定义功能区"，弹出"Excel 选项"对话框，在右侧的"主选项卡"下方单击"开发工具"左侧的展开按钮⊞，选择"照相机"，再单击"删除"按钮。

Step 8　制作包含链接的照相图片

① 切换到"员工信息"工作表，选中A14:H24单元格区域，单击"快速访问工具栏"中的"照相机"按钮，鼠标指针变成＋形状，同时选中区域的边框变成虚边框。

② 切换到"照片"工作表，在任意位置单击鼠标，就将刚刚选择的区域"拍"到了"照片"工作表中。

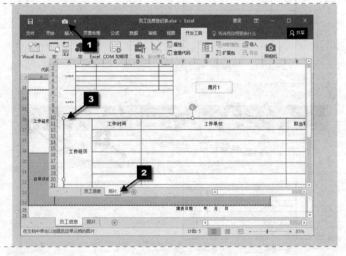

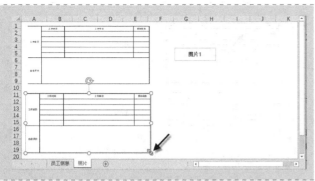

Step 9 移动图片，调整图片大小

① 选中图片，拖动图片至合适位置后，释放鼠标。

② 将鼠标指针移至图片的右下角，待鼠标指针变为形状时，向内拉动鼠标，待图片调整至合适大小时，释放鼠标。

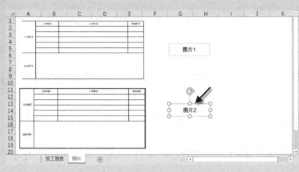

Step 10 复制文本框

① 单击选中 Step3 中设置的文本框，按<Ctrl+C>组合键复制，按<Ctrl+V>组合键粘贴。

② 拖动该文本框，移动至合适的位置。

③ 修改文本框内容为"图片 2"。

Step 11 制作不包含链接的照片图片

有时候不需要照相机复制出来的图片和原来的区域同步，具体操作步骤如下。

① 重复 Step7 中的步骤，切换到"员工信息"工作表，选中 A14:H24 单元格区域，单击"快速访问工具栏"中的"照相机"按钮，切换到"照片"工作表，在任意位置单击鼠标，单击该图片，将图片拖动到合适的位置，并调整图片的大小。

② 单击选中 Step3 中设置的文本框，按住<Ctrl>键，当鼠标指针变为，同时按住鼠标左键向下拖动至合适位置，松开鼠标，即可复制该文本框。修改该文本框内容为"图片 3"。

③ 选中该图片，在编辑栏中拖曳鼠标选中对应的公式，按<Delete>键删除公式，再按<Enter>键确认。

Step 12 改变工作表内容，查看图片

① 在"员工信息"工作表中，选中 D15:G15 单元格区域，输入"江苏大学"。

② 单击"照片"工作表标签切换到"照片"工作表，查看 3 张图片的变换。可以看到粘贴图片的"图片 1"和包含链接的"图片 2"的内容跟随"员工信息"工作表的信息变化而变化，而删除链接的"图片 3"的内容没有变化。

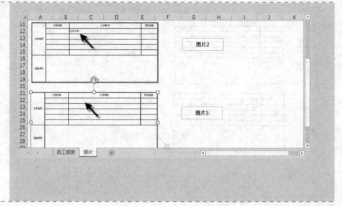

技巧 照片生成图片的应用

对 Excel 中用照片生成的图片，可以直接复制、粘贴到 Word 文档中使用。如将本例中的图片直接复制到 Word 文档，方法如下。

单击"图片 3"的任意位置选中"图片 3"，右键单击，弹出快捷菜单栏，然后选择"复制"。

启动 Word 文档，单击"剪贴板"选项卡中的"粘贴"按钮，即可将 Excel 中的图片复制到 Word 文档中。

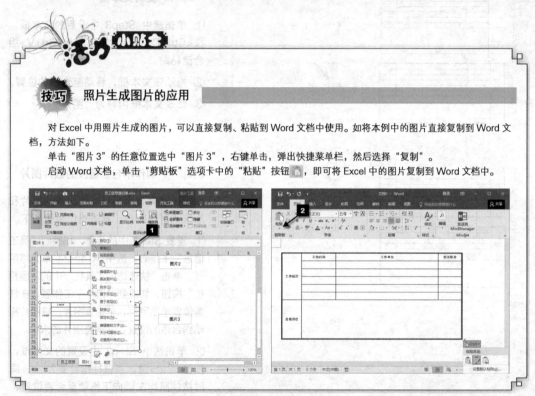

1.6 制作员工工卡

案例背景

新员工入职后，人力资源部需要给新员工制作工卡。工卡包括临时工卡和正式工卡，现在市场上有专业制作工卡的设备，但制作周期比较长。其实将 Excel 人事表格上的数据和 Word 的"邮件合并"功能相结合，就可以快速批量制作工卡，这样既节约时间，又节省成本。

除了工卡外，实际工作中的类似需求还有很多，比如会员证、员工就餐卡和学生准考证的制作等。

最终效果展示

员工工卡

序号	姓名	员工号	隶属部门	现任职务	学历	职称	电话	照片
1	胡	30	生产部	部长	本科	工程师	12345678	F:\\photo\\hu.jpg
2	徐	38	生产部	科员	专科	助工	12345679	F:\\photo\\xu.jpg
3	杨	59	生产部	科员	中专	无	12345680	F:\\photo\\yang.jpg
4	刘	48	生产部	科员	本科	助工	12345681	F:\\photo\\liu.jpg
5	李	38	销售部	部长	博士	工程师	12345682	F:\\photo\\li.jpg
6	林	25	销售部	科员	本科	助工	12345683	F:\\photo\\lin.jpg
7	童	32	行政部	部长	专科	助工	12345684	F:\\photo\\tong.jpg
8	王	24	行政部	科员	本科	无	12345685	F:\\photo\\wang.jpg

员工信息登记表

关键技术点

要实现本例中的功能，读者应掌握以下 Excel 技术点。

- 整理基础的人事数据表格
- 邮件合并中加入图片（照片）的技术

示例文件

\第 1 章\人事数据表.xlsx

1.6.1 创建人事数据表

本案例的实现由 3 个部分组成：分别是创建人事数据表，然后创建员工工卡文档，将前两者进行邮件合并添加员工照片。下面介绍人事数据表的创建。

Step

Step 1 新建工作簿

新建一个工作簿，保存并命名为"人事数据表"，将"Sheet1"工作表重命名为"员工信息登记表"。

Step 2 输入表格各字段标题和表格内容

① 在 A1:I1 单元格区域，输入表格各字段标题。

② 在 A2:H9 单元格区域，输入表格内容。

③ 选中 I2 单元格，输入"F:\\photo\\hu.jpg"。

假设本案例所要用到的员工照片直接存放在"本地磁盘（F:）"的"photo"文件夹里，因此描述员工照片的存放路径应该是"F:\\photo\\hu.jpg"。读者可依据员工照片存放的具体位置来填写路径。

④ 以同样的操作方法添加其他员工照片的路径。

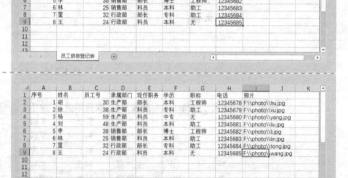

指定路径时，要求以双反斜杠替代单反斜杠。如果路径中的"\"不变更成"\\"，则容易出错。

Step 3 美化工作表

① 设置字体、加粗、居中和填充颜色。

② 调整行高和列宽。

③ 绘制边框。

④ 取消编辑栏和网格线显示。

1.6.2 创建"员工工卡"Word 文档

有关员工工卡的内容，本案例主要通过 Word 来实现。下面介绍如何建立员工工卡文档。

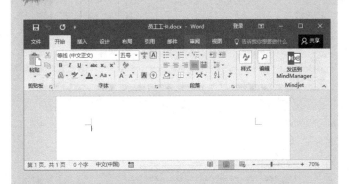

Step 1 创建新文档

启动 Word 2016，将系统新创建的文档1保存，并命名为"员工工卡"。

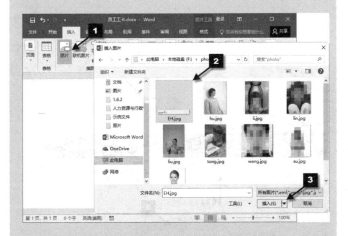

Step 2 添加工卡背景图片

在 Word 中，切换到"插入"选项卡，在"插图"命令组中单击"图片"按钮，弹出"插入图片"对话框，打开存放带有公司 Logo 图片的文件夹，选中公司 Logo 图片，然后单击"插入"按钮。

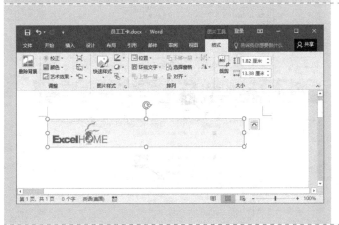

此时该图片就被添加到 Word 中，效果如图所示。

Step 3 添加文本框

切换到"插入"选项卡，在"文本"命令组中单击"文本框"按钮，在弹出的菜单中选择"简单文本框"。

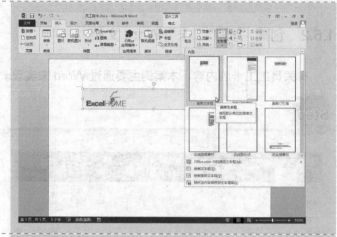

Step 4 调整文本框的位置和大小

① 选中文本框，当鼠标指针变成形状时，按住鼠标左键拖动文本框至合适的位置。

② 选中文本框，将鼠标指针移至文本框的右下角，待鼠标变为形状时向外拉动鼠标，待将文本框调整至合适大小时，释放鼠标。

Step 5 设置文本框形状填充和形状轮廓

① 选中文本框后，单击"绘图工具—格式"选项卡，在"形状样式"命令组中单击"形状填充"按钮右侧的下箭头按钮，在弹出的下拉菜单中选择"无填充"命令。

② 在"形状样式"命令组中单击"形状轮廓"按钮右侧的下箭头按钮，在弹出的下拉菜单中选择"无轮廓"命令。

Step 6 在工卡上设置文字

在文本框中添加文字。

Step 7 调整字体、字号

① 选中文字"姓名:",在"开始"选项卡的"字体"命令组中,单击"字体"右侧的下箭头按钮,在弹出的列表中选择"华文隶书"字体,然后在"字号"文本框中输入"16"。

② 用类似的方法,将文字"部门:""职务:"和"工号:"的字体调整为"华文隶书",字号调整为"14",效果如图所示。

Step 8 调整字体颜色

按住<Ctrl>键依次选中文字"姓名:""部门:""职务:"和"工号:",然后单击"字体颜色"按钮右侧的下箭头按钮,在弹出的颜色面板中选择"蓝色"。

1.6.3 邮件合并中添加照片

完成了人事数据表和员工工卡文档的制作,下面将介绍如何实现将人事数据表中的数据合并到员工工卡,同时在员工工卡里添加员工的照片。具体操作步骤如下。

Step

Step 1 开始邮件合并

切换到"邮件"选项卡，在"开始邮件
合并"命令组中单击"开始邮件合并"
按钮右侧的下箭头按钮，在弹出的下拉
菜单中选择"邮件合并分步向导"命令。
具体操作请参阅 1.4.3 小节 Step1。

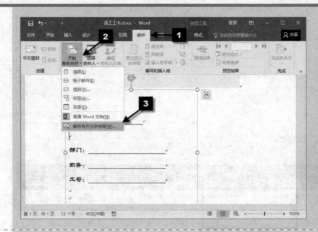

Step 2 选择文档类型

在"选择文档类型"下方单击"信函"
单选钮，在最下方的"第1步，共6步"
下，单击"下一步：开始文档"。

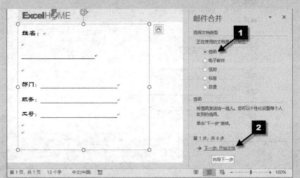

Step 3 选择开始文档

在"选择开始文档"下方单击"使用当
前文档"，在最下方"第2步，共6步"
下单击"下一步：选择收件人"。

Step 4 选择收件人

① 在"选择收件人"下方默认选中"使
用现有列表"。在"使用现有列表"下
方单击"浏览"按钮。

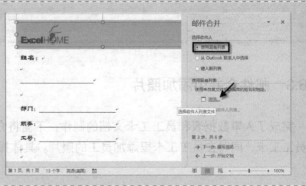

② 弹出"选取数据源"对话框，找到存放"人事数据表"的文件夹，单击"人事数据表"，再单击"打开"按钮。

③ 在弹出的"选择表格"对话框中，单击"确定"按钮。

④ 弹出"邮件合并收件人"对话框，单击"确定"按钮。

⑤ 返回"选择收件人"的"第 3 步，共 6 步"页面，在最下方"第 3 步，共 6 步"下单击"下一步：撰写信函"。

Step 5　编写和插入域

① 将鼠标指针置于"姓名"和"部门"之间的下划线，在"编写和插入域"命令组中单击"插入合并域"按钮下方右侧的下箭头按钮，在弹出的列表中选择"姓名"。此时，在该下划线上自动添加了"姓名"域。

② 用类似的操作方法，将"隶属部门""现任职务"以及"员工号"域插入相应的位置。

Step 6　撰写信函

在右侧的任务窗格的最下方"第4步，共6步"下单击"下一步：预览信函"。

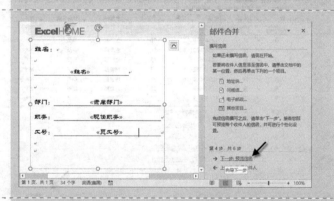

Step 7　完成合并

预览结果如图所示。

在右侧的任务窗格的最下方"第5步，共6步"下单击"下一步：完成合并"。

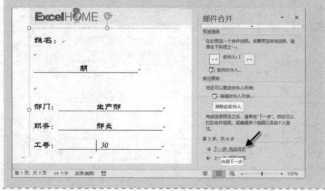

此时已经完成合并，可以使用"邮件合并"生成信函。

关闭"邮件合并"窗格。

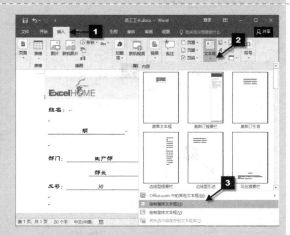

Step 8 绘制文本框

① 切换到"插入"选项卡，在"文本"命令组中单击"文本框"按钮，在弹出的下拉菜单中选择"绘制横排文本框"。

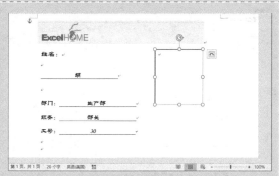

② 此时鼠标指针变成＋形状，在合适的位置单击鼠标并进行拖曳，绘制合适大小的文本框。

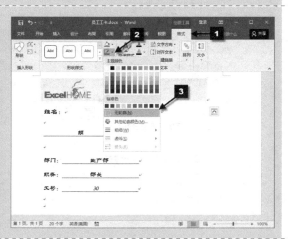

③ 选中文本框后，单击"绘图工具—格式"选项卡，在"形状样式"命令组中单击"形状轮廓"按钮右侧的下箭头按钮，在弹出的下拉菜单中选择"无轮廓"命令。

Step 9 插入域

① 在刚刚绘制的文本框中单击，切换到"插入"选项卡，在"文本"命令组中单击"浏览文档部件"按钮，在弹出的下拉菜单中选择"域"。

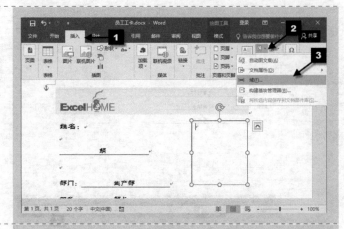

② 弹出"域"对话框，在"域名"下方的列表框中拖动右侧的滚动条，选中"IncludePicture"。

③ 在中间"域属性"下方的文本框中输入任意字符，如"abc"，单击"确定"按钮。

效果如图所示。

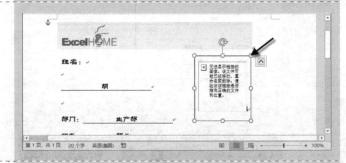

④ 单击照片插入的位置，按<Alt+F9>组合键显示插入域代码，接着单击照片里的代码，然后选中"abc"，如图所示。

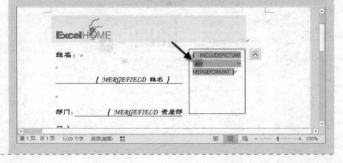

⑤ 切换到"邮件"选项卡，在"编写和插入域"命令组中单击"插入合并域"按钮右侧的下箭头按钮，在弹出的列表中选择"照片"。

此时域代码被修改为如下代码。

{INCLUDEPICTURE"{MERGEFIELD　照片 }"*MERGEFORMAT}

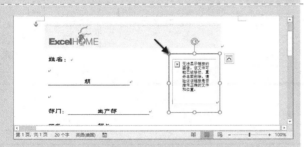

单击照片位置里的代码，然后按<Alt+F9>组合键再次切换域，效果如图所示。

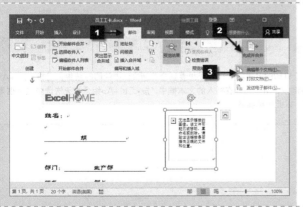

⑥ 切换到"邮件"选项卡，在"完成"命令组中，单击"完成并合并"按钮，在弹出的下拉菜单中选择"编辑单个文档"命令。

弹出"合并到新文档"对话框，单击"确定"按钮。

⑦ 此时弹出"信函1"文档。按<Ctrl+S>组合键,弹出"另存为"对话框,选择需要保存的路径,默认文件名为"窗体1",单击"保存"按钮。

⑧ 关闭"窗体 1"的 Word 文档。

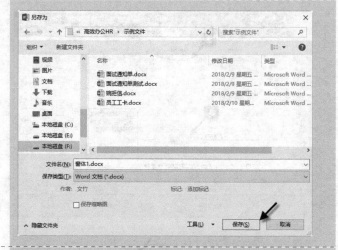

⑨ 再次打开"窗体 1"的 Word 文档,在"视图"选项卡的"显示比例"命令组中单击"多页"按钮,在右下角单击"缩放级别"中的"缩小"按钮,调整页面大小为原始大小的 30%。此时可以看到在"窗口 1"文档中存放了人事数据表里所有员工的相关信息,照片也自动更新了。

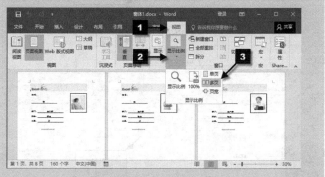

技巧 手动更新域

该域在合并过程中可能不会被自动更新(打印时会更新),如果想看到合并新文档中的即时结果,可按<Ctrl+A>组合键全选文档,然后按<F9>键更新域。本例中,由于照片在插入的文本框中,按<Ctrl+A>组合键无法选中文本框里的图片更新域,故需关闭文档后再重新打开,以此来更新域。

第 **2** 章　培训管理

Excel 2016 高效办公

　　现代企业管理越来越注重人力资源的合理使用与人才的培养。要提高组织的应变能力就需要不断地提高人员素质，使组织及其成员能够适应外界的变化并为新的发展创造条件。在介绍专业知识的同时，本章通过制作"培训需求调查表"和"培训成绩分析表"让读者进一步熟悉 Excel 的基本操作。案例中特别着重介绍 Excel 的各种快捷操作方法，帮助人力资源管理者提高工作效率。

2.1 培训需求调查表

案例背景

问卷调查是培训需求调查的一种方法，人力资源部将所需分析的事项设计成具体问题，制成调查表，请有关人员回答问题，发表建议、意见。人力资源部收集调查表进行结果分析和整理，然后对培训项目进行修正和改进。

最终效果展示

培训需求调查表

关键技术点

要实现本例中的功能，读者应掌握以下 Excel 技术点。
- 插入带括号的字母数字方法
- 表格中等宽不相邻行（列）和等宽相邻行（列）的设置方法

示例文件

\第 2 章\培训需求调查表.xlsx

2.1.1 创建培训需求调查表

本案例由两部分实现，首先编制培训需求调查表，其次美化培训需求调查表。下面介绍培训需求调查表的编制。

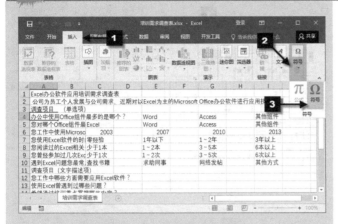

Step 1 插入带括号的字母数字

① 打开已输入文本内容的工作表"培训需求调查表"。

② 双击 A4 单元格，将鼠标指针置于该单元格文字最前面。切换到"插入"选项卡，在"符号"命令组中单击"符号"按钮，弹出"符号"对话框。

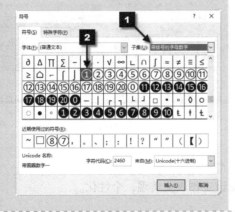

③ 在"符号"对话框中，单击"子集"右侧的下箭头按钮，在弹出的列表中选择"带括号的字母数字"，在备选图框中单击"①"图标。单击"插入"按钮。

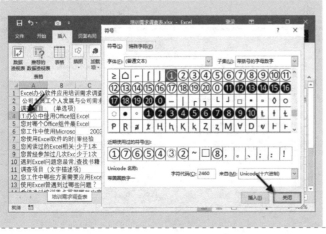

④ 此时"①"就被插入 A4 单元格里的文字之前，而"取消"按钮变成"关闭"按钮，单击"关闭"按钮关闭"符号"对话框。

⑤ 按照上述操作方法，在 A5:A10 单元格区域内的文字最前面分别输入符号"②~⑦"。

⑥ 调整 A 列的列宽为"40.00"，效果如图所示。

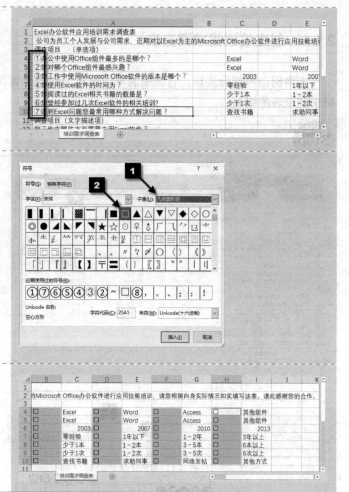

Step 2 批量插入特殊符号"□"

① 按住<Ctrl>键，同时选中 B4:B10、D4:D10、F4:F10 和 H4:H10 单元格区域，在"插入"选项卡的"符号"命令组中单击"符号"按钮，弹出"符号"对话框，单击"子集"右侧的下箭头按钮，在弹出的列表中选择"几何图形符"。在备选图框中单击"□"图标，单击"插入"按钮，再单击"关闭"按钮关闭"符号"对话框。

② 按<Ctrl+Enter>组合键批量输入特殊符号"□"。

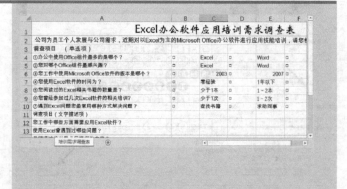

2.1.2 美化培训调查表

接下来对调查表进行适当调整，使该工作表更美观、个性化。

Step 1 设置合并后居中，调整字体和字号

① 选中 A1:I1 单元格区域，设置"合并后居中"，设置字体为"华文新魏"，字号为"20"。

② 选中 A2:I21 单元格区域，设置字体为"Arial Unicode MS"。

③ 选中 A4:I19 单元格区域，设置字号为"10"。

④ 按<Ctrl>键，同时选中含有特殊字符"□"的 B4:B10、D4:D10、F4:F10 和 H4:H10 单元格区域，设置字号为"14"。

⑤ 选中 A2:I2 单元格区域，设置"合并单元格"。

⑥ 按<Ctrl>键，同时选中 A3:I3 和 A11:I11 单元格区域，设置"合并后居中"，设置字号为"12"。

⑦ 选中 A12:I19 单元格区域，设置"跨越合并"。

Step 2 调整行高

调整第 1 行的行高为"27"，调整第 2 行的行高为"42"。

Step 3 调整等高不相邻行边距

① 选中第 3 行，按<Ctrl>键，同时选中第 11 行。

② 移动鼠标指针到第 3 行和第 4 行的行号之间，当鼠标指针变成╬形状时按住鼠标左键不放向下拖动鼠标，待显示"高度:21.00(28 像素)"时松开鼠标左键。在此过程中，随着第 3 行的高度变化，第 11 行的高度也将发生相同变化。

Step 4 调整等高相邻行边距

① 选中第 4 行，按住<Shift>键不放，再单击第 10 行的行号，这样就同时选中了第 4 行至第 10 行。

② 移动鼠标指针到第 4 行和第 5 行的行号之间，当鼠标指针变成╬形状时按住鼠标左键不放向下拖动鼠标，待显示"高度:24.00(32 像素)"时松开鼠标左键。在此过程中第 4 行到第 10 行的行高均调整到相同的高度。

③ 拖动鼠标，同时选中第 12 行至第 15 行，切换到"开始"选项卡，单击"单元格"命令组中"格式"按钮右侧的下箭头按钮，在弹出的列表中选择"行高"，弹出"行高"对话框，在"行高"文本框中输入"82.5"。单击"确定"按钮。

Step 5 调整等宽不相邻列边距

① 选中 B 列，按住<Ctrl>键，同时选中 D 列、F 列和 H 列。

② 将鼠标指针移动到 B 列和 C 列的列标之间，当鼠标指针变成✚形状时按住鼠标左键不放向左拖动鼠标，待显示变为"宽度:2.50(25 像素)"时松开鼠标左键。此时就完成了 B 列、D 列、F 列和 H 列的列宽调整。

③ 使用类似的操作方法，调整 C 列、E 列、G 列和 I 列的列宽为"宽度:7.50(65 像素)"。

Step 6 调整对齐方式

① 选中 A2:I2 单元格区域，设置"自动换行"。

② 选中 A12:A15 单元格区域，设置"顶端对齐"。

③ 选中 F20:I21 单元格区域，设置"跨越合并"，设置"居中"。

④ 选中 B4:I10 单元格区域，设置"右对齐"。

Step 7 设置表格边框

① 选中 A2:I15 单元格区域，切换到"开始"选项卡，在"字体"命令组中单击"下框线"按钮右侧的下箭头按钮，在弹出的列表中选择"所有框线"命令。

② 单击"下框线"按钮右侧的下箭头按钮，在弹出的列表中选择"粗外侧框线"命令。

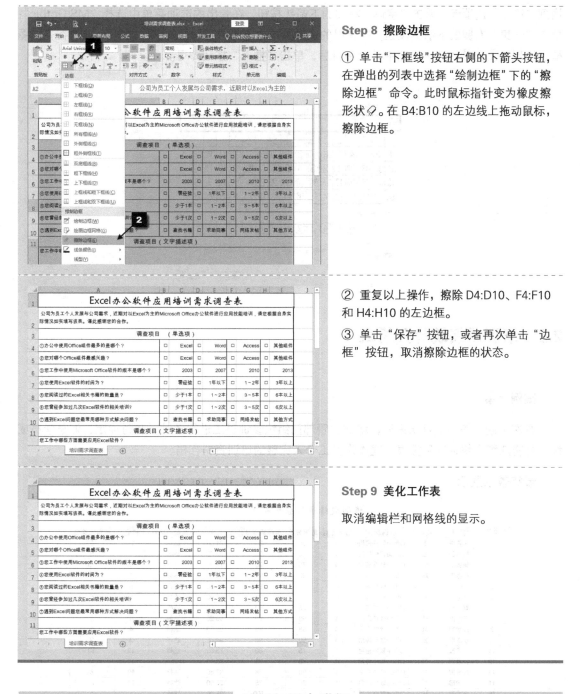

Step 8 擦除边框

① 单击"下框线"按钮右侧的下箭头按钮，在弹出的列表中选择"绘制边框"下的"擦除边框"命令。此时鼠标指针变为橡皮擦形状 ◇。在 B4:B10 的左边线上拖动鼠标，擦除边框。

② 重复以上操作，擦除 D4:D10、F4:F10 和 H4:H10 的左边框。

③ 单击"保存"按钮，或者再次单击"边框"按钮，取消擦除边框的状态。

Step 9 美化工作表

取消编辑栏和网格线的显示。

扩展知识点讲解

Excel 中插入 11 以上带圈的字母数字的方法

在实际工作中可能会用到 10 以上的特殊数字，这时读者可以通过如下方法来实现带圈的字母数字的插入。

切换到"插入"选项卡，在"文本"命令组中单击"符号"按钮，弹出"符号"对话框，切换到"符号"选项卡。单击"字体"右侧的下箭头按钮,在弹出的选项菜单中选择"MS Gothic";单击"子集"右侧的下箭头按钮,在弹出的选项菜单中选择"带括号的字母数字",此时在备选图框里出现了①到⑳的数字。选中某个字符后,单击"插入"按钮即可。

2.2 培训成绩统计分析表

案例背景

每次(期)培训项目结束后,培训主管部门组织参训员工进行考试,及时评定、汇总学员成绩,并将成绩和培训成果报表一同作为员工个人完整的培训资料存档。

最终效果展示

培训成绩统计分析表

序号	部门	姓名	培训项目	培训课时	笔试分数	实际操作分数	总分	成绩是否达标	排名	中国式排名
1	销售部	张	Office软件应用	4	90	80	84.00	达标	11	9
2	销售部	王	Office软件应用	4	88	95	92.20	达标	7	5
3	销售部	李	Office软件应用	4	75	70	72.00	不达标	15	13
4	财务部	赵	Office软件应用	4	95	100	98.00	达标	1	1
5	财务部	刘	Office软件应用	4	90	95	93.00	达标	6	4
6	财务部	马	Office软件应用	4	90	90	90.00	达标	8	6
7	财务部	胡	Office软件应用	4	85	90	88.00	达标	9	7
8	技术部	林	Office软件应用	4	98	90	93.20	达标	4	3
9	技术部	童	Office软件应用	4	98	90	93.20	达标	4	3
10	技术部	张	Office软件应用	4	90	98	94.80	达标	3	2
11	技术部	王	Office软件应用	4	75	80	78.00	达标	12	10
12	技术部	李	Office软件应用	4	70	75	73.00	不达标	14	12
13	技术部	赵	Office软件应用	4	90	86	87.60	达标	10	8
14	技术部	刘	Office软件应用	4	80	75	77.00	达标	13	11
15	技术部	马	Office软件应用	4	95	100	98.00	达标	1	1

表格说明:
1、此次培训考试笔试分数权重40%,实际操作权重60%,并以此统计总分。
2、培训结果成绩总分75分为达标,不足75分为未达标。

培训成绩统计分析表

关键技术点

要实现本例中的功能,读者应掌握以下 Excel 技术点。

- IF 函数、RANK 函数的应用
- 数据验证
- 条件格式

示例文件

\第 2 章\培训成绩统计分析表.xlsx

2.2.1　编制培训成绩简单汇总公式

本案例通过三部分实现：一是编制培训成绩汇总公式，二是编制公式进行成绩的结果分析，三是编制公式进行成绩排名。下面先来介绍汇总公式的编制。

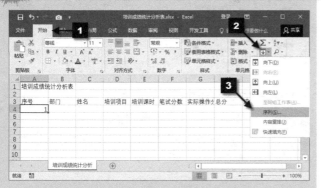

Step 1　填充序列

① 打开工作簿"培训成绩统计分析表"，选中 A4 单元格，输入"1"。

② 选中 A4 单元格，在"开始"选项卡的"编辑"命令组中单击"填充"按钮，在弹出的列表中选择"序列"命令。

③ 弹出"序列"对话框，在"序列产生在"下方单击"列"单选钮。在"终止值"文本框中输入"15"，其余保留默认值，单击"确定"按钮。

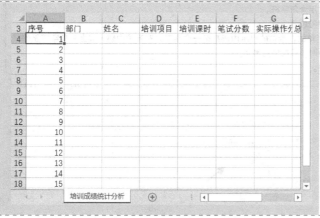

此时在 A4:A18 单元格区域中自动填充了序列"1~15"。

Step 2 数据验证

① 选中 B4 单元格，单击"数据"选项卡，单击"数据工具"命令组中的"数据验证"按钮，弹出"数据验证"对话框。

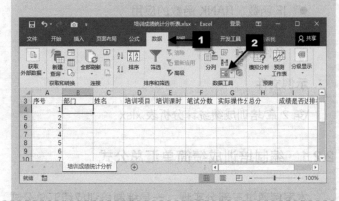

② 单击"设置"选项卡，在"允许"下拉列表中选择"序列"，在"来源"文本框中输入"销售部,财务部,技术部"，单击"确定"按钮。

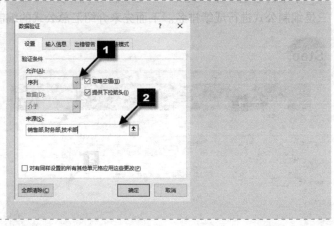

注意全角和半角

在设置数据验证时，在输入"来源"框中的引用内容时，请使用半角（也就是英文方式下）的"="或","，而不能使用全角（也就是中文方式下）的"="或","。

（1）全角：指一个字符占用两个标准字符位置。

汉字字符和规定了全角的英文字符及国标 GB2312–80 中的图形符号和特殊字符都是全角字符。一般的系统命令是不用全角字符的，只是在做文字处理时才会使用全角字符。

（2）半角：指一个字符占用一个标准的字符位置。

通常的英文字母、数字键、符号键都是半角的，半角的显示内码都是一个字节。在系统内部，以上三种字符是作为基本代码处理的，所以用户输入命令和参数时一般都使用半角。

按<Shift+空格>组合键可切换全角和半角。

③ 单击 B4 单元格，其右下角出现一个下拉箭头，单击此下箭头，在弹出的列表中可以方便地选择需要输入的部门名称，如"销售部"。

Step 3 复制数据验证设置

① 选中 B4 单元格，按<Ctrl+C>组合键复制，再选中 B5:B18 单元格区域，单击"开始"选项卡的"剪贴板"命令组中的"粘贴"按钮，在弹出的列表中选择"选择性粘贴"。

② 弹出"选择性粘贴"对话框，单击"粘贴"下方的"验证"单选钮，单击"确定"按钮。

此时 B5:B18 单元格区域复制了数据验证的设置。

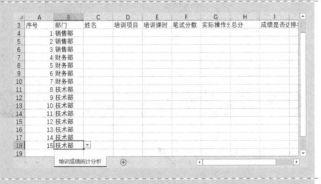

③ 利用数据验证，在 B5:B18 单元格区域中输入数据。

Step 4 输入数据

① 在 C4:C18 单元格区域输入姓名。

② 选中 D4:D18 单元格区域，输入"Office 软件应用"，按<Ctrl+Enter>组合键批量输入相同数据。

③ 适当地调整 D 列的列宽。

④ 选中 E4 单元格，输入"4"，拖曳其右下角的填充柄至 E18 单元格。此时 E4:E18 单元格区域内输入了相同的数据"4"。

分别完成 F4:G18 单元格区域中数据的录入。

Step 5 编制成绩简单汇总公式

选中 H4 单元格，输入以下公式，按 <Enter>键确认。

`=F4*0.4+G4*0.6`

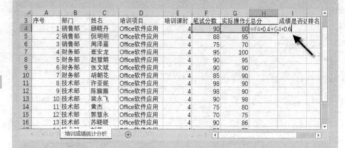

Step 6 复制公式

将鼠标指针放在 H4 单元格的右下角，待鼠标指针变为 ✛ 形状后双击，将 H4 单元格公式快速复制填充到 H5:H18 单元格区域。

Step 7 增加小数位数

选中 H4:H18 单元格区域，在"开始"选项卡的"数字"命令组中，单击"增加小数位数"按钮 。

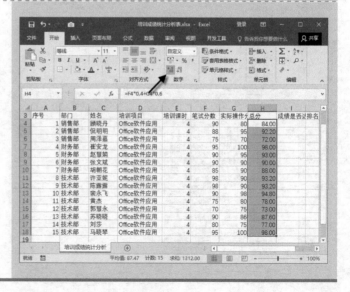

2.2.2 编制判断成绩达标与否的公式

下面利用 IF 函数进行员工成绩达标与否的判断，具体操作步骤如下。

视频：判断成绩
是否达标

Step 1 编制判断公式

① 选中 I4 单元格，输入以下公式，按 <Enter>键确认。

`=IF(H4>=75,"达标","不达标")`

② 将鼠标指针放在 I4 单元格的右下角，待鼠标指针变为 ✚ 形状后双击，将 I4 单元格公式快速复制填充到 I5:I18 单元格区域。

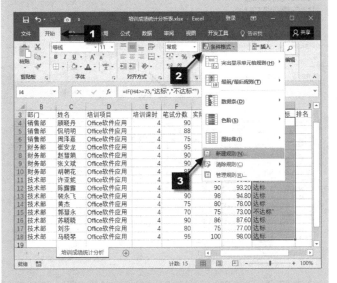

Step 2 设置条件格式

人眼对颜色是很敏感的，如果"达标"与"不达标"标记有不同的颜色，则结果显示更加直观。Excel 可以快速达到此效果，操作如下。

① 选中 I4:I18 单元格区域，在"开始"选项卡的"样式"命令组中单击"条件格式"按钮，在打开的下拉菜单中选择"新建规则"。

② 打开"新建格式规则"对话框后，在"选择规则类型"列表框中选择"只为包含以下内容的单元格设置格式"选项，在"编辑规则说明"区域中，第 1 个选项保持不变；第 2 个选项，单击右侧的下箭头按钮，在弹出的列表中选择"等于"；第 3 个选项中，输入"不达标"。单击"格式"按钮。

③ 弹出"设置单元格格式"对话框，切换到"字体"选项卡，单击"颜色"下方右侧的下箭头按钮，在弹出的颜色面板中选择"标准色"下的"红色"，单击"确定"按钮。

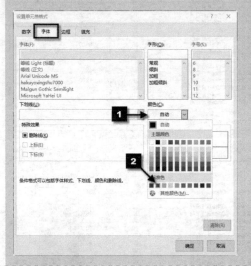

④ 返回"新建格式规则"对话框，再次单击"确定"按钮。

⑤ 此时，I6 和 I15 单元格里的"不达标"显示为红色，以便于找出成绩不达标的员工。

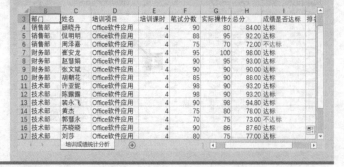

关键知识点讲解

函数应用：IF 函数

■ **函数用途**

根据对指定的条件计算结果为 TRUE 或 FALSE，返回不同的结果。

■ **函数语法**

IF(logical_test,[value_if_true],[value_if_false])

■ **参数说明**

logical_test   必需。表示计算结果为 TRUE 或 FALSE 的任意值或表达式。

value_if_true   可选。显示在 logical_test 为 TRUE 时返回的值。

value_if_false 可选。显示在 logical_test 为 FALSE 时返回的值。

■ **函数说明**

● IF 函数支持函数嵌套，最多可以使用 64 层嵌套。参数 value_if_true 和 value_if_false，可以是指定的数字或文本，也可以是公式。

■ **函数简单示例**

示例一：

示例数据如下。

	A
1	50

IF 函数应用示例如下。

示例	公式	说明	结果
1	=IF(A1<=100,"预算内","超出预算")	如果 A1 小于等于 100，则公式将显示"预算内"；否则，公式显示"超出预算"	预算内
2	=IF(A1=100,SUM(C6:C8),"")	如果 A1 为 100，则计算 SUM(C6:C8)部分，得到 C6:C8 单元格区域的和，否则返回空文本	

示例二：

示例数据如下。

	A	B
1	实际费用	预期费用
2	1500	900
3	500	900

IF 函数应用示例如下。

示例	公式	说明	结果
1	=IF(A2>B2,"超出预算","预算内")	检查第 2 行是否超出预算	超出预算
2	=IF(A3>B3,"超出预算","预算内")	检查第 3 行是否超出预算	预算内

示例三：

示例数据如下。

	A
1	成绩
2	55
3	90
4	79

IF 函数应用示例如下。

示例	公式	说明	结果
1	=IF(A2>89,"A",IF(A2>79,"B",IF(A2>69,"C",IF(A2>59,"D","F"))))	给 A2 单元格内的成绩指定一个字母等级	F

■ 本例公式说明

以下为本例中的公式。

`=IF(H4>=75,"达标","不达标")`

公式中 IF 函数的逻辑判断条件是"H4>=75",若为真时就返回文本"达标",若为假时则返回文本"不达标"。在 H4 单元格里的数值是"84",大于 75 即逻辑值为真,所以在 I4 单元格里将返回"达标"。

关键知识点讲解

条件格式的应用

使用条件格式可以直观地查看和分析数据,发现关键问题以及识别模式和趋势。

在条件格式中,可以使用双色刻度、三色刻度、数据条、图标集等设置所有单元格的格式;也可以对排名靠前或靠后的数值、对高于或低于平均值的数值、对唯一值或重复值设置格式;还可以使用公式确定要设置格式的单元格。

2.2.3 编制排名公式

前面通过计算已得到了员工的培训成绩,现在要对该结果进行排名,以便能更直观地了解情况。

视频:使用 RANK 函数进行排名

Step 1 编制排名公式

① 选中 J4 单元格,输入以下公式,按 <Enter>键确认。

`=RANK(H4,$H$4:$H$18)`

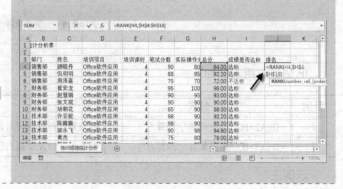

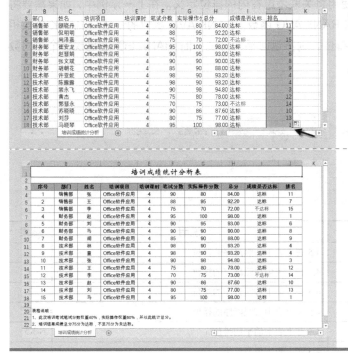

② 将鼠标指针放在 J4 单元格的右下角，待鼠标指针变为 **+** 形状后双击，将 J4 单元格公式快速复制填充到 J5:J18 单元格区域。

Step 2 美化工作表

美化工作表，适当调整字体、字号，设置边框线等，效果如图所示。

关键知识点讲解

函数应用：RANK 函数

■ 函数用途

返回一列数字的数字排位。数字的排位是其相对于列表中其他值的大小。

■ 函数语法

RANK(number,ref,[order])

■ 参数说明

number　必需。要找到其排位的数字。

ref　必需。数字列表的数组，对数字列表的引用。ref 中的非数字值会被忽略。

order　可选。一个指定数字排位方式的数字。

● 如果 order 为 0（零）或省略，Excel 对数字的排位是把数据从大到小进行降序排列，也就是说数值最大的排名第一。

● 如果 order 不为零，Excel 对数字的排位是把数据从小到大进行升序排列，也就是说数值最小的排名第一。

● 如果 order 直接缺省，同第一种情况。

■ 函数说明

● RANK 赋予重复数相同的排位，但重复数的存在将影响后续数值的排位。例如，在按升序排序的整数列表中，如果数字 10 出现两次，且其排位为 5，则 11 的排位为 7（没有排位为 6 的数值）。

● 要达到某些目的，可能需要使用将关联考虑在内的排位定义。在上一示例中，如果需要将数字 10 的排位修改为 5.5，可以使用 RANK.AVG 函数。RANK.AVG 函数的语法与 RANK 函数相同，不同的是如果多个值具有相同的排位，则将返回平均排位；而 RANK.EQ 在出现多个相同数值的排位时，会返回其最高排位。

函数简单示例

	A	B	C	D	E	F	G
1	数据	公式1	公式2	公式3	公式4	公式5	公式6
2	14	1	1	5	1	1	1
3	4.5	3	3	2	3	3.5	3
4	4.5	3	3	2	3	3.5	3
5	5	2	2	4	2	2	2
6	3	5	5	1	5	5	5

示例	公式	说明	结果
1	=RANK($A3,$A$2:$A$6,0)	4.5 在上表中按照降序的排位	3
2	=RANK($A3,$A$2:$A$6,)	4.5 在上表中按照降序的排位	3
3	=RANK($A3,$A$2:$A$6,1)	4.5 在上表中按照升序的排位	2
4	=RANK($A3,$A$2:$A$6)	4.5 在上表中按照降序的排位	3
5	=RANK.AVG($A3,$A$2:$A$6,0)	4.5 在上表中的平均排位	3.5
6	=RANK.EQ($A3,$A$2:$A$6,0)	4.5 在上表中最高排位	3

本例公式说明

以下为本例中的公式。

```
=RANK(H4,$H$4:$H$18)
```

通过本公式，H4 单元格里的数字将在 H4:H18 单元格区域的数字列表里进行降序排位。H4 单元格的数字"84"，在同该列表里其他数字比较大小后，所处位置是 11，因此返回的结果为"11"。

扩展知识点讲解

中国式排名

RANK 函数排名得到的结果是西方式的排名，即某一个数字 A 重复了几次，则下一个大小仅次于数字 A 的数字 B 排位时，数字 B 的排名是数字 A 的位置数再加上数字 A 重复的次数。像本案例中 H7、H18 单元格里的数字是 H 列里最大且相等，均为"98.00"，故并列第一，H13 单元格里的数字"94.80"在 H 列里仅次于"98.00"，RANK 函数计算返回的结果为 3，即第三。这不符合大多数中国人的排名习惯，大多数中国人认为无论并列第一的有几个数字，都不影响仅次于该数字的数字排名，即排名为第二。

下面就来介绍如何在本案例中实现中国式排名。

Step 1 输入表格标题

① 选中 K3 单元格,输入"中国式排名"。

② 调整 K 列的列宽。

Step 2 编制中国式排名公式

选中 K4 单元格,输入以下公式,按 <Ctrl+Shift+Enter>组合键完成输入。

```
=SUM(IF(H$4:H$18>H4,1/COUNTIF(H$4:H$18,H$4:H$18)))+1
```

在编辑框里会看到原输入的公式变成 如下形式。

```
{=SUM(IF(H$4:H$18>H4,1/COUNTIF(H$4:H$18,H$4:H$18)))+1}
```

"{}" 是运行数组公式的提示符,读者自 行输入无效。

技巧　数组公式

数组公式是对两组或两组以上的数据同时进行计算,利用数组公式能替代多个重复公式。按<Ctrl+Shift+Enter>组合键是告知系统要运行数组公式,执行多重计算。在本书的 3.3.2 小节的"关键知识点讲解"里将介绍相关的内容。

Step 3 复制公式

将鼠标指针放在 K4 单元格的右下角, 待鼠标指针变为 ✚ 形状后双击,将 K4 单元格公式快速复制填充到 K5:K18 单 元格区域。

第 **3** 章　薪酬福利管理

Excel 2016 高效办公

　　企业薪酬福利与绩效工作是职工最关心的事情。薪酬在满足职工基本生活的同时也发挥着重要的激励作用，薪酬福利管理也是人力资源部门的重要工作之一。本章从实战角度出发，通过具体案例介绍工资表、工资条、个人收入所得税及职工年度汇总工资表等实际工作解决方案。

3.1 加班统计表

案例背景

为及时完成生产任务或出于临时加班需要，企业延长员工工作时间或安排节假日加班的情况时有发生。我国相关法律明确规定国家实行劳动者每日工作时间不超过八小时、平均每周工作时间不超过四十四小时的工时制度；延长工作时间每日不得超过三小时，但是每月不得超过三十六小时。

相关法律中规定加班费支付的标准如下。

（1）安排劳动者延长工作时间的，支付不低于工资的百分之一百五十的工资报酬。

（2）休息日安排劳动者工作又不能安排补休的，支付不低于工资的百分之二百的工资报酬。

（3）法定休假日安排劳动者工作的，支付不低于工资百分之三百的工资报酬。

最终效果展示

加班统计表

序号	工号	部门	姓名	加班原因	加班日期	开始时间	结束时间	实际加班时间	计算加班时间为	加班费（元）
1	101	人事部	张	修理车间m20机床	2017-3-18（公休日）	13:00	17:15	4:15	4	64.00
2	102	财务部	王	分公司外文资料翻译任务	2017-3-20（工作日）	17:00	21:45	4:45	5	60.00
3	105	销售部	李	值班	2017-3-21（工作日）	13:00	20:15	7:15	7	84.00
4	201	行政部	赵	值班	2017-3-22（工作日）	13:00	21:45	8:45	9	108.00
5										
6										
7										
8										
9										
10										
	合计							25:00		316.00

备注：

1、按照公司薪酬管理制度规定，实际加班时间超过半小时不足1个小时的按照1小时计算加班费用。

2、加班以本人小时工资为基数，工作日延长工时按照1.5倍小时工资计算，假日加班按照2倍小时工资计算，节日按照3倍小时工资计算。

加班统计表

关键技术点

要实现本例中的功能，读者应掌握以下 Excel 技术点。

- 定义单元格名称
- 使用数据验证快速输入名称
- 时间的加减统计、日期格式
- TEXT 函数、ROUND 函数、FIND 函数的应用

示例文件

\第 3 章\加班表.xlsx

3.1.1 定义单元格名称

在本案例实现的过程中，要运用到 Excel 所提供的一些功能，比如定义单元格名称、设置数据验证等，借助这些功能可以帮助读者提高工作效率。

在实际工作中会遇到从不同工作表引用数据源的情况，借助预先定义单元格名称的方法，可以解决工作表间数据源引用的难题。具体的操作步骤如下。

Step

Step 1 添加定义名称

① 打开工作簿"加班统计表"，在"部门"工作表中选中 A1:A5 单元格区域，切换到"公式"选项卡，在"定义的名称"命令组中单击"定义名称"按钮，弹出"新建名称"对话框。

② 在"名称"文本框中输入"部门序"。单击"确定"按钮即可将所选区域定义为"部门序"。

在"名称"文本框中可以观察到选定单元格区域定义的名称，这样 A1:A5 单元格区域就被定义了名称，可以在下面的操作中作为数据源被引用。

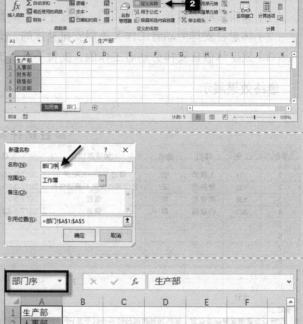

Step 2 设置数据验证

① 切换到"加班表"工作表，选中 C3 单元格区域，切换到"数据"选项卡，然后单击"数据工具"命令组中的"数据验证"按钮，弹出"数据验证"对话框。

② 单击"设置"选项卡，在"允许"下拉列表中选择"序列"，在"来源"下方的文本框中输入"=部门序"，单击"确定"按钮。

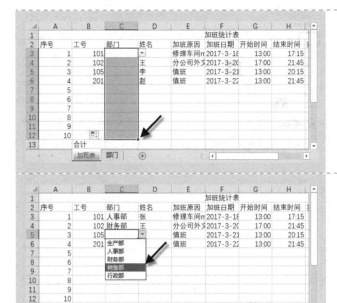

Step 3 复制数据验证

选中 C3 单元格，拖曳右下角的填充柄至 C12 单元格。

Step 4 利用数据验证添加标题

单击 C3 单元格右侧的下箭头按钮 ，弹出选项菜单，选中"人事部"单击即可输入该单元格。利用数据验证在 C3:C6 单元格区域输入数据。

3.1.2 日期格式的设置及其加减统计

对所有个人的加班时间进行汇总统计，得到的结果通常将超过 24 小时，但是 Excel 默认 24 小时统计，超过 24 小时的加班时间将得不到反映，因此需要预先设置单元格的时间格式来解决该问题。

此外本小节还将介绍加班时间统计公式的编制，这里主要涉及 SUM 函数、ROUND 函数和 TEXT 函数的运用。

Step

Step 1 编制个人实际加班时间计算公式

① 选中 I3 单元格，输入以下公式，按 <Enter>键确认。

`=H3-G3`

② 选中 I3 单元格，拖曳右下角的填充柄至 I6 单元格。

Step 2 设置自定义格式

① 选中 I13 单元格，按<Ctrl+1>组合键弹出"设置单元格格式"对话框，单击"数字"选项卡。

② 在"分类"列表框中选择"自定义"，在右侧的"类型"文本框中输入"[h]:mm"，单击"确定"按钮。

此时对所有个人的加班时间进行汇总统计时,不会产生错误结果。

Step 3 编制个人加班时间汇总公式

选中 I13 单元格,输入以下公式,按<Enter>键确认。

`=SUM(I3:I6)`

Step 4 编制个人加班时间舍入计算公式

本例依据备注中规定,个人的加班时间需要进行舍入计算,本案例通过如下操作来实现。

① 选中 J3 单元格,输入以下公式,按<Enter>键确认。

`=ROUND(TEXT(I3,"[h].mmss")+0.2,0)`

② 选中 J3 单元格,拖曳右下角的填充柄至 J6 单元格。

Step 5 设置数值格式

使用单元格格式可以将加班费控制在小数位后几位,如两位。

① 选中 K3:K13 单元格区域,按<Ctrl+1>组合键,弹出"设置单元格格式"对话框。

② 单击"数字"选项卡,在"分类"列表框中选择"数值",在右侧的"小数位数"文本框中输入"2",单击"确定"按钮。

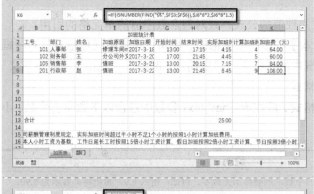

Step 6　编制个人加班费计算公式

本例依据备注中规定，个人的加班费计算分成公休日与工作日两类，可输入如下公式进行计算。

`=IF(ISNUMBER(FIND(" 休 ",$F$3:$F$6)),$J3*8*2,$J3*8*1.5)`

向下复制填充公式至 K6 单元格。

Step 7　编制单位加班费汇总公式

选中 K13 单元格，输入以下公式，然后按 <Enter>键确认。

`=SUM(K3:K6)`

Step 8　美化工作表

① 选中 A1:K1 单元格区域,设置字体为"华文新魏"，字号为 "20"。选中 A2:K16 单元格区域，设置字体为 "Arial Unicode MS"。

② 选中 A2:K13 单元格区域，设置居中。选中 E3:E13 单元格区域，设置文本左对齐。

③ 选中 A2:K2 单元格区域，设置填充颜色和加粗，设置自动换行。

④ 调整列宽。

⑤ 选中 A2:K13 单元格区域，设置框线。

⑥ 取消编辑栏和网格线显示。

关键知识点讲解

1. 函数应用：TEXT 函数

函数用途
将数值转换为按指定数字格式表示的文本。

函数语法
TEXT(value,format_text)

■ 参数说明

value　必需。可以是数值、计算结果为数值的公式，或对包含数字值的单元格的引用。

format_text　必需。用引号括起的文本字符串的数字格式。单击"设置单元格格式"对话框中的"数字"选项卡，依次单击"类别"框中的"数字""日期""时间""货币"或"自定义"并查看显示的格式，可以查看不同的数字格式。

若要为包含小数点的分数或数字设置格式，应在 format_text 参数中包含以下数字占位数、小数点或千位分隔符。

占位符	说明
0（零）	如果数字的位数少于格式中的零的个数，则会显示无效零。例如，键入 8.9，希望将其显示为 8.90，请使用格式#.00
#	遵循与 0（零）相同的规则。但是，如果所键入数字的小数点任一侧的位数小于格式中#符号的个数，则 Excel 不会显示多余的零。例如，自定义格式设置为#.##，而在单元格中键入了 8.9，则会显示数字 8.9
?	遵循与 0（零）相同的规则。但 Excel 会为小数点任一侧的无效零添加空格，以便使列中的小数点对齐。例如，使用自定义格式 0.0?，能够将列中数字 8.9 和 88.99 的小数点对齐
.（句点）	在数字中显示小数点

■ 函数说明

format_text 不能包含星号（＊）。

使用命令设置单元格格式仅会更改格式，而不会更改值。使用 TEXT 函数，会将数值转换为带格式的文本，而其结果将不再作为数字参与计算。

■ 函数简单示例

示例数据如下。

	A	B
1	工业	0.45
2		2018/2/4

示例	公式	说明	结果
1	=A1&" 占某地 GDP 比重 "&TEXT(B1,"0%")	A1 和 B1 单元格里的内容以及引号间的内容，通过&合并为一句	工业占某地 GDP 比重 45%
2	=TEXT(B2,"y 年 m 月份")	将 B2 单元格里的日期显示为中文样式	18 年 2 月份

2. 函数应用：ROUND 函数

■ 函数用途

返回某个数字按指定位数取整后的数字。

■ 函数语法

ROUND(number,num_digits)

■ 参数说明

number　需要进行四舍五入的数字。

num_digits　指定的位数，按此位数进行四舍五入。

■ 函数说明

● 如果 num_digits 大于 0，则四舍五入到指定的小数位。

● 如果 num_digits 等于 0，则四舍五入到最接近的整数。

● 如果 num_digits 小于 0，则在小数点左侧进行四舍五入。

🔲 **函数简单示例**

示例	公式	说明	结果
1	=ROUND(2.15,1)	将 2.15 四舍五入到 1 个小数位	2.2
2	=ROUND(2.149,2)	将 2.149 四舍五入到 2 个小数位	2.15
3	=ROUND(−1.475,2)	将−1.475 四舍五入到 2 个小数位	−1.48
4	=ROUND(21.5,−1)	将 21.5 四舍五入到小数点左侧 1 位	20

3. 函数应用：FIND 函数

🔲 **函数用途**

返回一个字符串出现在另一个字符串中的起始位置。

🔲 **函数语法**

FIND(find_text,within_text,[start_num])

🔲 **参数说明**

find_text　必需。要查找的文本或文本所在的单元格。

within_text　必需。包含要查找文本的文本。

start_num　可选。指定开始进行查找的字符。within_text 中的首字符是编号为 1 的字符；如果省略 start_num，则假定其值为 1。

🔲 **函数说明**

● 如果直接输入要查找的文本，需用双引号将文本引起来；否则，将返回错误值#NAME?。

● FIND 区分大小写，并且不允许使用通配符。如果不希望执行区分大小写的搜索或使用通配符，则可以使用 SEARCH 和 SEARCHB 函数。

● 如果 within_text 中没有要查找的文本，则 FIND 返回错误值#VALUE!。如果 within_text 中包含多个要查找的文本，将返回文本第一次出现的位置。

● 如果 start_num 不大于 0 或是大于 within_text 的长度，则 FIND 返回错误值#VALUE!。

🔲 **函数简单示例**

示例	公式	说明	结果
1	=FIND("M",A2)	A2 字符串中第 1 个"M"的位置	1
2	=FIND("a",A2)	A2 字符串中第 1 个"a"的位置	5
3	=FIND("a",A2,6)	A2 字符串中从第 6 个字符开始查找"a"的位置	13

4. 函数应用：ISNUMBER 函数

🔲 **函数用途**

ISNUMBER　检测一个值是否为数值。

■ **函数语法**

ISNUMBER(value)

■ **参数说明**

value　为需要进行检验的数值。

■ **函数说明**

● 使用 ISNUMBER 函数，检测参数中指定的对象是否为数值。检测对象是数值时，返回 TRUE；不是数值时，返回 FALSE。

■ **本例公式说明**

以下为本例中的公式。

`=ROUND(TEXT(I3,"[h].mmss")+0.2,0)`

利用 TEXT 函数将 I3 单元格里的日期转为带小数的数字格式。例如，I3 单元格为 4:25，TEXT 函数的结果为 4.25；如果 I3 单元格为 4:15，则 TEXT 函数返回 4.15。

然后依据备注里的要求，即超过半小时不足一小时的按一小时计算，可以通过加上数字"0.2"和 ROUND 函数来实现。

凡是不足半小时的，TEXT 函数计算结果的小数部分不会超过 0.3，即使加上 0.2 之后，小数位的数字仍小于 0.5，按 ROUND 函数的算法不会向上进位。而对于超过半小时的，加上 0.2 之后，小数位的数字将大于 0.5，按 ROUND 函数的算法会向上进位。

`=IF(ISNUMBER(FIND("休",$F$3:$F$6)),$J3*8*2,$J3*8*1.5)`

首先利用 FIND 函数来区别"公休日"与"工作日"，如果是"公休日"，则返回"休"所在的位置值，否则返回错误值#VALUE!，然后利用 ISNUMBER 函数返回"TRUE"和"FALSE"，最后利用 IF 函数判断后分别执行公式$J3*8*2 或是$J3*8*1.5，得到需要的结果。

扩展知识点讲解

工作中常见的关于时间计算的其他函数

在实际工作中，会遇到其他计算工作时间的情况，下面介绍一些计算工作时间的常用公式。

1. YEAR 函数

■ **函数用途**

返回某日期对应的年份。返回值为 1900 到 9999 之间的整数。

■ **函数语法**

YEAR(serial_number)

■ **参数说明**

serial_number　必需。为一个日期值。还可以指定加半角双引号的表示日期的文本。如"2017年 1 月 15 日"。

■ **函数简单示例**

示例数据如下。

	A
1	日期
2	2012/10/28
3	2015/10/24

示例	公式	说明	结果
1	=YEAR(A2)	A2 单元格内日期的年份	2012
2	=YEAR("2018-5-20")	日期 2018-5-20 的年份	2018

2. MONTH 函数

■ **函数用途**

返回以序列号表示的日期中的月份。返回值为 1~12 的整数。

■ **函数语法**

MONTH(serial_number)

■ **参数说明**

serial_number　为一个日期值。还可以指定加半角双引号的表示日期的文本。如"2017 年 1 月 15 日"。

■ **函数简单示例**

示例	公式	说明	结果
1	=MONTH(A2)	A2 单元格内日期的月份	8
2	=MONTH("2017-6-24")	日期 2017-6-24 的月份	6

3. DAY 函数

■ **函数用途**

返回以序列号表示的日期中的天数。返回值为 1~31 的整数。

■ **函数语法**

DAY(serial_number)

■ **参数说明**

serial_number　为一个日期值，还可以指定加半角双引号的表示日期的文本。如"2017 年 1 月 15 日"。

■ **函数简单示例**

	A
1	2015/5/5

示例	公式	说明	结果
1	=DAY(A1)	A1 单元格内日期的天数	5
2	=DAY("2018-6-15")	日期 2018-6-5 的天数	15

4. NOW 函数

■ **函数用途**

返回当前日期和时间所对应的序列号。如果在输入函数前，单元格的格式为"常规"，则结果将自动设为日期格式。

□ 函数语法

NOW( )

此函数没有参数，但必须有一对括号（ ）。

□ 函数简单示例

示例	公式	说明	结果
1	=NOW()	返回当前的系统日期和时间	2018/3/1 16:39

5. TODAY 函数

□ 函数用途

返回当前日期。

□ 函数语法

TODAY( )

此函数没有参数，但必须有一对括号（ ）。

□ 函数说明

使用 TODAY 函数，返回计算机系统日期的序列号。

□ 函数简单示例

示例	公式	说明	结果
1	=TODAY()	返回当前的系统日期	2018/3/1

6. NETWORKDAYS 函数

□ 函数用途

计算起始日和结束日间的天数（除星期六、星期日和自定义的节假日）。

□ 函数语法

NETWORKDAYS(start_date,end_date,[holidays])

□ 参数说明

start_date 必需。为一个代表开始日期的日期，还可以指定加双引号的表示日期的文本。

end_date 必需。为一个代表终止日期的日期。同 start_date 参数相同，可以是表示日期的序列号或文本，也可以是单元格引用日期。

holidays 可选。表示需要从工作日历中排除的日期值，如一些法定假日等。参数可以是包含日期的单元格区域，或是表示日期的序列号的数组常量。也可以省略此参数，省略时，用除去星期六和星期日的天数计算。

□ 函数说明

如果任一参数不是有效日期，则 NETWORKDAYS 返回错误值#VALUE!。

□ 函数简单示例

	A	B
1	日期	说明
2	2014/10/1	项目的开始日期
3	2016/3/1	项目的终止日期
4	2014/11/25	假日
5	2014/12/15	假日
6	2016/1/20	假日

示例	公式	说明	结果
1	=NETWORKDAYS(A2,A3)	A2 单元格的开始日期和 A3 单元格的终止日期之间工作日的天数	370
2	=NETWORKDAYS(A2,A3,A4)	A2 单元格的开始日期和 A3 单元格的终止日期之间工作日的天数,不包括 A4 单元格中的假日	369
3	=NETWORKDAYS(A2,A3,A4:A6)	A2 单元格的开始日期和 A3 单元格的终止日期之间工作日的天数,不包括 A4:A6 单元格区域中所列出的假日	367

7. EOMONTH 函数

■ **函数用途**

从序列号或文本中算出指定月份最后一天的序列号。

■ **函数语法**

EOMONTH(start_date,months)

■ **参数说明**

start_date   必需。一个代表开始日期的日期,还可以指定加半角双引号的表示日期的文本。如"2017 年 1 月 15 日"。

months   必需。为 start_date 之前或之后的月份数。正数表示未来日期,负数表示过去日期。如果 months 不是整数,将截尾取整。

■ **函数简单示例**

示例	公式	说明	结果
1	=EOMONTH(A2,1)	此函数表示 A2 日期之后一个月的最后一天的日期	2015-8-31
2	=EOMONTH(A2,−3)	此函数表示 A2 日期之前三个月的最后一天的日期	2015-4-30

注:若显示的结果为类似 "42247" 的数字,则可以通过调整单元格格式来获得日期格式。具体操作如下:按<Ctrl+1>组合键,在弹出的"设置单元格格式"对话框中单击"数字"选项卡,在"分类"列表框里选中"日期",然后选择"2012-3-14",最后单击"确定"按钮即可。

8. WORKDAY 函数

■ **函数用途**

从序列号或文本中计算出指定工作日后的日期。

■ **函数语法**

WORKDAY(start_date,days,[holidays])

■ **参数说明**

start_date   必需。为一个代表开始日期的日期,也可以指定加双引号的表示日期的文本。

days   必需。指定计算的天数,为 start_date 之前或之后不含周末及节假日的天数。如果 days 不是整数,将截尾取整。days 为正值将产生未来日期,为负值产生过去日期。如参数为−10,则表示 10 个工作日前的日期。

holidays　可选。表示需要从工作日历中排除的日期值，如一些法定假日等。参数可以是包含日期的单元格区域，也可以是由代表日期的序列号所构成的数组常量。

■ 函数简单示例

	A	B
1	日期	说明
2	2014/10/1	起始日期
3	180	完成所需天数
4	2014/11/25	假日
5	2014/12/8	假日
6	2015/1/24	假日

若显示的结果为类似"42165"的数字，则此时可以通过调整单元格格式来获得日期格式。具体操作请参见上面的 EOMONTH 函数的相关介绍。

示例	公式	说明	结果
1	=WORKDAY(A2,A3)	从起始日期开始 180 个工作日的日期	2015-6-10
2	=WORKDAY(A2,A3,A4:A6)	从起始日期开始 180 个工作日的日期，除去假日	2015-6-12

9. TIME 函数

■ 函数用途

返回某一特定时间的序列值。

■ 函数语法

TIME(hour,minute,second)

■ 参数说明

hour　必需。用数值或数值所在的单元格指定表示小时的数值。在 0~23 指定小时数。忽略小数部分。

minute　必需。用数值或数值所在的单元格指定表示分钟的数值。在 0~59 指定分钟数。忽略小数部分。

second　必需。用数值或数值所在的单元格指定表示秒的数值。在 0~59 指定秒数。忽略小数部分。

■ 参数说明

TIME 函数是将输入各个单元格内的小时、分、秒作为时间统一为一个数值，返回特定时间的小数值。

■ 函数简单示例

	A	B	C
1	小时	分钟	秒
2	12	0	0
3	16	48	10

示例	公式	说明	结果
1	=TIME(A2,B2,C2)	时间或时间序列值	12:00 PM
2	=TIME(A3,B3,C3)	时间或时间序列值	4:48 PM

注：要将结果显示为小数，可以通过调整单元格格式来获得"常规"格式。具体操作如下：按<Ctrl+1>组合键，在弹出的"单元格格式"对话框中，单击"数字"选项卡，在"分类"列表框里选中"常规"，最后单击"确定"按钮即可。

前面简单介绍了 9 个函数的语法知识，下面举几个在实际工作中运用的例子。

单击任意单元格，然后输入表格里的任意公式，按<Enter>键确认，系统将自动显示对应的日期。

公式	说明（结果）
=YEAR(NOW())	返回当前年份
=MONTH(NOW())	返回当前月份
=DAY(NOW())	返回当前日期是几号
=TODAY()	返回当前日期
=NOW()	返回当前日期和时间
=NETWORKDAYS(TODAY(),EOMONTH(TODAY(),0))	返回当前时间距离月末还有多少工作日
=WORKDAY(TODAY(),15)	返回 15 个工作日以后的日期
=NOW()+TIME(3,30,0)	在当前时间上再加上 3.5 小时

附：加班申请表

在实际工作中，为保证工作顺利完成，企业可能需要员工临时加班，这时就需要创建加班申请表。下面附列了加班申请表的格式，效果如图所示。

加班申请表

申请部门：		
预定加班时间：	起：	止：
加班人员		
加班原因		
加班工作地点		
加班申请人（签字）：	主管领导（签字）：	人力资源部（签字）：

制表日期：

加班申请表

3.2 员工销售奖金计算表

案例背景

某企业对销售部员工实行销售绩效考核，并按照不同比例计提奖金。规则如下：奖金类别分为 6 个档次，月销售额在 5 万元以下无奖金分配……月销售额在 21 万元以上按 5%计提奖金，当月员工个人实得奖金最高不超过 1.5 万元，实发奖金金额四舍五入到元，如下表所示。

奖金评定标准

奖金参考数	奖金类别	奖金比例
-	50000以下	0.0%
50,000.00	50000至79999	1.5%
80,000.00	80000至129999	2.0%
130,000.00	130000至169999	3.0%
170,000.00	170000至209999	4.0%
210,000.00	210000以上	5.0%

最终效果展示

某公司销售部奖金统计表

2017年（ ）月份

序号	员工号	部门	员工姓名	月销售额	奖金比例	奖金额（元）
1	1006	销售部	张	65,480.00	1.5%	982.00
2	1007	销售部	王	136,080.70	3.0%	4,082.00
3	1008	销售部	李	36,000.00	0.0%	0.00
4	1009	销售部	赵	180,010.00	4.0%	7,200.00
5	1010	销售部	刘	311,000.00	5.0%	15,000.00

制表人   制表日期： 年 月 日

奖金统计表

关键技术点

要实现本例中的功能，读者应掌握以下 Excel 技术点。

● VLOOKUP 函数
● 函数的嵌套

示例文件

\第 3 章\员工销售奖金计算表.xlsx

3.2.1 创建销售奖金评定标准表

本案例重点要实现两个功能，分别是查找相对应的奖金比例和计算奖金。

要完成本案例，首先应创建销售奖金评定标准表，将该表作为查找和计算依据；其次是编制查找相对应奖金比例公式；最后是编制计算奖金公式。下面先创建销售奖金评定标准表。

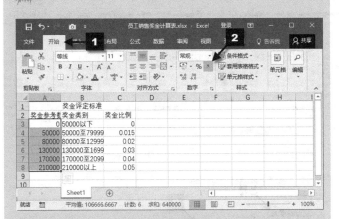

Step 1 设置单元格格式

打开工作簿"员工销售奖金计算表"，选中 A3:A8 单元格区域，在"开始"选项卡的"数字"命令组中单击"千位分隔样式"按钮。

此时，如果按<Ctrl+1>组合键，弹出"设置单元格格式"对话框，可以看到设置了"会计专用"格式，"小数位数"为"2"，"货币符号"为"无"。

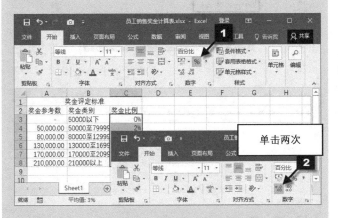

Step 2 设置百分比格式

① 选中 C3:C8 单元格区域，在"数字"命令组中单击"百分比样式"按钮 %。

② 单击"增加小数位数"按钮 两次。

此时，如果按<Ctrl+1>组合键，弹出"设置单元格格式"对话框，可以看到设置了"小数位数"为"2"的"百分比"格式。

Step 3 美化工作表

① 选中 A1:C1 单元格区域，设置字体为"隶书"，字号为"20"。选中 A2:C8 单元格区域，设置字体为"Arial Unicode MS"。

② 选中 A2:C2 单元格区域，设置加粗、居中和填充颜色。选中 C3:C8 单元格区域，设置居中。

③ 调整行高和列宽。

④ 选中 A2:C8 单元格区域，设置框线。

⑤ 取消编辑栏和网格线显示。

3.2.2 制作奖金统计表

Step

Step 1 输入表格标题和表格内容

插入一个新工作表，重命名为"奖金统计表"，选中 A1 单元格，输入表格标题"某公司销售部奖金统计表"。

并输入相关文本内容。

Step 2 设置单元格格式

① 选中 E4:E8 单元格区域，然后按 <Ctrl+1> 组合键，弹出"设置单元格格式"对话框，切换到"数字"选项卡。

② 在"分类"列表框中选择"数值"，在右侧的"小数位数"文本框中输入"2"，勾选"使用千位分隔符"复选框。在"负数"列表框中选择默认的黑色的"–1,234.10"。单击"确定"按钮。

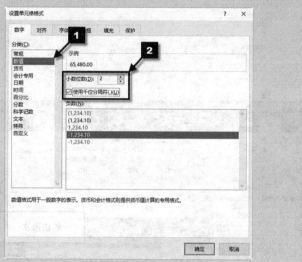

Step 3 设置百分比格式

① 选中 F4 单元格，按 <Ctrl+1> 组合键，弹出"设置单元格格式"对话框，切换到"数字"选项卡。

② 在"分类"列表框中选择"百分比"，在右侧的"小数位数"文本框中保留默认的"2"。单击"确定"按钮。

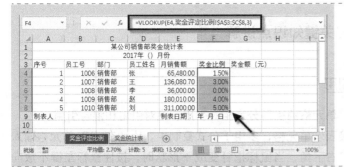

Step 4 编制查找销售额所符合奖金比例公式

① 选中 F4 单元格，输入以下公式，按 <Enter>键确认。

`=VLOOKUP(E4,奖金评定比例!$A$3:$C$8,3)`

② 选中 F4 单元格，拖曳右下角的填充柄至 F8 单元格。

Step 5 编制奖金计算公式

① 选中 G4 单元格，输入以下公式，按 <Enter>键确认。

`=IF(E4<300000,ROUND(E4*F4,0),15000)`

② 选择 G4 单元格，拖曳右下角的填充柄至 G8 单元格。

Step 6 复制格式

选中 E4 单元格，在"开始"选项卡的"剪贴板"命令组中单击"格式刷"按钮，拖动鼠标选中 G4:G8 单元格区域。将 E4 单元格的格式应用到 G4:G8 单元格。

Step 7 美化工作表

① 设置字体、字号、加粗、居中和填充颜色。

② 调整行高和列宽。

③ 设置所有框线。

④ 取消编辑栏和网格线显示。

关键知识点讲解

1. 相对引用、绝对引用和混合引用

在本案例中用到了单元格的引用，单元格的引用分为相对引用、绝对引用和混合引用。

相对引用是指用列标号与行号直接表示单元格，多用于公式复制中。比如在 B6 单元格输入"=A6"，然后移动鼠标指针到该单元格右下角，当鼠标指针变成＋形状时，按住鼠标左键不放向下拖曳至 B9 单元格来复制 B6 单元格的公式。复制完成后，每个单元格公式中的单元格地址都不会相同，例如 B7 单元格会显示"=A7"。这就是相对引用。

借助相对引用，可以在复制公式时使公式中的地址在新单元格里发生变化。

绝对引用是指在列标号与行号前加"$"。如上面的例子，在 B6 单元格输入"=$A$6"，然后复制该公式至 B9 单元格。复制完成后，每个单元格公式中引用的单元格地址完全相同，例如 B7 单元格还是显示"=$A$6"。这就是绝对引用。

绝对引用能在公式复制时保持单元格公式中的地址在新单元格里不变。

除了绝对引用和相对引用，还有一种引用类型，称为混合引用。在混合引用里，绝对引用行或列一项，另一项则是相对引用。其形式如"$E1"或"E$1"，前者是行相对引用，列绝对引用，后者则相反。

以行相对引用、列绝对引用为例，如果 L1 单元格中的公式为"=$E1"，当公式向右复制到 L1:P1 单元格区域时，由于列方向使用了绝对引用，所以每个单元格中的列号不会发生变化，公式都是"=$E1"。如果将公式向下复制到 L1:L5 单元格区域时，由于行方向使用了相对引用，所以 L1:L5 单元格公式中的行号都将发生变化，分别变成"=$E1""=$E2""=$E3""=$E4"和"=$E5"。

以列相对引用、行绝对引用为例，如果 L1 单元格中的公式为"=E$1"，当公式向下复制到 L1:L5 单元格区域时，由于行方向使用了绝对引用，所以每个单元格中的行号不会发生变化，公式都是"=$E1"。如果将公式向右复制到 L1:P1 单元格区域时，由于列方向使用了相对引用，所以 L1:P1 单元格公式中的列号都将发生变化，分别变成"=E$1""=F$1""=G$1""=H$1"和"=I$1"。

对这 3 种类型，可通过<F4>键快速切换，获得所需引用类型，方法如下。

现假设 E1 单元格输入"=F2"。单击 E1 单元格，接着移动鼠标指针到编辑框并单击"=F2"，接着按<F4>键，此时编辑框将会显示"=$F$2"；再按<F4>键，编辑框里将会显示"=F$2"。也就是说，通过按<F4>键可以实现绝对引用、相对引用和混合引用这 3 种类型间的快速转换。

2. 函数应用：VLOOKUP 函数

■ **函数用途**

查找指定的数值，并返回当前行中指定列处的数值。

■ **函数语法**

VLOOKUP(lookup_value,table_array,col_index_num,[range_lookup])

■ **参数说明**

lookup_value　必需。指定在要查找的数据区域第一列中查找的内容。

table_array　必需。指定要查找的数据范围。

col_index_num　必需。指定要从查找区域中返回哪一列的内容，注意此处是指查找区域中的列数，而不是工作表中的第几列。

range_lookup　可选。用 TRUE 或 FALSE 指定匹配方式。如果为 TRUE 或省略，则返回近似匹配值。也就是说，如果找不到精确匹配值，则返回小于查找值的最大值。如果为 FALSE 或是 0，函数 VLOOKUP 将返回精确匹配值。如果找不到，则返回错误值"#N/A"。

▣ 函数说明

● 在查找区域的第一列中搜索文本值时，请确保数据没有前导空格、尾部空格、直引号（'或"）与弯引号（'或"）不一致或非打印字符。否则，VLOOKUP 可能返回不正确或意外的值。

● 如果第三参数小于 1，或是大于查找区域的列数，VLOOKUP 返回错误值#REF!。

● 如果使用精确匹配方式并且查找值为文本，则可以在查找值中使用通配符问号（？）或星号（＊）。问号匹配任意单个字符；星号匹配任意一串字符。如果要查找实际的问号或星号，请在该字符前键入波形符（~）。

● 如果第四参数为 TRUE 或被省略，则查找区域第一列中的值必须以升序排序；否则 VLOOKUP 可能无法返回正确的值。

▣ 函数简单示例

示例一：

本示例搜索大气特征表的"密度"列以查找"黏度"和"温度"列中对应的值（该值是在海平面 0℃或 1 个标准大气压下对空气的测定）。

	A	B	C
1	**密度**	**黏度**	**温度**
2	1.128	1.91	40
3	1.165	1.86	30
4	1.205	1.81	20
5	1.247	1.77	10
6	1.293	1.72	0
7	1.342	1.67	-10
8	1.395	1.62	-20
9	1.453	1.57	-30
10	1.515	1.52	-40

示例	公式	说明	结果
1	=VLOOKUP(1.2,A2:C10,2)	使用近似匹配搜索 A 列中的值 1.2，在 A 列中找到小于等于 1.2 的最大值 1.165，然后返回同一行中 B 列的值	1.86
2	=VLOOKUP(1.2,A2:C10,3,TRUE)	使用近似匹配搜索 A 列中的值 1.2，在 A 列中找到小于等于 1.2 的最大值 1.165，然后返回同一行中 C 列的值	30
3	=VLOOKUP(0.7,A2:C10,3,FALSE)	使用精确匹配在 A 列中搜索值 0.7。因为 A 列中没有精确匹配的值，所以返回一个错误值	#N/A
4	=VLOOKUP(1,A2:C10,2,TRUE)	使用近似匹配在 A 列中搜索值 1。因为 1 小于 A 列中最小的值，所以返回一个错误值	#N/A
5	=VLOOKUP(2,A2:C10,2,TRUE)	使用近似匹配搜索 A 列中的值 2，在 A 列中找到小于等于 2 的最大值 1.515，然后返回同一行中 B 列的值	1.52

示例二：

本示例搜索婴幼儿用品表中"货品 ID"列并在"成本"和"涨幅"列中查找与之匹配的值，以计算价格并测试条件。

	A	B	C	D
1	货品 ID	货品	成本	涨幅
2	ST-340	童车	￥234.56	20%
3	BI-567	奶嘴	￥8.53	30%
4	DI-328	奶瓶	￥42.80	15%
5	WI-989	摇铃	￥5.50	30%
6	AS-469	湿纸巾	￥3.80	25%

示例	公式	说明	结果
1	=VLOOKUP("DI-328",A2:D6,3,FALSE)*(1+VLOOKUP("DI-328",A2:D6,4,FALSE))	涨幅加上成本，计算奶瓶的零售价	49.22
2	=IF(VLOOKUP(A2,A2:D6,3,FALSE)>=20," 涨 幅 为 "&100*VLOOKUP(A2,A2:D6,4,FALSE)&"%","成本低于￥20.00")	如果 A2 货品的成本大于或等于 20，则显示字符串"涨幅为 n%"；否则，显示字符串"成本低于￥20.00"	涨幅为 20%

示例三：

本示例搜索员工表的 ID 列并查找其他列中的匹配值，以计算年龄并测试错误条件。

	A	B	C	D	E
1	ID	姓	名	职务	出生日期
2	1	茅	颖杰	销售代表	1988/10/18
3	2	胡	亮中	销售总监	1964/2/28
4	3	赵	晶晶	销售代表	1973/8/8
5	4	徐	红岩	销售副总监	1967/3/19
6	5	郭	婷	销售经理	1970/11/4
7	6	钱	昱希	销售代表	1983/7/22

示例	公式	说明	结果
1	=IFERROR(VLOOKUP(5,A2:E7,2,FALSE),"未发现员工")	如果有 ID 为 5 的员工，则显示该员工的姓氏；否则，显示消息"未发现员工"。当 VLOOKUP 函数结果为错误值#NA 时，IFERROR 函数返回"未发现员工"	郭
2	=IFERROR(VLOOKUP(15,A2:E7,2,FALSE),"未发现员工")	如果有 ID 为 15 的员工，则显示该员工的姓氏；否则，显示消息"未发现员工"。当 VLOOKUP 函数结果为错误值#NA 时，IFERROR 函数返回"未发现员工"	未发现员工
3	=VLOOKUP(4,A2:E7,2,FALSE)&VLOOKUP(4,A2:E7,3,FALSE)&"是"&VLOOKUP(4,A2:E7,4,FALSE)&"。"	对于 ID 为 4 的员工，将 3 个单元格的值连接为一个完整的句子	徐红岩是销售副总监。

■ 本例公式说明

以下为本例中的公式。

`=VLOOKUP(E4,奖金评定比例!$A$3:$C$8,3)`

公式中 E4 单元格里存放了要进行查找的数值，对该数值进行判断来确定相对应的奖金比例。

公式中"奖金评定比例!$A$3:$C$8"是指工作表"奖金评定比例"的 A3:C8 单元格区域。因为本案例将奖金评定标准放在了工作表"奖金评定比例"，而查找公式是在工作表"奖金统计表"里，所以，在查找公式里要指明查找区域的路径。同时，由于其他员工的奖金评定比例也是要在工作表"奖金评定比例" A3:C8 单元格区域进行查找，为了不影响复制公式的效果，故使用了绝对引用。

公式中"3"表示返回查询区域 A3:C8 中第三列，也就是 C 列的对应奖金比例。

公式的 range_lookup 部分省略，因此将进行近似匹配查找。

当运行该公式，E4 单元格里的数值为"65480.00"，按照近似匹配查找，在工作表"奖金评定比例"的 A 列中找到小于"65480.00"的最大值"50000.00"，然后系统将会输出工作表"奖金评定比例"里 C4 单元格的值"1.5％"。

3. 函数嵌套

在某一函数中使用另一函数时，称为函数的嵌套。嵌套函数有很广泛的使用范围和很强大的计算功能。本案例中，利用 IF 函数和 ROUND 函数共同构成了函数嵌套。

□ 本例公式说明

以下为本例中的公式。

```
=IF(E4<300000,ROUND(E4*F4,0),15000)
```

当测试条件"E4<300000"为真时，返回"ROUND(E4*F4,0)"的运算结果，否则返回 15000。

在 3.1.2 小节介绍过 ROUND 函数相关知识，"E4*F4"是需要进行四舍五入的数值，"0"意味着四舍五入到最接近的整数。

本案例 E4 单元格里数值为"65480.00"，小于 300000，因此逻辑值为真，将返回"ROUND(E4*F4,0)"的运算结果，即 982。

扩展知识点讲解

1. 函数应用：HLOOKUP 函数

□ 函数用途

在首行查找指定的数值并返回当前列中指定行处的数值。HLOOKUP 中的 H 代表"行"。

HLOOKUP 函数的使用方法以及注意事项和 VLOOKUP 函数类似，区别在于 HLOOKUP 函数是从上向下查找，查找值要位于查找区域的第一行；而 VLOOKUP 函数是从左向右查找，查找值要位于查找区域的第一列。

□ 函数简单示例

	A	B	C
1	Axles	Bearings	Bolts
2	13	11	18
3	25	26	27
4	15	16	21

示例	公式	说明	结果
1	=HLOOKUP("Axles",A1:C4,2,TRUE)	在首行查找 Axles，并返回同列中第 2 行的值	13
2	=HLOOKUP("Bearings",A1:C4,3,FALSE)	在首行查找 Bearings，并返回同列中第 3 行的值	26

2. 函数应用：LOOKUP 函数

□ 函数用途

常用方法是在一行或一列中搜索值，并返回另一行或列中的相同位置的值。

LOOKUP 函数具有两种语法形式：向量和数组。

如果需要	则参阅	用法
在单行区域或单列区域（称为"向量"）中查找值，然后返回第二个单行区域或单列区域中相同位置的值	向量形式	当要查询的值列表较大或者值可能会随时间而改变时，使用该向量形式
在数组的第一行或第一列中查找指定的值，然后返回数组的最后一行或最后一列中相同位置的值	数组形式	当要查询的值列表较小或者值在一段时间内保持不变时，使用该数组形式

要点

● 为了使 LOOKUP 函数能够正常运行，必须按升序排列查询的数据。但是实际使用时，使用变通的方法则可以不对查询数据进行排序处理。

向量形式：

向量是只含一行或一列的区域。LOOKUP 的向量形式在单行区域或单列区域（称为"向量"）中查找值，然后返回第二个单行区域或单列区域中相同位置的值。当要指定包含要匹配的值的区域时，请使用 LOOKUP 函数的这种形式。

■ 函数语法

LOOKUP(lookup_value,lookup_vector,[result_vector])

LOOKUP 函数向量形式语法具有以下参数。

■ 参数说明

lookup_value 必需。用数值或单元格号指定所要查找的值。可以是数字、文本、逻辑值、名称或对值的引用。

lookup_vector 必需。在一行或一列的区域内指定检查范围。

result_vector 可选。指定函数返回值的单元格区域。其大小必须与 lookup_vector 相同。

■ 函数说明

● 如果 LOOKUP 函数找不到 lookup_value，则该函数会与 lookup_vector 中小于或等于 lookup_value 的最大值进行匹配。

● 如果 lookup_value 小于 lookup_vector 中的最小值，则 LOOKUP 会返回#N/A 错误值。

● lookup_vector 中的值必须按升序排列：…,−2,−1,0,1,2,…,A−Z,FALSE,TRUE；否则 LOOKUP 可能无法返回正确的值。

■ 函数简单示例

	A	B
1	频率	颜色
2	3.11	蓝色
3	4.59	绿色
4	5.23	黄色
5	5.89	橙色
6	6.71	红色

示例	公式	说明	结果
1	=LOOKUP(4.59,A2:A6,B2:B6)	在列 A 中查找 4.59，然后返回列 B 中同一行内的值	绿色
2	=LOOKUP(5.00,A2:A6,B2:B6)	在列 A 中查找 5.00，与接近它的最小值（4.59）匹配，然后返回列 B 中同一行内的值	绿色
3	=LOOKUP(7.77,A2:A6,B2:B6)	在列 A 中查找 7.77，与接近它的最小值（6.71）匹配，然后返回列 B 中同一行内的值	红色
4	=LOOKUP(0,A2:A6,B2:B6)	在列 A 中查找 0，因为 0 小于 A2:A7 单元格区域中的最小值，所以返回错误	#N/A

数组形式：

函数用途

从数组中查找一个值。

函数语法

LOOKUP(lookup_value,array)

参数说明

lookup_value　必需。用数值或单元格号指定所要查找的值。如果 lookup_value 小于第一行或第一列中的最小值，则返回错误值"#N/A"。

array　必需。在单元格区域内指定检索范围。随着数组行数和列数的变化，返回值也发生变化。

函数说明

LOOKUP 的数组形式与 HLOOKUP 和 VLOOKUP 函数非常相似。区别在于：HLOOKUP 在第一行中搜索 lookup_value 的值，VLOOKUP 在第一列中搜索，而 LOOKUP 根据数组维度进行搜索。

- 如果数组列数多于行数，LOOKUP 会在第一行中搜索 lookup_value 的值。

- 如果数组是正方的或者行数多于列数，LOOKUP 会在第一列中进行搜索。

- 数组中的值必须按升序排列：...,-2,-1,0,1,2,...,A-Z,FALSE,TRUE；否则 LOOKUP 可能无法返回正确的值。文本不区分大小写。

如果数组中的值无法按升序排列，可使用 LOOKUP 函数的以下写法。

```
=LOOKUP(1,0/((条件1)*(条件2)*(条件N)),目标区域或数组)
```

以 0/(条件)构建一个由 0 和错误值#DIV/0!组成的数组,再用 1 作为查找值,在 0 和错误值#DIV/0!组成的数组中查找，由于找不到 1，所以会以小于 1 的最大值 0 进行匹配。LOOKUP 第二参数要求升序排序，实际应用时，即使没有经过升序处理，LOOKUP 也会默认数组中后面的数值比前面的大，因此可查找结果区域中最后一个满足条件的记录。

使用这种方法能够完成多条件的数据查询任务。

函数简单示例

示例	公式	说明	结果
1	=LOOKUP("C",{"a","b","c","d";1,2,3,4})	在数组的第一行中查找"C"，查找小于或等于它（"c"）的最大值，然后返回最后一行中同一列内的值	3
2	=LOOKUP(1,0/((A1:A10="一组")*(B1:B10="华北")),C1:C10)	返回 A1:A10 单元格区域等于"一组"，并且 B1:B10 等于"华北"的对应的 C 列的值	

3.3　个人所得税代扣代缴表

案例背景

企业有每月为职工代扣、代缴工资、薪金所得部分个人所得税的义务。新修订的个人所得税法自 2019 年 1 月 1 日起施行，规定居民个人工资、薪金所得预扣预缴税款按照累计预扣法计算预扣税款，并按月办理扣缴申报。

累计预扣法，是指扣缴义务人在一个纳税年度内预扣预缴税款时，以纳税人在本单位截至本月取得工资、薪金所得累计收入减除累计免税收入、累计减除费用、累计专项扣除、累计专项附加扣除和累计依法确定的其他扣除后的余额，为累计预扣预缴应纳税所得额，适用个人所得税预扣税率表，计算累计应预扣预缴税额，再减除累计减免税额和累计已预扣预缴税额，其余额为本期应预扣预缴税额。余额为负值时，暂不退税。纳税年度终了后余额仍为负值时，由纳税人通过办理综合所得年度汇算清缴，税款多退少补。具体计算规则为：

本期应预扣预缴税额=(累计预扣预缴应纳税所得额×预扣率−速算扣除数)−累计减免税额−累计已预扣预缴税额

累计预扣预缴应纳税所得额=累计收入−累计免税收入−累计减除费用−累计专项扣除−累计专项附加扣除−累计依法确定的其他扣除

其中累计减除费用，按照 5000 元/月乘以纳税人当年截至本月在本单位的任职受雇月份数计算。

个人所得税预扣税率表（工资、薪金所得部分的个人所得税额）如图所示。

级数	累计预扣预缴应纳税所得额	税率(%)	速算扣除数(元)
1	不超过36000元的	3	0
2	超过36000元至144000元的部分	10	2520
3	超过144000元至300000元的部分	20	16920
4	超过300000元至420000元的部分	25	31920
5	超过420000元至660000元的部分	30	52920
6	超过660000元至960000元的部分	35	85920
7	超过960000元的部分	45	181920

工资、薪金所得部分个税预扣税率表

最终效果展示

	A	B	C	D	E	F	G	H	I	J	K	L	M	N	O	P
1	工号	部门	姓名	基础工资	绩效工资	应发合计	日工资	加班工资	工资合计	代扣养老保险	专项扣除	合计扣除	本年应税工资累计	本年个税累计	本月应缴	实发合计
2	C0001	经营部	宋江	2,750.00	1,980.00	4,730.00	243.00	0.00	4,730.00	810.00	0.00	5,810.00	-1,080.00	0.00	0.00	3,920.00
3	C0002	经营部	杨庆东	3,000.00	2,400.00	5,400.00	271.00	542.00	5,942.00	990.00	3,100.00	9,090.00	-3,148.00	0.00	0.00	4,952.00
4	C0003	经营部	任继先	1,400.00	570.00	1,970.00	118.00	0.00	1,970.00	765.00	4,300.00	10,065.00	-8,095.00	0.00	0.00	1,205.00
5	C0004	经营部	陈尚武	1,200.00	2,380.00	3,580.00	183.00	0.00	3,580.00	720.00	1,700.00	7,420.00	-3,840.00	0.00	0.00	2,860.00
6	C0005	项目部	李光明	1,725.00	2,288.00	4,013.00	211.00	0.00	4,013.00	855.00	3,100.00	8,955.00	-4,942.00	0.00	0.00	3,158.00
7	C0006	项目部	李厚辉	3,000.00	2,352.00	5,352.00	261.00	1,044.00	6,396.00	810.00	3,900.00	9,710.00	-3,314.00	0.00	0.00	5,586.00
8	C0007	项目部	毕会华	2,400.00	2,024.00	4,424.00	218.00	0.00	4,424.00	720.00	3,200.00	8,920.00	-4,496.00	0.00	0.00	3,704.00
9	C0008	技术部	赵会芳	9,000.00	5,626.00	14,626.00	645.00	0.00	14,626.00	765.00	4,200.00	9,965.00	4,661.00	139.83	139.83	13,721.17
10	C0009	技术部	鞠群毅	1,725.00	2,574.00	4,299.00	223.00	0.00	4,299.00	945.00	3,200.00	9,145.00	-4,846.00	0.00	0.00	3,354.00
11	C0010	技术部	张鹏翔	2,400.00	2,200.00	4,600.00	233.00	466.00	5,066.00	720.00	3,000.00	8,720.00	-3,654.00	0.00	0.00	4,346.00
12	C0011	技术部	王丽娜	3,000.00	2,800.00	5,800.00	275.00	0.00	5,800.00	720.00	1,800.00	7,520.00	-1,720.00	0.00	0.00	5,080.00

个人所得税代扣代缴表

关键技术点

要实现本例中的功能，读者应掌握以下 Excel 技术点。

- ROUND 函数、SUMIFS 函数
- 个税计算公式

示例文件

\第 3 章\个人所得税代扣代缴表.xlsx

3.3.1 专项扣除表

个人所得税专项附加扣除，是指个人所得税法规定的子女教育、继续教育、大病医疗、住房贷

款利息、住房租金和赡养老人等 6 项专项附加扣除，是落实新修订的个人所得税法的配套措施之一。

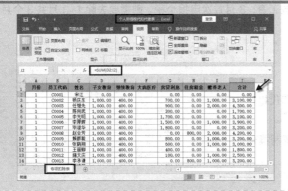

Step 1 打开工作簿

① 打开工作簿 "个人所得税代扣代缴表.xlsx"，可以看到表格中已经输入的字段标题和基础数据。

② 在 J2 单元格输入以下公式，然后按 <Enter> 键确定。

=SUM(D2:I2)

③ 选中 J2 单元格，在 J2 单元格的右下角双击，向下快速复制填充公式。

本例中的专项扣除数为模拟数据。实际操作时，建议通过自然人税收管理系统扣缴客户端下载纳税人的填报信息。

实际工作中，由员工通过个人所得税 APP 填写六项专项附加扣除信息，扣缴单位在员工用个人所得税 APP 软件提交专项附加扣除信息的第三个工作日后，通过自然人税收管理系统扣缴客户端的 "下载更新" 功能即可下载纳税人填报的信息。

Step 2 创建 1 月工资表

① 切换到 "1 月工资表" 工作表，在 F2 单元格输入以下公式，计算应发合计。

=SUM(D2:E2)

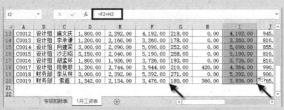

② 在 I2 单元格输入以下公式，计算工资合计。

=F2+H2

③ 分别选中 F2 和 I2 单元格，在其单元格的右下角双击，向下复制填充公式。

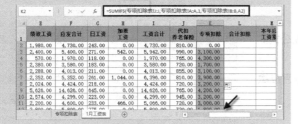

Step 3 计算专项扣除数

在 K2 单元格中输入以下公式，并向下复制填充公式。

=SUMIFS(专项扣除表!J:J,专项扣除表!A:A,1,专项扣除表!B:B,A4)

如果专项扣除表 A 列月份为 1，并且专项扣除表 B 列等于 A4 单元格中指定的工号，SUMIFS 计算同时符合以上两个条件时的专项扣除表 J 列之和，相当于多条件的查询。

本年度新入职的员工首次申报个税时，需要从员工入职月份至申报个税时的实际月份计算专项扣除数和减除数。例如某员工 1 月入职，2 月发放工资，3 月首次申报个税，则需要去除 1~3 月共 3 个月的专项扣除数和减除数。

Step 4　计算合计扣除数

合计扣除数的计算规则是在专项扣除数和代扣养老保险的基础上，再加上 5000 元的减除数。

在 L2 单元格中输入以下公式，并向下复制填充公式。

`=5000+J2+K2`

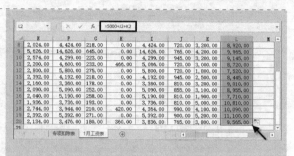

Step 5　计算本年应税工资累计

1 月的本年应税工资累计计算规则为本月工资合计减去合计扣除数。

在 M2 单元格中输入以下公式，并向下复制填充公式。

`=I2-L2`

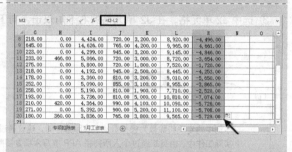

Step 6　计算本年个税累计

在 N2 单元格中输入以下公式，并向下复制填充公式。

`=ROUND(MAX(0,M2*{3;10;20;25;30;35;45}%-{0;2520;16920;31920;52920;85920;181920}),2)`

Step 7　计算本年个税累计

在 O2 单元格中输入以下公式，并向下复制填充公式。

`=N2`

1 月的本月应缴个税等于本年个税累计数。

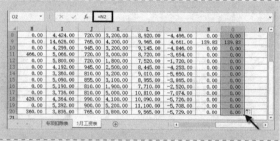

Step 8　计算实发合计

在 P2 中输入以下公式，并向下复制填充公式。

`=I2-J2-O2`

实发合计=工资合计–代扣养老保险–本月应缴个税。

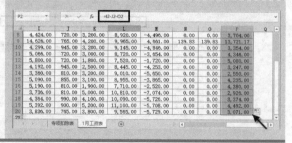

3.3.2 其他月份工资表的公式调整

由于最新的个税计算需要按累加计算，因此在 2 月及之后的各月的工资表中需要对公式进行调整。

Step 1 创建 1 月工资表副本

① 按住 Ctrl 不放，拖动"1 月工资表"工作表标签，建立一个工作表副本，重命名为"2 月工资表"。

② 根据实际情况修改基础工资、绩效工资以及加班工资等数据。

Step 2 修改计算专项扣除数公式

在 K2 中输入以下公式，并向下复制填充公式。

`=SUMIFS(专项扣除表!J:J,专项扣除表!A:A,2,专项扣除表!B:B,A4)`

公式中的 2 表示 2 月，对应专项扣除表 A 列月份为 2 的数据。如需增加其他月份的工资表，将公式中的数字修改为对应月即可。

如果是通过自然人税收管理系统扣缴客户端下载的纳税人填报信息，可以根据实际情况使用 VLOOKUP 函数引用对应的数据。

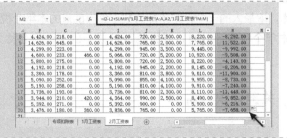

Step 3 修改"本年应税工资累计"公式

在 M2 中输入以下公式，并向下复制填充公式。

`=I2-L2+SUMIF('1 月工资表'!A:A,A2,'1 月工资表'!M:M)`

即本年应税工资累计=本月工资合计–本月合计扣除+上月应税工资累计。

如需增加其他月份的工资表，修改公式中的工作表名称为上月工资表名称即可。

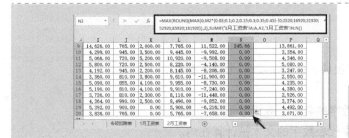

Step 4 修改"本年个税累计"公式

在 N2 中输入以下公式，并向下复制填充公式。

`=MAX(ROUND(MAX(0,M2*{0.03;0.1;0.2;0.25;0.3;0.35;0.45}-{0;2520;16920;31920;52920;85920;181920}),2),SUMIF('1 月工资表'!A:A,A2,'1 月工资表'!N:N))`

先用截止到本月的全年应税工资累计数计算出个税额，再与截止到上月的全年个税累计数进行对比，使用 MAX 函数获取二者的最大值。

Step 5 修改"本月应缴"公式

在 O2 中输入以下公式，并向下复制填充公式。

`=N2-SUMIF('1 月工资表'!A:A,A2,'1 月工资表'!N:N)`

用本年个税累计减去截止到上月的全年个税累计数，得到本月应缴个税。

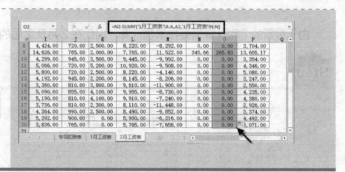

个税公式讲解

在"1 月工资表"工作表中，本年个税累计公式为：

`=ROUND(MAX(0,M2*{3;10;20;25;30;35;45}%-{0;2520;16920;31920;52920;85920;181920}),2)`

也就是用 M2 单元格的本年应税工资累计数与各级税率分别相乘，再分别减去各级税率对应的速算扣除数后，用 MAX 函数计算出其中的最大值，结果即是个税金额。最后用 ROUND 函数对计算结果四舍五入保留两位小数。

在"2 月工资表"工作表中，本年个税累计公式为：

`=MAX(ROUND(MAX(0,M2*{0.03;0.1;0.2;0.25;0.3;0.35;0.45}-{0;2520;16920;31920;52920;85920;181920}),2),SUMIF('1 月工资表'!A:A,A2,'1 月工资表'!N:N))`

公式先以截止到当前月份的本年应税工资累计数为基准，计算出对应的个税金额。再用 SUMIF('1 月工资表'!A:A,A2,'1 月工资表'!N:N)计算出对应员工工号截止到上个月的个税累计数。

如果某员工之前月份的工资收入较高，而当前月的工资收入较低，在去掉减除费用和专项扣除后，截止到当前月的本年应税工资累计数有可能为负数，在这种情况下计算出的个税金额为 0。用 MAX 函数与截止到上个月的个税累计数进行对比，取最大的一个，结果即为截止到当前月的本年个税累计数。

在后续月份的工资表中计算本年本年个税累计数时，只需修改公式中的工作表名称为上个月的工资表名称即可。

关键知识点讲解

函数应用：MAX 函数

■ 函数用途
返回一组值中的最大值。

■ 函数语法
MAX(number1,[number2],...)
number1,number2,...是要从中找出最大值的 1~255 个数字参数。

■ 函数说明
- 参数可以是数字或者是包含数字的名称、数组或引用。
- 逻辑值和直接键入参数列表中代表数字的文本被计算在内。

● 如果参数为数组或引用，则只使用该数组或引用中的数字。数组或引用中的空白单元格、逻辑值或文本将被忽略。

● 如果参数不包含数字，MAX 函数返回 0（零）。

● 如果参数为错误值或为不能转换为数字的文本，将会导致错误。

● 如果要使计算包括引用中的逻辑值和代表数字的文本，请使用 MAXA 函数。

◪ 函数简单示例

示例	公式	说明	结果
1	=MAX(A2:A6)	上面一组数字中的最大值	20
2	=MAX(A2:A6,30)	上面一组数字和 30 中的最大值	30

3.4 带薪年假天数统计表

案例背景

视频：使用函数计算
工龄和年假天数

年假规定实施后，人力资源部要针对国家规定制订和修正企业相关的薪酬政策和人力资源管理规定，与此同时，要统计员工的年休假时间。

《职工带薪年休假条例》对职工带薪年休假期天数的规定如下：

（1）职工累计工作已满 1 年不满 10 年的，年休假 5 天；

（2）已满 10 年不满 20 年的，年休假 10 天；

（3）已满 20 年的，年休假 15 天。

最终效果展示

员工号	部门	姓名	工作时间	工龄	带薪年假天数计算方法一	带薪年假天数计算方法二
1001	制造部	何湘清	1988-10-08	29	15	15
1002	制造部	何永兴	1986-10-22	31	15	15
1003	销售部	胡静云	2007-03-18	10	10	10
1004	销售部	胡雄狮	1995-09-20	22	15	15
1005	财务部	黄文兵	2003-01-26	15	10	10
1006	财务部	黄小明	1994-02-22	23	15	15
1007	财务部	金浩哲	1973-07-08	44	15	15
1008	生产部	匡鸿	1986-09-20	31	15	15
1009	生产部	雷辉斌	1997-08-03	20	15	15
1010	生产部	黎力	2006-10-22	11	10	10

带薪年假天数统计表

关键技术点

要实现本例中的功能，以下为读者应当掌握的 Excel 技术点。

● DATEDIF 函数

● IF 函数嵌套

● 内存数组

示例文件

\第 3 章\带薪年假天数统计表.xlsx

3.4.1 统计员工工龄

本案例的实现，首先要确定员工的工龄，在此基础上再依据相关条例计算各员工应获得的带薪年假天数。

Step 1 冻结首行

打开工作簿"带薪年假天数统计表"，选中 A2 单元格，单击"视图"选项卡，在"窗口"命令组中依次单击"冻结窗格"→"冻结首行"命令。

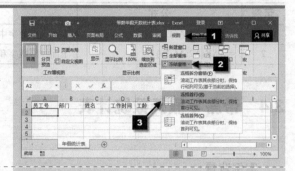

Step 2 输入员工号

选中 A2 单元格，输入"1001"，选中 A2 单元格，按<Ctrl>键，同时拖曳右下角的填充柄至 A11 单元格。

此时 A2:A11 单元格区域递增填充了数值。

Step 3 设置数据验证

① 选中 B2:B11 单元格区域，切换到"数据"选项卡，然后单击"数据工具"命令组中的"数据验证"按钮，弹出"数据验证"对话框。

② 单击"设置"选项卡，在"允许"下拉列表中选择"序列"，在"来源"下方的文本框中输入"制造部,销售部,财务部,生产部"，单击"确定"按钮。

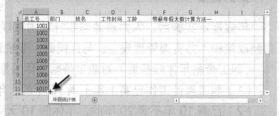

Step 4 输入部门名称

单击 B2 单元格右下角的下箭头按钮▼，单击需要输入的部门名称。

利用数据验证，在 B2:B11 单元格区域输入部门名称。

Step 5 输入姓名和工作时间

① 选中 C2:C11 单元格区域，输入姓名。

② 选中 D2:D11 单元格区域，输入工作时间。

Step 6 设置日期格式

① 选中 D1:D11 单元格区域，在"开始"选项卡的"数字"命令组中单击右下角的"对话框启动器"按钮。

② 弹出"设置单元格格式"对话框，单击"数字"选项卡，在"分类"列表框中选择"自定义"，在右侧的"类型"文本框中输入"yyyy-mm-dd"。单击"确定"按钮。

Step 7 计算工龄

① 选中 E2 单元格，输入以下公式，按 <Enter>键确认。

`=DATEDIF(D2,TODAY(),"y")`

② 将鼠标指针放在 E2 单元格的右下角，待鼠标指针变为 + 形状后双击，将 E2 单元格公式快速复制填充到 E3:E11 单元格区域。

关键知识点讲解

函数应用：DATEDIF 函数

■ 函数用途

DATEDIF 函数可以用指定的单位计算起始日和结束日之间的天数，它在 Excel 帮助中没有相关介绍，却用途广泛。

■ 函数语法

DATEDIF(start_date,end_date,unit)

■ 参数说明

start_date 为一个代表开始日期的日期，还可以指定加双引号的表示日期的文本，如 "2001-1-30"。

end_date 为时间段内的最后一个日期或结束日期，可以是表示日期的序列号或文本，也可以是单元格引用日期。

unit 用加双引号的字符指定日期的计算方法。符号的意义如下。

unit	返回
"Y"	计算期间内的整年数
"M"	计算期间内的整月数
"D"	计算期间内的整天数

续表

unit	返回
"MD"	start_date 和 end_date 之间相差的天数。忽略日期的月数和年数
"YM"	start_date 和 end_date 之间相差的月数。忽略日期的天数和年数
"YD"	start_date 和 end_date 之间相差的天数。忽略日期的年数

☑ **函数说明**

日期是作为有序序列数进行存储的。默认情况下，1900 年 1 月 1 日的序列数为 1，而 2018 年 1 月 1 日的序列数为 43101，因为它是 1900 年 1 月 1 日之后的第 43101 天。

DATEDIF 函数在需要计算年龄的公式中很有用。

☑ **函数简单示例**

	A	B
1	2011/1/1	2013/1/1
2	2011/6/1	2012/8/15
3	2011/6/1	2012/8/15
4	2011/6/1	2012/8/15

示例	公式	说明	结果
1	=DATEDIF(A1,B1,"Y")	2011-1-1 至 2013-1-1 这段时期经历了两个完整年	2
2	=DATEDIF(A2,B2,"D")	2011 年 6 月 1 日和 2012 年 8 月 15 日之间有 441 天	441
3	=DATEDIF(A3,B3,"YD")	6 月 1 日和 8 月 15 日之间有 75 天，忽略日期的年数	75
4	=DATEDIF(A4,B4,"MD")	开始日期 1 和结束日期 15 之间相差的天数，忽略日期中的年和月	14

☑ **本例公式说明**

以下为本例中的公式。

```
=DATEDIF(D2,TODAY(),"y")
```

D2 单元格里存放了某员工的入职时间，该时间作为起始日期；利用 TODAY 函数计算当前系统时间，作为结束日期；因为计算工龄，只需要得到以"年"为单位的结果即可，所以使用"Y"。至此便可以计算出该员工的工龄。

3.4.2 计算带薪年假天数

下面计算员工的带薪年假天数。可以有多种方法来获得该结果，本案例介绍两种方法——IF 函数嵌套计算法和借助内存数组公式计算法。

Step 1 利用 IF 函数嵌套计算带薪年假天数

① 单击 F2 单元格，输入以下公式，然后按 <Enter> 键确认。

```
=IF(E2<1,0,IF(E2<10,5,IF(E2<20,10,15)))
```

② 将鼠标指针放在 F2 单元格的右下角，待鼠标指针变为 ✚ 形状后双击，将 F2 单元格公式快速复制填充到 F3:F11 单元格区域。

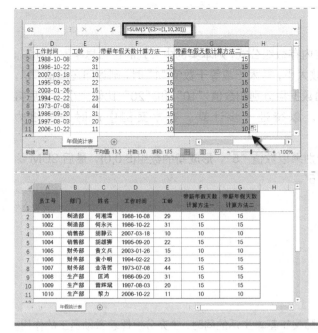

Step 2 利用内存数组公式计算带薪年假天数

① 选中 G2 单元格，输入以下公式，然后按 <Enter> 键确认。

=SUM(5*(E2>={1,10,20}))

② 将鼠标指针放在 G2 单元格的右下角，待鼠标指针变为 **+** 形状后双击，将 G2 单元格公式快速复制填充到 G3:G11 单元格区域。

Step 3 美化工作表

① 设置字体、字号、加粗、居中、自动换行和填充颜色。

② 调整行高和列宽。

③ 设置所有框线。

④ 取消编辑栏和网格线显示。

关键知识点讲解

1. IF 函数嵌套

本案例中运用了 IF 函数的嵌套，该函数嵌套的语法如下。

IF(logical1,valve1,IF(logical2,valve2,IF(logical3,…)))

这种函数最多可以嵌套 64 层。该公式的思路是：当 logical1 为真时，就返回 valve1，否则就返回 IF(logical2,valve2,IF(logical3,…))的运算结果；对于 IF(logical2,valve2,IF（logical3,…))，这也是一个嵌套函数，它的逻辑思路也是同前面一样，当 logical2 为真时，就返回 valve2，否则就返回 IF(logical3,…)的运算结果；以此递推，直至公式的最后。

利用 IF 函数嵌套可以实现"多条件判断计算求值"的目的。

■ 本例公式说明

以下为本例中的公式。

=IF(E2<1,0,IF(E2<10,5,IF(E2<20,10,15)))

公式中嵌套了 3 个 IF 函数。第 1 个 IF 函数，即最左侧 IF 函数，将先运行测试条件"E2<1"。若逻辑值为真，意味着员工的工龄不足 1 年，不能享受带薪年假，此时将会返回"0"；若逻辑值为假，意味着员工的工龄超过 1 年，此时系统开始运行第 2 个 IF 函数。

同样的，第 2 个 IF 函数也是先开始运行测试条件"E2<10"。若逻辑值为真，意味着员工的工龄超过 1 年小于 10 年；若为假，则意味着员工的工龄超过 10 年，此时进行第 3 个 IF 函数的计算。

当第 3 个 IF 函数返回的逻辑值为真时，意味着员工工龄大于等于 10 年且小于 20 年，则返回"10"，否则返回"15"。

2. 内存数组公式

有关内存数组的知识点，请参阅 3.3.2 小节。

本例公式说明

```
=SUM(5*(E2>={1,10,20}))
```

E2 单元格里存放了某员工的工龄，运用内存数组公式，则本案例中公式的逻辑思路展开如下。

E2 单元格里的数据首先和数值 "1" 比较大小，若大于或等于数值 "1" 时，则返回逻辑值 "1"，否则返回逻辑值 "0"；随后 E2 单元格里的数据再分别和数值 "10" 和 "20" 比较大小，最后得到的逻辑值组成一个数组存在内存中，以待进一步计算。在本案例中此时的数组为 {TRUE,FALSE,FALSE}。

所得到的数组，其中的每一个元素再分别乘以数值 "5"，形成新的数组{5,0,0}，最后 SUM 函数将该数组中的元素进行加总，得到结果 "5"。

3.5 员工月度工资表

案例背景

薪酬管理与企业发展相辅相成。薪酬在保障员工基本生活的同时，也充分发挥着激励员工的作用。核定薪酬是人力资源部每个月必须完成的工作，具体表现为制作每月的月度工资表格。月工资表一般由基础工资、福利津贴、绩效奖金、加班费、各种扣减项以及代缴保险、代缴个税等项组成。

月度工资表中需要按照部门来统计当月工资小计，在直接发放现金的单位进行这种统计更为重要。分类汇总功能可以大大简少统计工作量，提高工作效率。

最终效果展示

员工月度工资表

序号	工号	隶属部门	姓名	基础工资	津贴福利	奖金	销售奖	补贴	缺勤扣款	应发工资	代缴保险	代缴个税	实发工资
1	1009	销售部	彭超	3,500.00	400.80	400.00	7,200.00	400.65	-	11,901.45	410.00	1,125.29	10,366.16
2	1006	销售部	陶丹	1,600.00	268.98	180.00	982.00	288.60	100.00	3,219.58	162.00	-	3,057.58
3	1008	销售部	王亮	2,000.00	300.56	260.00	-	298.78		2,859.34	230.00	-	2,629.34
4	1118	行政部	吴宗敏	1,800.00	260.00	-		100.00	60.00	2,100.00	160.00	-	1,940.00
5	1007	销售部	肖勇	3,000.00	400.10	260.00	4,082.00	300.00	-	8,042.10	346.00	353.42	7,342.68
6	1116	行政部	谢敏	2,500.00	360.00	250.00		200.00		3,310.00	320.00		2,990.00

薪酬工资表

员工月度工资表

序号	工号	隶属部门	姓名	基础工资	津贴福利	奖金	销售奖	补贴	缺勤扣款	应发工资	代缴保险	代缴个税	实发工资
4	1118	行政部	吴宗敏	1,800.00	260.00			100.00	60.00	2,100.00	160.00	-	1,940.00
6	1116	行政部	谢敏	2,500.00	360.00	250.00		200.00		3,310.00	320.00		2,990.00
		行政部 汇总											4,930.00
1	1009	销售部	彭超	3,500.00	400.80	400.00	7,200.00	400.65	-	11,901.45	410.00	1,125.29	10,366.16
2	1006	销售部	陶丹	1,600.00	268.98	180.00	982.00	288.60	100.00	3,219.58	162.00	-	3,057.58
3	1008	销售部	王亮	2,000.00	300.56	260.00	-	298.78		2,859.34	230.00	-	2,629.34
5	1007	销售部	肖勇	3,000.00	400.10	260.00	4,082.00	300.00	-	8,042.10	346.00	353.42	7,342.68
		销售部 汇总											23,395.76
		总计											28,325.76

员工月度工资部门汇总表

关键技术点

要实现本例中的功能，读者应掌握以下 Excel 技术点。

- IFERROR 函数
- 跨表引用数据
- 分类汇总统计
- 高亮显示部门小计

示例文件

\第 3 章\员工月度工资表.xlsx

3.5.1 跨表引用数据

在实际工作中，组成员工工资的项目数据可能分散在不同工作表甚至不同工作簿中。在计算员工工资的过程中会涉及跨表引用数据的操作。本案例通过构建销售奖的计算来说明如何实现跨表格引用数据。

Step 1 创建工作簿

新建一个工作簿，保存并命名为"员工月度工资表"，将"Sheet1"工作表重命名为"薪酬工资表"，并输入相关文本内容。

打开存放在 F 盘"第 3 章"文件夹中的"员工销售奖金计算表.xlsx"工作簿。

Step 2 编制销售奖计算公式

① 选中 H3 单元格，输入以下公式，然后按 <Enter> 键确认。

```
=IFERROR(VLOOKUP(B3,'F:\第3章\[员工销售奖金计算表.xlsx]奖金统计表'!$B$4:$G$8,6,0),"")
```

② 将鼠标指针放在 H3 单元格的右下角，待鼠标指针变为 ✚ 形状后双击，将 H3 单元格公式快速复制填充到 H4:H8 单元格区域。

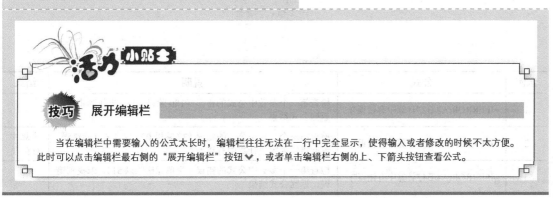

技巧　展开编辑栏

当在编辑栏中需要输入的公式太长时，编辑栏往往无法在一行中完全显示，使得输入或者修改的时候不太方便。此时可以点击编辑栏最右侧的"展开编辑栏"按钮 ✔，或者单击编辑栏右侧的上、下箭头按钮查看公式。

关键知识点讲解

1. 跨表引用数据

实际工作中，工作表里公式用到的数据可能在同一工作表中，也可能不在同一工作表中。对于同一工作表中的数据引用，可利用相对引用、绝对引用或者混合引用来实现（关于这 3 种引用的相关知识，请参阅 3.2.2 小节）。但对于不同工作表中的数据引用，除了借助相对引用、绝对引用或者混合引用，还需注明引用数据所在工作表的名称。比如所引用数据位于"员工月度工资表"的另一张"Sheet2"工作表里，此时在公式里有关所引用数据的路径应输入"Sheet2!A1:C9"，即在单元格地址前面添加工作表的名称和一个半角感叹号。

如果数据所在工作表和原工作表不是在同一个工作簿中，则还需要注明前者所在工作簿的名称和路径。本案例属于跨工作簿引用数据，所引用的数据位于"员工销售奖金计算表"工作簿的"奖金统计表"工作表里。假设"员工销售奖金计算表"位于电脑 F 盘的"第 3 章"文件夹中。因此，公式有关所引用数据的路径书写为"'F:\第 3 章\[员工销售奖金计算表.xlsx]奖金统计表'!"。

2. 函数应用：IFERROR 函数

■ 函数用途

如果公式的计算结果错误，则返回指定的值；否则返回公式的结果。使用 IFERROR 函数可捕获和处理公式中的错误。

■ 函数语法

IFERROR(value,value_if_error)

■ 参数说明

value　必需。检查是否存在错误的参数。

value_if_error　必需。公式的计算结果错误时返回指定的值。

■ 函数说明

● 如果 value 或 value_if_error 是空单元格，则 IFERROR 将其视为空字符串值（""）。

● 如果 value 是返回多个结果的数组公式，则 IFERROR 为数组中的每个元素对应返回一个结果。

■ 函数简单示例

	A	B
	总额	单价
1		
2	180	30
3	37	0
4		51

示例	公式	说明	结果
1	=IFERROR(A2/B2,"计算中有错误")	检查第一个参数中公式的错误（180 除以 30），未找到错误，返回公式结果	6
2	=IFERROR(A3/B3,"计算中有错误")	检查第一个参数中公式的错误（37 除以 0），找到被 0 除错误，返回指定内容"计算中有错误"	计算中有错误
3	=IFERROR(A4/B4,"计算中有错误")	检查第一个参数中公式的错误（空单元格除以 51），未找到错误，返回公式结果	0

■ 本例公式说明

以下为 H3 单元格的计算公式。

`=IFERROR(VLOOKUP(B3,'E:\第3章\[员工销售奖金计算表.xlsx]奖金统计表'!$B$4:$G$8,6,0),"")`

（1）该公式里 VLOOKUP 函数将进行精确匹配查找。若 B3 单元格里的数值在"员工销售奖金计算表"的"奖金统计表"中能找到，返回该表格里的同行 G 列里的值，否则返回错误值。

（2）当 VLOOKUP 函数返回结果时，IFERROR 函数开始对该结果进行判断：若为错误值，则返回空值；否则返回 VLOOKUP 函数的计算结果。

3. 使用 IFERROR 函数防止 VLOOKUP 函数结果出现错误值

在 3.2.2 小节中的"编制查找销售额所符合奖金比例公式"里已对 VLOOKUP 函数的相关知识做过介绍，VLOOKUP 函数分成精确匹配查找和近似匹配查找。

进行近似匹配查找时，VLOOKUP 函数将返回查找区域里等于目标数值的值或小于目标数值的最大值。本案例中，在 3.2 节中"员工销售奖金计算表"的"奖金统计表"里最大的工号是"1010"，若采用近似匹配查找，那么按照 VLOOKUP 函数的近似查找功能，对于工号为"1118"和"1116"员工，他们都会被近似地当作工号"1010"员工。换言之，他们也有了销售奖，且销售奖金额和工号为"1010"的员工一样。显然，人力资源部在实际统计工作中应避免出现这种结果，因此这里需要使用精确查找方式，并借助 IFERROR 函数来控制返回的结果不会出现错误值。

3.5.2 编制员工月度工资表中实发工资公式

实发工资，通俗的解释是职工最终拿到的现金或者打入职工账户的现金数额。本案例实发工资的计算公式组成涉及项目包括了销售奖和代缴个税等。关于代缴个税的计算，请参阅 3.3.2 小节中的介绍。下面介绍实发工资公式的编制，具体的操作步骤如下。

Step 1 编制应发工资公式

① 选中 K3 单元格，输入以下公式，然后按 <Enter>键确认。

`=ROUND(SUM(E3:I3)-J3,2)`

② 将鼠标指针放在 K3 单元格的右下角，待鼠标指针变为 ＋ 形状后双击，将 K3 单元格公式快速复制填充到 K4:K8 单元格区域。

Step 2 编制代缴个税公式

① 选中 M3 单元格，输入以下公式，按<Enter>键确认。

`=ROUND(MAX((K3-3500)*{3,10,20,25,30,35,45}%-5*{0,21,111,201,551,1101,2701},),2)`

② 将鼠标指针放在 M3 单元格的右下角，待鼠标指针变为 ＋ 形状后双击，将 M3 单元格公式快速复制填充到 M4:M8 单元格区域。

Step 3　编制实发工资公式

① 选中 N3 单元格，输入以下公式，按<Enter>键确认。

`=ROUND(K3-L3-M3,2)`

② 将鼠标指针放在 N3 单元格的右下角，待鼠标指针变为 ✚ 形状后双击，将 N3 单元格公式快速复制填充到 N3:N8 单元格区域。

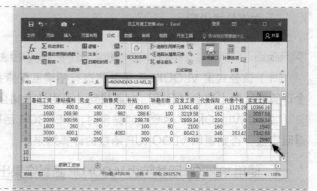

Step 4　设置会计专用格式

选中 E3:N8 单元格区域，按<Ctrl+1>组合键，弹出"设置单元格格式"对话框，设置"数字"格式为"会计专用"，"小数位数"为"2"，货币符号为"无"。

Step 5　美化工作表

① 设置字体、字号、加粗、居中和填充颜色。

② 调整行高和列宽。

③ 设置框线。

④ 取消编辑栏和网格线显示。

扩展知识点讲解

解决"浮点运算"造成的麻烦

计算一个带有小数的累加金额合计表格时，经常会发现最后合计结果与实际结果有微小的误差，这是由 Excel 的浮点运算造成的。Excel 在进行数学运算的时候，会将数据转换成二进制计算，计算完成的结果再以十进制方式显示出来。

有两种方法可避免计算结果的误差。

（1）ROUND 函数方法：借助 ROUND 函数使计算结果保留 2 位小数，然后再合计。

（2）设置 Excel "将精度设为所显示的精度"。

例如公式=4.1−4.2+1，将小数位数增加到 15 位时，结果会变成 0.899999999999999，依次单击"文件"选项卡→"选项",弹出"Excel 选项"对话框,单击"高级"选项卡。将右侧的滚动条拖动到最下方,在"计算此工作簿时:"下方勾选"将精度设为所显示的精度"复选框。弹出"Microsoft Excel"对话框,单击"确定"按钮返回"Excel 选项"对话框,单击"确定"按钮,此时单元格中的数据就会以屏幕显示的数据作为计算精度来计算。

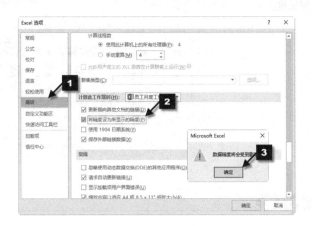

3.5.3　部门分类汇总统计

在进行分类汇总操作前,要预先调整工作表里需要分类汇总项目的排序,其目的是为了能简化分类汇总后的显示结果。

本案例以部门来分类,因此需要将同部门归类在一起,即销售部和行政部的员工要分开处理。工作表里的数据将依据隶属部门进行重新排序,销售部员工将归为一类,行政部员工也将归为一类。因此本案例将先排序,再进行分类汇总。

Step 1　复制工作表

① 打开"员工月度工资表",右键单击"薪酬工资表"工作表标签,在弹出的快捷菜单中选择"移动或复制",弹出"移动或复制工作表"对话框。

② 在"下列选定工作表之前"列表框中,单击"(移至最后)",勾选"建立副本"复选框,单击"确定"按钮。

③ 此时新建了"薪酬工资表(2)"工作表,将该工作表重命名为"员工月度工资部门汇总表"。

Step 2 排序

① 选中 A2 单元格，在"数据"选项卡的"排序和筛选"命令组中单击"排序"按钮，弹出"排序"对话框。

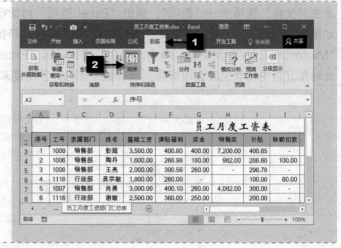

在"开始"选项卡的"编辑"命令组中单击"排序和筛选"按钮，在弹出的列表中选中"自定义排序"，同样也可以弹出"排序"对话框。

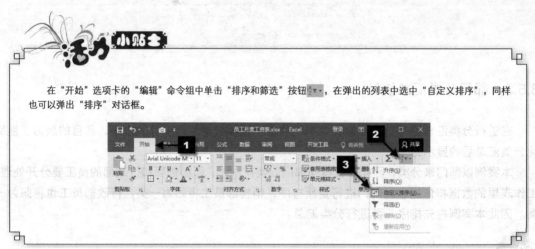

② 在"主要关键字"下拉列表中选择"隶属部门"，然后单击"确定"按钮。

这样在工作表中就完成了对"隶属部门"的排序，排序后所有的"隶属部门"相同的记录都排在了一起。

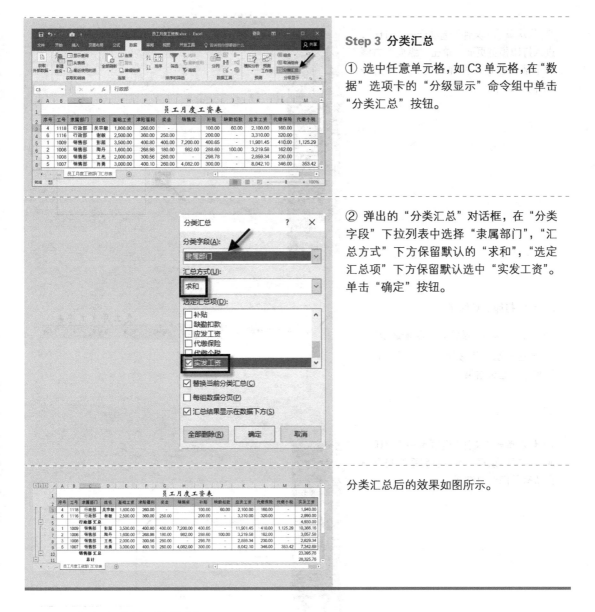

Step 3 分类汇总

① 选中任意单元格，如 C3 单元格，在"数据"选项卡的"分级显示"命令组中单击"分类汇总"按钮。

② 弹出的"分类汇总"对话框，在"分类字段"下拉列表中选择"隶属部门"，"汇总方式"下方保留默认的"求和"，"选定汇总项"下方保留默认选中"实发工资"。单击"确定"按钮。

分类汇总后的效果如图所示。

3.5.4 打印不同汇总结果

在打印分类汇总结果时，若只需要打印汇总结果这一部分，可以按如下步骤操作。

Step 1 打印部门小计结果

① 单击二级分级按钮 2 ，此时员工的具体信息都被隐藏，只显示各部门的小计结果。适当地调整各列的列宽。

② 依次单击"文件"选项卡→"打印"，进入打印预览页面，单击"纵向"右侧的下箭头按钮，在弹出的菜单中选择"横向"命令。

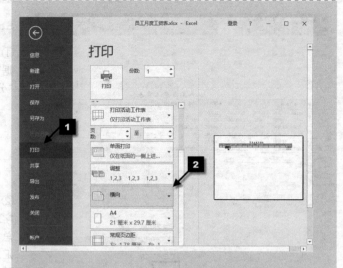

Step 2 打印总计结果

① 单击"返回"按钮，返回普通视图。

② 单击一级分级按钮 1 ，此时只显示所有部门汇总结果。

③ 依次单击"文件"选项卡→"打印"，通过"打印预览"可以看到系统将只输出所有部门汇总结果。

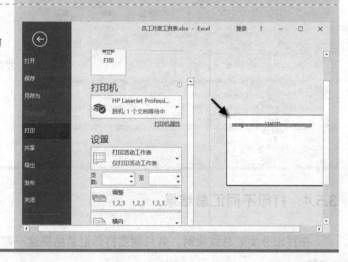

3.5.5 高亮显示部门小计

在实际工作中，为方便迅速找出部门小计，可以通过设置单元格的背景颜色和文字颜色，使部门小计在工作表中凸显出来。具体操作步骤如下。

Step 设置单元格的文字颜色

① 单击"开始"选项卡，返回普通视图。单击二级数据按钮 2 ，只显示各部门小计结果。

② 选中 A2:N11 单元格区域，在"开始"选项卡的"编辑"命令组中选择"查找和选择"→"定位条件"命令。

③ 弹出"定位条件"对话框，单击"可见单元格"单选钮，单击"确定"按钮。

④ 按<Ctrl+1>组合键，弹出"设置单元格格式"对话框，单击"字体"选项卡。

⑤ 单击"颜色"下方右侧的下箭头按钮，在弹出的颜色面板中选择"红色"，然后单击"确定"按钮。

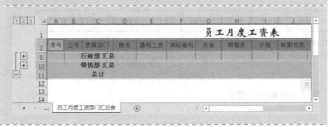

效果如图所示。

⑥ 单击三级数据按钮 3，这时部门汇总的字体都显示为红色，其他保持不变，效果如图所示。

3.6 批量制作员工工资条

案例背景

人力资源部每月依照薪酬管理的规定，视员工绩效考核结果核定该员工的当月工资。同时，人力资源部需要为每位员工制作一张工资条（卡），工资条是发给员工的发薪凭证。

最终效果展示

员工月度工资表

序号	工号	隶属部门	姓名	基础工资	津贴福利	奖金	销售奖	补贴	缺勤扣款	应发工资	代缴保险	代缴个税	实发工资
1	1009	销售部	彭超	3,500.00	400.80	400.00	7,200.00	400.65	-	11,901.45	410.00	1,125.29	10,366.16

序号	工号	隶属部门	姓名	基础工资	津贴福利	奖金	销售奖	补贴	缺勤扣款	应发工资	代缴保险	代缴个税	实发工资
2	1006	销售部	陶丹	1,600.00	268.98	180.00	982.00	288.60	100.00	3,219.58	162.00	-	3,057.58

序号	工号	隶属部门	姓名	基础工资	津贴福利	奖金	销售奖	补贴	缺勤扣款	应发工资	代缴保险	代缴个税	实发工资
3	1008	销售部	王亮	2,000.00	300.56	260.00	-	298.78	-	2,859.34	230.00	-	2,629.34

序号	工号	隶属部门	姓名	基础工资	津贴福利	奖金	销售奖	补贴	缺勤扣款	应发工资	代缴保险	代缴个税	实发工资
4	1118	行政部	吴宗敏	1,800.00	260.00	-		100.00	60.00	2,100.00	160.00	-	1,940.00

序号	工号	隶属部门	姓名	基础工资	津贴福利	奖金	销售奖	补贴	缺勤扣款	应发工资	代缴保险	代缴个税	实发工资
5	1007	销售部	肖勇	3,000.00	400.10	260.00	4,082.00	300.00	-	8,042.10	346.00	353.42	7,342.68

序号	工号	隶属部门	姓名	基础工资	津贴福利	奖金	销售奖	补贴	缺勤扣款	应发工资	代缴保险	代缴个税	实发工资
6	1116	行政部	谢敏	2,500.00	360.00	250.00		200.00	-	3,310.00	320.00	-	2,990.00

依据员工月度工资表制作工资条

员工月度工资表

序号	工号	隶属部门	姓名	基础工资	津贴福利	奖金	销售奖	补贴	缺勤扣款	应发工资	代缴保险	代缴个税	实发工资
1	1009	销售部	彭超	3500.00	400.80	400.00	7200.00	400.65	0.00	11901.45	410.00	1125.29	10366.16

人力资源部　　　　年　　月　　日

邮件合并制作工资条

关键技术点

要实现本例中的功能，以下为读者应当掌握的 Excel 技术点。

● COLUMN 函数
● ROW 函数
● MOD 函数

示例文件

\第 3 章\依据员工月度工资表制作工资条.xlsx

3.6.1　利用排序法批量制作员工工资条

本案例在 3.5 节中的"员工月度工资表"基础上批量制作工资条。批量工资条的制作可通过多种方法来实现，主要有排序法、函数法以及邮件合并法等。下面首先介绍排序法的具体操作步骤。

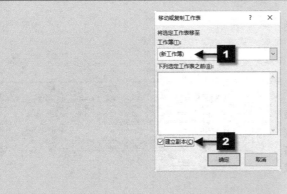

Step 1　复制工作表

① 打开 3.5 节中的"员工月度工资表"，右键单击"薪酬工资表"工作表标签，在弹出的快捷菜单中选择"移动或复制"，弹出"移动或复制工作表"对话框。

② 在"将选定工作表移至工作簿"列表框中，单击右侧的下箭头按钮，在弹出的列表中选择"(新工作簿)"，勾选"建立副本"复选框，单击"确定"按钮。

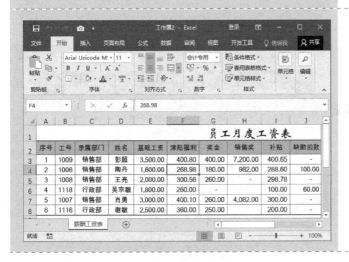

此时新建了"工作簿 1"工作簿，其中包含了"薪酬工资表"工作表。

Step 2 保存工作簿

单击"快速访问工具栏"中的"保存"按钮，弹出"另存为"对话框，选择需要保存的路径后，在"文件名"文本框中输入"依据员工月度工资表制作工资条"，单击"保存"按钮。

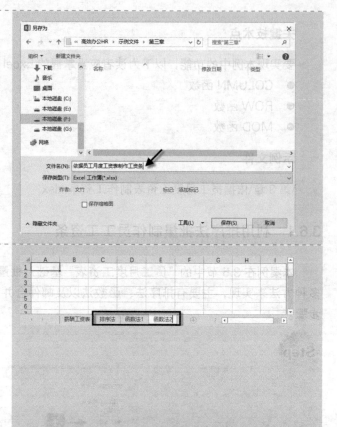

Step 3 插入工作表

① 插入一个新工作表"Sheet1"。

② 按<Shift+F11>键两次，插入两个新工作表。

Step 4 重命名工作表

将 3 个工作表分别重命名为"排序法""函数法 1"和"函数法 2"。

Step 5 复制工作表内容

① 切换到"薪酬工资表"，选中工作表中任意非空单元格，如 B3 单元格，按<Ctrl+A>组合键即可选中 A1:N8 单元格区域，再按<Ctrl+C>组合键复制该区域中的内容。

② 切换到"排序法"工作表，选中 A1 单元格，按<Ctrl+V>组合键粘贴。

③ 调整行高和列宽。

Step 6 添加辅助列

① 在"排序法"工作表中右键单击 A2 单元格，在弹出的快捷菜单中选择"插入"。

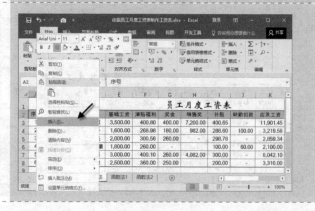

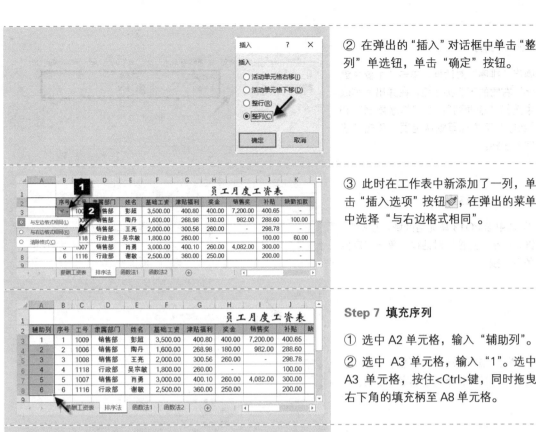

② 在弹出的"插入"对话框中单击"整列"单选钮,单击"确定"按钮。

③ 此时在工作表中新添加了一列,单击"插入选项"按钮,在弹出的菜单中选择"与右边格式相同"。

Step 7 填充序列

① 选中 A2 单元格,输入"辅助列"。

② 选中 A3 单元格,输入"1"。选中 A3 单元格,按住<Ctrl>键,同时拖曳右下角的填充柄至 A8 单元格。

③ 选中 A9 单元格,输入"1.2"。选中 A9 单元格,按住<Ctrl>键,同时拖曳右下角的填充柄至 A14 单元格。

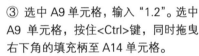

Step 8 选中排序数据区域

选中 A3:A14 单元格区域,单击"数据"选项卡,在"排序和筛选"命令组中单击"排序"按钮,弹出"排序提醒"对话框,默认选中"扩展选定区域"单选钮,单击"排序"按钮。

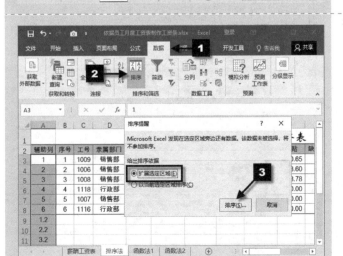

Step 9 排序

弹出"排序"对话框，单击"主要关键字"右侧的下箭头按钮，在弹出的列表中选择"辅助列"；在"排序依据"和"次序"下方保留默认选项，单击"确定"按钮。

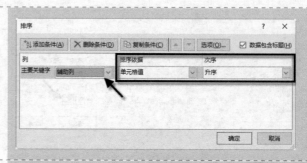

Step 10 定位空值

① 选中 B4:O13 单元格区域，按<F5>键，弹出"定位"对话框，单击"定位条件"按钮。

② 弹出"定位条件"对话框，单击"空值"单选钮，再单击"确定"按钮。

效果如图所示，此时选中了 B4:O13 单元格区域中的所有"空值"单元格，B4单元格处于活动状态。

Step 11 批量输入相同内容

① 在 B4 单元格中输入 "="，然后按两次向上方向键<↑>，再按两次<F4>键，这时 B4 单元格里将显示 "=B$2"。

② 按<Ctrl+Enter>组合键，此时工资表的各个项目标题将被自动填充到所选区域对应的空白单元格里。

Step 12　再次填充序列

① 选中 A15 单元格，输入"1.1"。

② 选中 A15 单元格，按住<Ctrl>键同时拖曳右下角的填充柄至 A20 单元格，即在 A16:A20 单元格区域里分别输入"2.1""3.1""4.1""5.1"和"6.1"。

Step 13　再次排序

选中 A3:O20 单元格区域，切换到"数据"选项卡，在"排序和筛选"命令组中单击"升序"按钮。

排序后的效果如图所示。

Step 14　删除列

右键单击 A 列的列标，在弹出的快捷菜单中选择"删除"，从而删除该列。

此时就得到了所需的员工工资条。

Step 15 美化工作表

① 设置字体、字号、加粗、居中和填充颜色。

② 调整行高和列宽。

③ 设置所有框线。

④ 取消编辑栏和网格线显示。

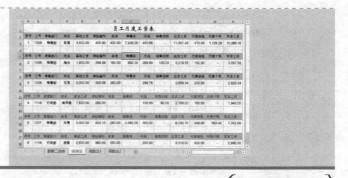

3.6.2 利用 VLOOKUP 函数批量制作工资条

利用函数批量制作员工工资条也是比较常用的方法。有多种函数都可实现该功能，本案例中将介绍两种方法，一种是利用 VLOOKUP 函数，另一种是借助 IF 函数的嵌套。下面先介绍 VLOOKUP 函数的应用方法。

视频：使用函数制作工资条

Step 1 复制工作表内容

① 切换到"薪酬工资表"，在 A 列和第 1 行的行列交叉处单击，以选中整个工作表，按<Ctrl+C>组合键复制。

② 切换到"函数法 1"工作表，选中 A1 单元格，按<Ctrl+V>组合键粘贴。

Step 2 删除单元格内容

选中 A3:N8 单元格区域，按<Delete>键，删除单元格数据。

Step 3 编制 VLOOKUP 公式制作工资条

① 选中 A3 单元格，输入"1"。

② 选中 B3 单元格，输入以下公式，按<Enter>键确认。

```
=VLOOKUP($A3,薪酬工资表!$A$3:$N$8,
COLUMN(),0)
```

公式中的"$A3"和"$A$4:$N$8"分别是混合引用和绝对引用。关于引用类型的知识点，读者请参阅 3.2.2 小节中的具体介绍，公式里的"薪酬工资表！"指明了跨表查找区域的路径。

Step 4 复制公式

① 选中 B3 单元格，拖曳右下角的填充柄至 N3 单元格。

② 选中 E3:N3 单元格区域，在"开始"选项卡的"数字"命令组中单击"千位分隔样式"按钮，设置会计专用格式。

③ 选中 A2:N4 单元格区域，拖曳右下角的填充柄至 N19 单元格区域。

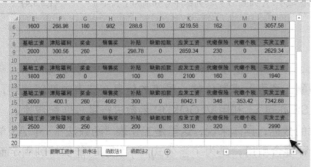

Step 5 美化工作表

① 调整行高。

② 取消编辑栏和网格线显示。

关键知识点讲解

函数应用：COLUMN 函数

■ 函数用途

返回给定引用的列标。

■ 函数语法

COLUMN([reference])

■ 参数说明

reference　为需要得到其列标的单元格或单元格区域。

■ 函数说明

● 如果省略参数，则假定为是对公式所在单元格的引用。

● 参数不能引用多个区域。

■ 函数简单示例

示例	公式	说明	结果
1	=COLUMN()	返回公式所在列的列标	1
2	=COLUMN(A10)	A10 单元格的列标	1

若是要返回一个单元格区域的列序号，此时可以进行如下操作。

选中 C10:F10 单元格区域，然后输入以下公式，按<Ctrl+Shift+Enter>组合键确认。

示例	公式	说明	结果
1	=COLUMN(A1:D5)	A1:D5 单元格区域中，A 列到 D 列其列标序号分别为 1 到 4	{1,2,3,4}

■ 本例公式说明

以下为本例中的公式。

`=VLOOKUP($A3,薪酬工资表!$A$3:$N$8,COLUMN(),0)`

本案例中的员工工资条是依据"薪酬工资表"来制作的，员工的信息在该表中都能找到，因此，设置第四参数为"0"（设置为 FALSE 亦可），利用 VLOOKUP 函数进行精确匹配查找。

"$A3"单元格里存放了指定要查找的数据，具体来说，这里是工作表"函数法 1"中 A3 单元格的数字"1"。之所以借助"$A3"这种混合引用，是为了当公式向下复制时能保持列固定而行改变；"薪酬工资表!$A$3:$N$8"指明了查找区域为工作表"薪酬工资表"中的 A3:N8 单元格区域，在本公式复制到其他单元格过程中，查找区域应固定不变，所以要借助绝对引用来实现，故查找区域转换为"$A$3:$N$8"。

COLUMN 函数在省略参数情况下，将返回公式所在单元格的列序号，在本公式里将返回为 2。同时考虑到 VLOOKUP 函数的精确匹配查找，系统将最终返回"薪酬工资表"里数字"1"所在行第 2 列单元格中的内容。

3.6.3　利用 IF 函数嵌套批量制作工资条

前面介绍了如何利用 VLOOKUP 函数来制作工作条，下面将介绍借助 IF 函数嵌套来实现本案例工资条的批量制作。

Step 1　编制 IF 嵌套公式

切换到"函数法 2"工作表，选中 A1 单元格，输入以下公式，按<Enter>键确认。

```
=IF(MOD(ROW(),3)=0,"",IF(MOD(ROW(),3)=1,
薪酬工资表!A$2,INDEX(薪酬工资表!$A:$N,
(ROW()+4)/3+1,COLUMN())))
```

Step 2　复制公式

① 选中 A1 单元格，拖曳右下角的填充柄至 N1 单元格。

② 选中 A1:N1 单元格区域，拖曳右下角的填充柄至 N18 单元格。

此时就完成批量工资条的复制。

Step 3　复制格式

① 选中 E2:N2 单元格区域，在"开始"选项卡的"数字"命令组中单击"千位分隔样式"按钮。

② 选中 E2:N2 单元格区域，在"剪贴板"命令组中双击"格式刷"按钮。

③ 拖动鼠标，分别选择 E5、E8、E11、E14 和 E17 单元格。

④ 再次单击"格式刷"按钮，或者单击"保存"按钮，退出"格式刷"状态。

序号	工号	隶属部门	姓名	基础工资	津贴福利	奖金	销售奖	补贴	缺勤扣款	应发工资	代缴保险	代缴个税	实发工资
1	1009	销售部	彭超	3,500.00	400.80	400.00	7,200.00	400.65		11,901.45	410.00	1,125.29	10,366.16
序号	工号	隶属部门	姓名	基础工资	津贴福利	奖金	销售奖	补贴	缺勤扣款	应发工资	代缴保险	代缴个税	实发工资
2	1006	销售部	陶丹	1,600.00	268.98	180.00	982.00	288.60	100.00	3,219.58	162.00		3,057.58
序号	工号	隶属部门	姓名	基础工资	津贴福利	奖金	销售奖	补贴	缺勤扣款	应发工资	代缴保险	代缴个税	实发工资
3	1008	销售部	王亮	2,000.00	300.56	260.00		298.78		2,859.34	230.00		2,629.34
序号	工号	隶属部门	姓名	基础工资	津贴福利	奖金	销售奖	补贴	缺勤扣款	应发工资	代缴保险	代缴个税	实发工资
4	1118	行政部	吴宗敏	1,800.00	260.00	-		100.00	60.00	2,100.00	160.00		1,940.00
序号	工号	隶属部门	姓名	基础工资	津贴福利	奖金	销售奖	补贴	缺勤扣款	应发工资	代缴保险	代缴个税	实发工资
5	1007	销售部	肖勇	3,000.00	400.10	260.00	4,082.00	300.00		8,042.10	346.00	353.42	7,342.68
序号	工号	隶属部门	姓名	基础工资	津贴福利	奖金	销售奖	补贴	缺勤扣款	应发工资	代缴保险	代缴个税	实发工资
6	1116	行政部	谢敏	2,500.00	360.00	250.00		200.00		3,310.00	320.00		2,990.00

Step 4　美化工作表

① 设置字体和居中。

② 调整行高。

③ 设置框线。

④ 取消编辑栏和网格线显示。

关键知识点讲解

1. 函数应用：MOD 函数

■ 函数用途

返回两数相除的余数。

■ 函数语法

MOD(number,divisor)

■ 参数说明

number 为被除数。divisor 为除数。

■ 函数说明

● 如果 divisor 为零，MOD 函数返回错误值#DIV/0!。

● MOD 函数可以借用 INT 函数来表示：MOD(n,d)=n−d*INT(n/d)。

■ 函数简单示例

示例	公式	说明	结果
1	=MOD(3,2)	3/2 的余数	1
2	=MOD(−3,2)	−3/2 的余数。符号与除数相同	1
3	=MOD(3,−2)	3/−2 的余数。符号与除数相同	−1
4	=MOD(−3,−2)	−3/−2 的余数。符号与除数相同	−1

2. 函数应用：ROW 函数

■ 函数用途

返回引用的行号。

■ 函数语法

ROW([reference])

■ 参数说明

reference 为需要得到其行号的单元格或单元格区域。

■ 函数说明

● 如果省略参数，则假定是对公式所在单元格的引用。

● 参数不能引用多个区域。

■ 函数简单示例

示例	公式	说明	结果
1	=ROW()	公式所在行的行号，结果随公式所在行号发生变化	2
2	=ROW(C10)	C10 单元格的行号，结果随参数所在行号发生变化	10

若是要返回一个单元格区域的行序号，此时可以按如下操作方法。

选中 A1:A4 单元格区域，然后输入以下公式，按<Ctrl+Shift+Enter>组合键确认，观察出现的结果。

示例	公式	说明	结果
1	=ROW(C2:C5)	C2 单元格到 C5 单元格，其行序号分别为 2 到 5	{2;3;4;5}

3. 函数应用：INDEX 函数的数组形式

☑ **函数用途**

返回指定行列交叉处引用的单元格或单元格的值。

☑ **函数语法**

INDEX(array,row_num,[column_num])

☑ **参数说明**

array 为单元格区域或数组常量。

● 如果数组只包含一行或一列，则相对应的参数 row_num 或 column_num 为可选参数。

● 如果数组有多行和多列，但只使用 row_num 或 column_num，INDEX 函数返回数组中的整行或整列，且返回值也为数组。

row_num 数组中某行的行号，INDEX 函数从该行返回数值。如果省略 row_num，则必须有 column_num。

column_num 数组中某列的列标，INDEX 函数从该列返回数值。如果省略 column_num，则必须有 row_num。

☑ **函数说明**

● 如果同时使用参数 row_num 和 column_num，INDEX 函数返回 row_num 和 column_num 交叉处的单元格中的值。

● 如果将 row_num 或 column_num 设置为 0，则 INDEX 函数分别返回整个列或行的数组数值。

● row_num 和 column_num 必须指向数组中的一个单元格；否则，INDEX 函数返回错误值#REF!。

☑ **函数简单示例**

	A	B
1	数据	数据
2	苹果	柠檬
3	香蕉	梨

示例	公式	说明	结果
1	=INDEX(A2:B3,2,2)	位于区域中第二行和第二列交叉处的数值	梨
2	=INDEX(A2:B3,2,1)	位于区域中第二行和第一列交叉处的数值	香蕉

4. 函数应用：IF 函数嵌套

读者请参阅 3.4.2 小节中的知识点介绍。

☑ **本例公式说明**

=IF(MOD(ROW(),3)=0,"",IF(MOD(ROW(),3)=1,薪酬工资表!A$2,INDEX(薪酬工资表!$A:$N,(ROW()+4)/3+1,COLUMN())))

本案例中以 3 行为一组，构成一位员工的工资条。每组第 1 行为工资表里各项目，第 2 行为该员工的具体信息和工资数据，第 3 行为空白，目的是方便裁剪。

由 IF 函数嵌套的知识可知，本公式有 2 层 IF 函数嵌套，分别以"MOD(ROW(),3)=0"和"MOD(ROW(),3)=1"作为测试条件。对于第 1 层 IF 函数，当"MOD(ROW(),3)=0"结果为 TRUE 时，返回""，即空文本，否则返回第 2 层 IF 函数的运行结果。

对第 2 层 IF 函数，当"MOD(ROW(),3)=1"结果为 TRUE 时，返回"薪酬工资表"A2 单元格里的元素，否则返回 INDEX 函数的运行结果。

利用 INDEX 函数来输出每组第 2 行的具体信息和数据，当系统运行 INDEX 函数时，按前面的各步骤运作，此时"(ROW()+4)/3+1"的结果必为"3+n"，其中 n=0，1，2，3，…这样，就可以将"薪酬工资表"从第三行开始的每位员工详细信息依次提取到每组工资条里的第 2 行。

3.6.4 利用邮件合并批量制作工资条

制作工资条除了排序法、函数法外，还可用"邮件合并"实现。通过邮件合并可以将工资条以电子邮件形式发送到每个员工的电子邮箱中。

熟练掌握邮件合并功能，有助于提高人事管理及行政管理的效率。本案例中的邮件合并具体操作步骤如下。

Step 1 另存为工作簿

打开"依据员工月度工资表制作工资条"工作簿，依次单击"文件"→"另存为"命令，弹出"另存为"对话框，选择好需要保存的路径后，在"文件名"右侧的文本框中输入"依据员工月度工资表制作工资条(邮件合并使用)"，单击"保存"按钮。

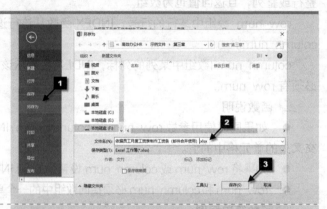

Step 2 删除工作表

按<Ctrl>键同时单击"排序法""函数法 1"和"函数法 2"工作表标签以同时选中这 3 个工作表，此时在状态栏中可看到工作簿处于"工作组"状态。右键单击工作表，在弹出的快捷菜单中选择"删除"。

弹出"Microsoft Excel"对话框，单击"删除"按钮，同时删除这 3 个工作表。

此时在"依据员工月度工资表制作工资条(邮件合并使用)"工作簿中仅含有"薪酬工资表"工作表。

Step 3 删除行

右键单击第 1 行的行号，在弹出的快捷菜单中选择"删除"命令。

Step 4 冻结窗格

选中 E1 单元格，在"视图"选项卡中依次选择"冻结窗格"→"冻结拆分窗格"命令。

在邮件合并前，要对工作簿"依据员工月度工资表制作工资条"进行适当调整，这里需要删除第 1 行中使用了合并单元格的标题"员工月度工资表"，仅保留每一列的列标题。若不删除该行，则在邮件合并中进行插入域操作时，在"插入合并域"对话框里显示的不是工资表里的项目，而是<F3>、<F4>、<F5>等字样。

Step 5 添加 E-mail 地址

要实现邮件合并功能，首先要在"依据员工月度工资表制作工资条"里添加员工的 E-mail 地址。

① 选中 O1 单元格，输入"E-mail"。

② 选中 O2:O7 单元格区域，分别输入员工的 E-mail 地址，并设置字体，绘制边框，调整 O 列的列宽。

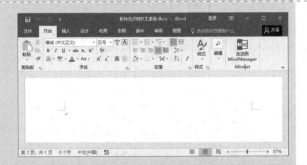

Step 6 创建 Word 文档

邮件合并涉及 Word 的使用，因此下面要创建 Word 文档。

启动 Word 2016，单击"空白文档"，系统会自动创建"文档1"，按<Ctrl+S>组合键将该文档保存并命名为"邮件合并制作工资条"。

Step 7 编辑内容

为方便浏览，单击屏幕左下角"Web 版式视图"按钮，调整文档视图为"Web 版式视图"。

在 Word 中制作表格并编辑员工工资表的相应项目，注意此时不要添加 E-mail 项。具体内容如图所示。

Step 8 邮件合并

读者请参阅 1.4.3 小节中的操作方法，利用"邮件合并分步向导"进行邮件合并，选取数据源时，选中"依据员工月度工资表制作工资条(邮件合并使用)"工作簿中的"薪酬工资表"工作表。

单击"邮件合并"右侧的"关闭"按钮。

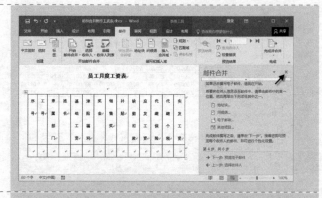

Step 9 插入域

切换到"邮件"选项卡，在"编写和插入域"命令组中单击"插入合并域"，在弹出的下拉列表中分别选中对应的域，在 Word 文档中插入对应的合并域。

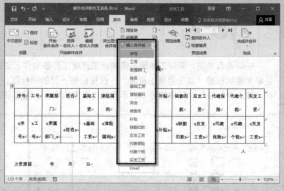

Step 10 调整域代码

因为工资项目里的数据要保留两位小数，所以在完成插入域后，要调整域代码。

① 按<Alt+F9>组合键，显示域代码，然后单击"基础工资"项的域代码，在域代码的"基础工资"文字后面输入"\#"0.00""。

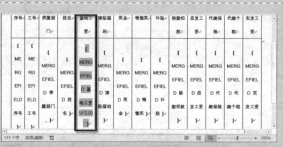

② 用类似的操作方法，对其他项目的域代码进行相应调整，添加"\#"0.00""。

③ 选中所有域代码，按<F9>键更新域。或者关闭 Word 文档后再重新打开来更新域。此时若希望域代码显示为结果，可以再按<Alt+F9>组合键。

④ 适当地美化文档。

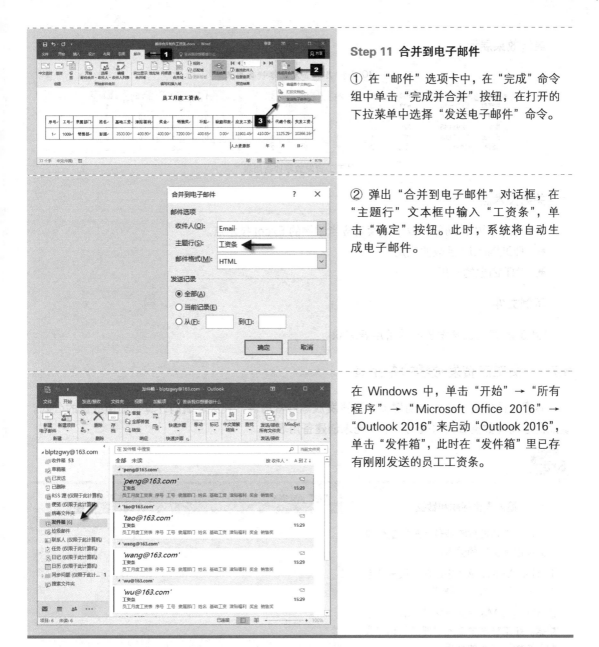

Step 11 合并到电子邮件

① 在"邮件"选项卡中，在"完成"命令组中单击"完成并合并"按钮，在打开的下拉菜单中选择"发送电子邮件"命令。

② 弹出"合并到电子邮件"对话框，在"主题行"文本框中输入"工资条"，单击"确定"按钮。此时，系统将自动生成电子邮件。

在 Windows 中，单击"开始"→"所有程序"→"Microsoft Office 2016"→"Outlook 2016"来启动"Outlook 2016"，单击"发件箱"，此时在"发件箱"里已存有刚刚发送的员工工资条。

3.7 工资发放零钞备用表

案例背景

在直接发放现金的单位，每月准备现钞也是一件比较麻烦的事情。因为工资数额总涉及零钞，所以事先准备好这些零钞显得十分重要。如何计算零钞数量？Excel 可以快速解决这个问题。

最终效果展示

2017年 月工资发放零钞备用表

部门	实发工资额	100	50	20	10	5	2	1	0.5	0.2	0.1
生产部	52,325.60	523	0	1	0	1	0	0	1	0	1
销售部	35,627.10	356	0	1	0	1	1	0	0	0	1
技术部	22,984.45	229	1	1	1	0	2	0	0	2	0
行政部	22,760.55	227	1	0	1	0	0	0	1	0	0
总数	133,697.70	1335	2	3	2	2	3	0	2	2	2

员工工资发放零钞备用表

关键技术点

要实现本例中的功能，以下为读者应当掌握的 Excel 技术点。

- ROUNDUP 函数的应用
- INT 函数的应用

示例文件

\第 3 章\员工工资发放零钞备用表.xlsx

3.7.1 员工工资发放零钞备用表

本案例的实现，首先要创建员工工资发放零钞备用表，其次是编制计算各面值数量的公式。重点是各面值数量公式的编制，下面先来创建备用表。

Step 1 输入表格标题和数据

在"员工工资发放零钞备用表"工作簿中完成以下文本的输入。

① 选中 A1:M1 单元格区域，设置"合并后居中"，输入表格标题。

② 选中 A3:M8 单元格区域，输入表格数据。在工作表中输入"部门"和"实发工资额"字段的数据。

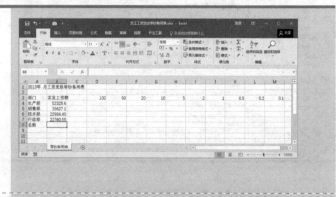

Step 2 计算总数

选中 B8 单元格，在"开始"选项卡的"编辑"命令组中单击"求和"按钮，按<Enter>键输入。

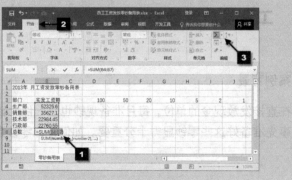

Step 3　设置单元格格式

选中 B4:B8 单元格区域，设置单元格格式为"数值"，"小数位数"为"2"，勾选"使用千位分隔符"复选框。

3.7.2　编制计算零钞数量公式

零钞备用表的标题和数据设置完成后，接下来可以编制公式来计算所需的零钞数量。具体的操作步骤如下。

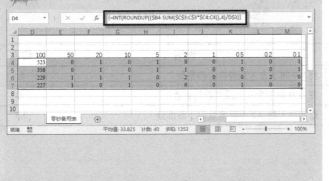

Step 1　编制零钞计算公式

① 选中 D4 单元格，输入以下数组公式，按<Ctrl+Shift+Enter>组合键确认。

`=INT(ROUNDUP(($B4-SUM($C$3:C$3*$C4:C4)),4)/D$3)`

② 选中 D4 单元格，拖曳右下角的填充柄至 M4 单元格。

③ 选中 D4:M4 单元格区域，拖曳右下角的填充柄至 M7 单元格。

Step 2　编制零钞数量汇总公式

选中 D4:M7 单元格区域，在"开始"选项卡的"编辑"命令组中单击"求和"按钮。

Step 3 美化工作表

① 设置字体、字号、加粗、居中和填充颜色。

② 调整行高和列宽。

③ 设置所有框线。

④ 取消编辑栏和网格线显示。

关键知识点讲解

1. 函数应用：INT 函数

■ **函数用途**

将数字向下舍入到最接近的整数。

■ **函数语法**

INT(number)

■ **参数说明**

number　需要进行向下舍入取整的实数。

■ **函数简单示例**

示例	公式	说明	结果
1	=INT(8.9)	将 8.9 向下舍入到最接近的整数	8
2	=INT(−8.9)	将−8.9 向下舍入到最接近的整数	−9
3	=A2-INT(A2)	返回单元格 A2 中正实数的小数部分	0.8

2. 函数应用：ROUNDUP 函数

■ **函数用途**

远离零值，向上舍入数字。

■ **函数语法**

ROUNDUP(number,num_digits)

■ **参数说明**

number　为需要向上舍入的任意实数。　　　　num_digits　四舍五入后的数字的位数。

■ **函数说明**

● ROUNDUP 函数和 ROUND 函数功能相似，不同之处在于 ROUNDUP 函数总是向上舍入数字。

● 如果 num_digits 大于 0，则向上舍入到指定的小数位。

● 如果 num_digits 等于 0，则向上舍入到最接近的整数。

- 如果 num_digits 小于 0，则在小数点左侧向上进行舍入。

函数简单示例

示例	公式	说明	结果
1	=ROUNDUP(3.2,0)	将 3.2 向上舍入，小数位为 0	4
2	=ROUNDUP(76.9,0)	将 76.9 向上舍入，小数位为 0	77
3	=ROUNDUP(3.14159,3)	将 3.14159 向上舍入，保留三位小数	3.142
4	=ROUNDUP(-3.14159,1)	将-3.14159 向上舍入，保留一位小数	-3.2
5	=ROUNDUP(31415.92654,-2)	将 31415.92654 向上舍入到小数点左侧两位	31500

本例公式说明

以下为本例中的公式。

```
=INT(ROUNDUP(($B4-SUM($C$3:C$3*$C4:C4)),4)/D$3)
```

公式里 "$B4-SUM($C$3:C$3*$C4:C4)" 的含义是计算当前余额，指的是 D3 单元格中面值前面的各货币面值乘以各自对应货币数量，所得结果再进行汇总，然后由部门实发工资额减去该汇总结果，此时得到的就是当前余额。

ROUNDUP 函数对所得余额进行向上舍入，舍入至小数点后 4 位，舍入后的值再除以当前 D3 单元格里的面值，就获得该面值的货币数量。不过该数值可能含小数，这不是所希望的结果，可以利用 INT 函数进行取整来解决这个问题。

INT 函数对 D3 单元格里的面值数量进行向下舍入获得一个整数，此时得到的就是该面值的货币数量。

至于使用混合引用 "$B4"，这是因为公式向右复制时部门实发工资额应保持不变，所以要借助混合引用形式；同时用 "$C$3:C$3" 来控制各面值的变化，用 "$C4:C4" 控制各面值对应数量的变化。

扩展知识点讲解

函数应用：ROUNDDOWN 函数

函数用途
靠近零值，向下（绝对值减小的方向）舍入数字。

函数语法
ROUNDUP(number,num_digits)

参数说明
number　为需要向下舍入的任意实数。　　　num_digits　四舍五入后的数字的位数。

函数说明
- ROUNDDOWN 函数和 ROUND 函数功能相似，不同之处在于 ROUNDDOWN 函数总是向下舍入数字。
- 如果 num_digits 大于 0，则向下舍入到指定的小数位。
- 如果 num_digits 等于 0，则向下舍入到最接近的整数。
- 如果 num_digits 小于 0，则在小数点左侧向下进行舍入。

函数简单示例

示例	公式	说明	结果
1	=ROUNDDOWN(3.2,0)	将 3.2 向下舍入，小数位为 0	3
2	=ROUNDDOWN(76.9,0)	将 76.9 向下舍入，小数位为 0	76
3	=ROUNDDOWN(3.14159,3)	将 3.14159 向下舍入，保留三位小数	3.141
4	=ROUNDDOWN(−3.14159,1)	将−3.14159 向下舍入，保留一位小数	−3.1
5	=ROUNDDOWN(31415.92654,−2)	将 31415.92654 向下舍入到小数点左侧两位	31400

3.8 年度职工工资台账表

案例背景

职工工资台账表是记录职工工资收入的重要依据。台账中记载的年度月平均工资也是下一年确定社会保险基数的法定依据。

劳动主管部门对台账的项目有一定的要求，且提供相关的台账模板以备参考。台账要求每人一卡，按月记载该职工 1~12 月各项收入，并计算年度收入和年度月平均工资收入（"收入"指的是计入"工资总额"范围内的收入，"工资总额"的确定同国家统计局的相关指标解释）。

最终效果展示

职工工资收入统计台账

部门名称：		行政部										计算单位：元		
工号	A001		姓名	魏鼎国	性别	男	职别	干部	社会保障号码		12345		本年度月平均工资	
项目				工资总额									经手人签字	职工签字
月份	合计		基本工资	浮动工资	奖金	加班费	津补贴	其他						
甲	0		1	2	3	4	5	6	7	8	9	10	11	12	13	14	15
合计	5465.7													
1月	1820.9		1201	69	16		518.9	16						
2月	1821.9		1202	69	16		518.9	16						
3月	1822.9		1203	69	16		518.9	16						
4月														
5月														
6月														
7月														
8月														
9月														
10月														
11月														
12月														

月度工资表（Access）

关键技术点

要实现本例中的功能，读者应掌握以下的 Excel 技术点。

● Access 的操作
● VBA 程序

示例文件

\第 3 章\月度工资表(Access).xlsm

3.8.1 创建按需整理月度工资表

台账中用到的员工月度工资明细数据，可以由专门财务软件生成，也可以使用 Excel 制成的数据。若使用专门财务软件生成数据，并且相关的工资表项目无须再做整理，可以直接参阅 3.8.2 小节中的介绍将数据导入 Access 中操作；若相关的工资表项目要做调整，可以将该财务软件的数据复制到 Excel 工作表中，进行所需调整后保存该工作簿，然后参阅 3.8.2 小节中的介绍将数据导入 Access 中。

本案例以 Excel 里数据导入 Access 为示例，因此，要预先在 Excel 里生成数据。为了方便后面台账的生成，本案例的所有文件都假设存放于"文档"中。

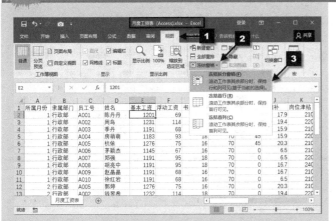

Step 1 输入数据

① 保存工作簿并完成员工工资明细数据的录入。

② 选中 E2 单元格，在"视图"选项卡单击"冻结窗格"→"冻结拆分窗格"命令。

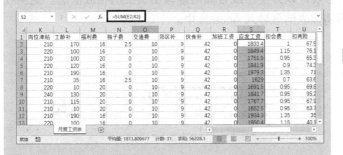

③ 选中 S2 单元格，输入以下公式，按 <Enter> 键确定。

`=SUM(E2:R2)`

④ 将鼠标指针放在 S2 单元格的右下角，待鼠标指针变为＋形状后双击，将 S2 单元格公式快速复制填充到 S3:S32 单元格区域。

⑤ 选中 X2 单元格，输入以下公式，按 <Enter> 键确定。

`=S2-SUM(T2:W2)`

⑥ 将鼠标指针放在 X2 单元格的右下角，待鼠标指针变为＋形状后双击，将 X2 单元格公式快速复制到 X3:X32 单元格区域。

Step 2 设置单元格格式

选中 E2:X32 单元格区域，设置单元格格式为"会计专用"，"小数位数"为"2"，"货币符号"为"无"。

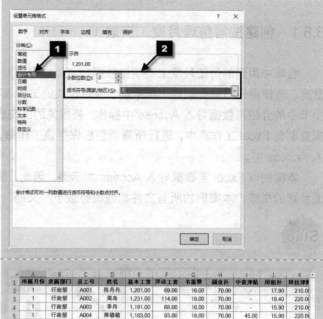

Step 3 美化工作表

① 设置字体、字号、加粗、居中和填充颜色。

② 调整行高和列宽。

③ 设置所有框线。

④ 取消编辑栏网格线显示。

3.8.2 创建 Access 数据源

在导入数据前先编制员工基本信息表，以方便生成台账时能输出员工的相应信息。这里在 Excel 中建立员工基本信息表，然后再将该表信息导入 Access 中。

Step 1 创建工作簿

在"月度工资表(Access)"工作表里按 <Ctrl+N> 组合键，将创建新的工作簿，保存并命名新工作簿为"基本信息表(Access)"。将"Sheet1"工作表重命名为"基本信息表"。

Step 2 输入表格内容

在工作表中输入表格标题和表格内容。

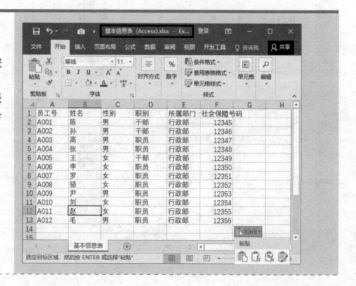

Step 3 美化工作表

① 设置字体、字号、加粗、居中和填充颜色。

② 调整行高和列宽。

③ 设置所有框线。

④ 取消编辑栏和网格线显示。

Step 4 启动 Access

员工基本信息表已经创建完成，现在将该"基本信息表(Access)"数据和"月度工资表(Access)"的数据导入 Access 中。

依次单击"开始"→"Access 2016"，启动"Access 2016"。

Step 5 创建空白数据库

① 在右侧单击"空白数据库"。

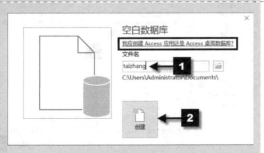

② 在"文件名"下方的文本框中，将"Database1.accdb"修改为"taizhang"，单击"创建"按钮，并保持其他选项不变。此时"taizhang.accdb"文件就保存在"文档"中。

Step 6 关闭数据表

在"表1"位置右键单击，在弹出的快捷菜单中选择"关闭"。

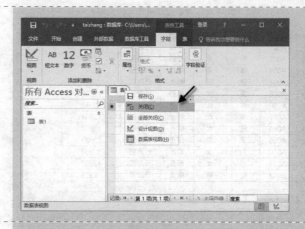

Step 7 导入外部数据一

① 在 Access 中依次单击"外部数据"选项卡→"新数据源"→"从文件（F）"→"Excel"按钮。

② 弹出"获取外部数据—Excel 电子表格"对话框，单击"文件名"右侧的"浏览"按钮。

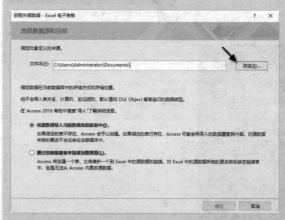

③ 弹出"打开"对话框，选中"月度工资表(Access)"，单击"打开"按钮。

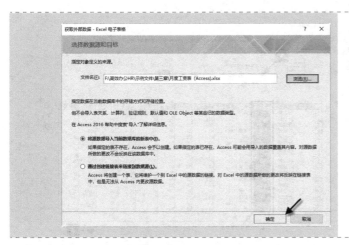

④ 返回"获取外部数据—Excel 电子表格"对话框，保留默认的选项，单击"确定"按钮。

若要导入专门财务软件生成的数据文件，基本操作与此相类似，区别只在 Step 4 中，在"文件类型"里不是选中"Microsoft Excel"，而是要选中该财务软件生成的数据文件的类型。

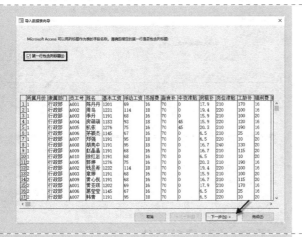

⑤ 弹出"导入数据表向导"对话框，勾选"第一行包含列标题"复选框，单击"下一步"按钮。

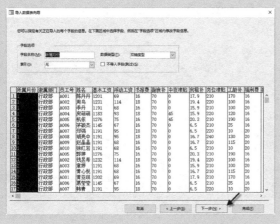

⑥ 保留默认的选项，不修改任何字段，直接单击"下一步"按钮。

⑦ 单击"我自己选择主键"单选钮，然后单击其右侧的下箭头按钮，在弹出的选项菜单中选择"员工号"（或者直接在下方单击"员工号"下方的任意位置）。单击"下一步"按钮。

设置"员工号"为主键，目的是建立Access 和 Excel 之间的联系。

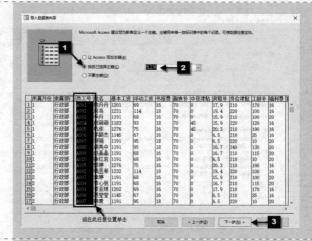

⑧ 单击"完成"按钮。

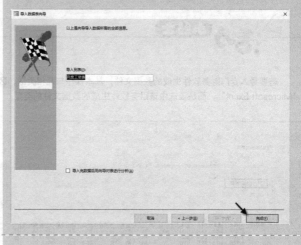

⑨ 弹出"导入数据表向导"对话框，单击"确定"按钮。

⑩ 弹出"获取外部数据—Excel 电子表格"对话框，单击"关闭"按钮。

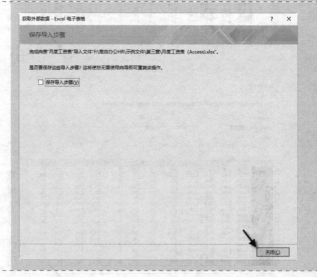

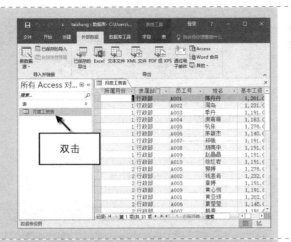

这时工作簿"月度工资表（Access）"的数据就导入 Access 中了。在左侧双击"表"下方的"月度工作表"，在右侧可以观察导入的数据。

Step 8 导入外部数据二

按照 Step7 的操作方法，将工作簿"基本信息表（Access）"的数据导入 Access 中。

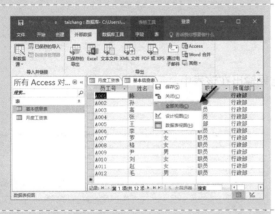

Step 9 关闭数据表

在"基本信息表"位置右键单击，在弹出的快捷菜单中选择"全部关闭"。

Step 10 重命名数据表

① 右键单击数据表"基本信息表"，在弹出的快捷菜单中选择"重命名"命令。

② 输入"pay"，然后按<Enter>键确认。

③ 用同样的操作方法，将数据表"月度工资表"重命名为"Emp"。

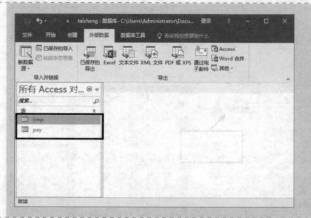

④ 双击这两个数据表名称，查看所导入的内容。

⑤ 单击屏幕右上角的"关闭"按钮来关闭 Access，系统将自动保存前面操作的内容。

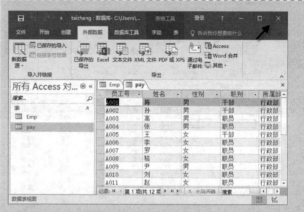

3.8.3 创建职工年度台账表

创建职工年度台账表，使最终的结果输出在该表中。

Step 1 创建工作簿

① 新建一个工作簿，单击"快速访问工具栏"中的"保存"按钮，弹出"另存为"对话框。

② 单击"保存类型"右侧的下箭头按钮，在弹出的列表中选择"Excel 启用宏的工作簿(*.xlsm)"，在"文件名"右侧的文本框中输入"职工年度台账表"，单击"保存"按钮。

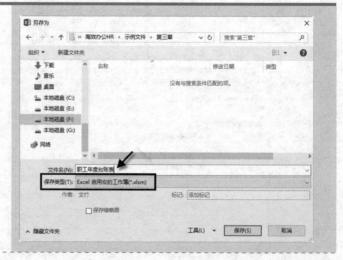

Step 2 输入表格标题和内容

将工作表 "Sheet1" 作为 "职工年度台账" 查询输出主表。

在 "Sheet1" 工作表中输入表格标题，B7:B19 单元格区域为各月工资合计，C5:O5 单元格区域为预留工资项目标题，C7:O19 单元格区域显示明细数据，并美化工作表。

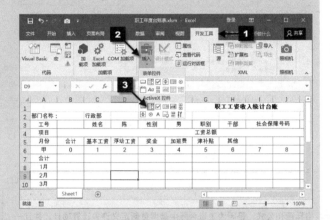

Step 3 添加组合框

① 切换到 "开发工具" 选项卡，在 "控件" 命令组中单击 "插入" 按钮，在弹出的下拉菜单中选择 "ActiveX 控件" 下的 "组合框（ActiveX 控件）"。

② 在 B3 单元格内拖动鼠标指针，此时在该单元格位置添加一个组合框。

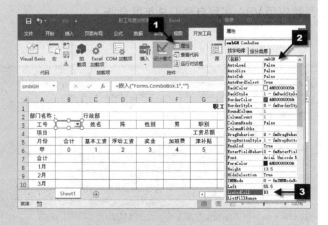

Step 4 设置组合框属性

① 单击 "控件" 命令组中的 "属性" 按钮，弹出 "属性" 对话框，在 "（名称）" 文本框里删除原来的内容，然后输入 "cmbGH"。

② 在 "LinkedCell" 文本框里输入 "B3"，因为员工的工号在 B3 单元格。

③ 单击"控件"命令组中的"设计模式"按钮,退出设计模式。单击"属性"窗口的"关闭"按钮。

Step 5 输入"Sheet2"工作表标题

① 插入一个新工作表"Sheet2",在 B 列中输入"显示的项目",在 C 列中输入"公式"。

② 美化工作表。

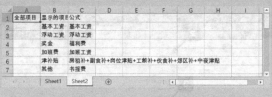

　　在工作表"Sheet2"中之所以这样设计表格标题和公式,是因为工资台账中需要重新定义许多计算项目,并且一般工资软件的数据生成都是按该思路进行的。

　　A 列用来列出"pay"表的全部字段名,A1 单元格为标题"全部项目",A2 单元格及其以下单元格里的为字段名列表。本列对系统的实质功能没有影响,但可为 B、C 两列的设计提供参照。每次打开工作簿时,系统会自动按照"pay"表的字段名更新 A 列。

　　B 列为要显示的项目,本例 B2 单元格以下内容在"Sheet1"的 C5:O5 单元格区域按顺序显示,读者可自定义。

　　C 列为 B 列对应的取数公式,读者可自行编辑,但字段名必须与源数据库"pay"表中字段相对应。

　　B 和 C 两列的设置在每次打开工作簿时不会自动更新,它们保留最近一次的修改。

3.8.4　利用 Excel + Access + VBA 自动汇总年度台账

　　前期的准备工作都已完成,接下来开始应用 VBA 实现自动汇总年度台账。

Step

Step 1 启动 VBA 编辑器

切换到"Sheet1"工作表,按<Alt+F11>组合键,启动 VBA 编辑器。

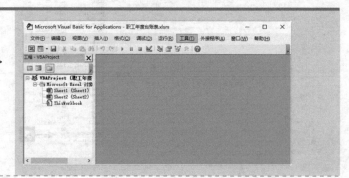

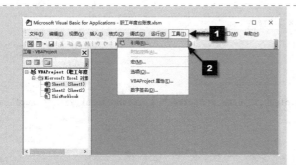

Step 2 添加引用库

① 依次单击 VBA 编辑器的菜单"工具"→"引用"命令。

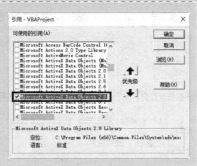

② 弹出"引用—VBAProject"对话框，在"可使用的引用"列表框里拖动右侧的滚动条，勾选"Microsoft ActiveX Data Objects 2.8 Library"复选框，单击"确定"按钮。

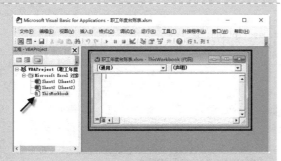

Step 3 编辑初始化代码

初始化是在打开工作簿时需要完成的工作，其功能包括为"Sheet1"表组合框添加选项，刷新"Sheet2"表 A 列字段名。具体的操作步骤如下。

① 双击 VBA 编辑器左侧"工程－VBAProject"界面里的"ThisWorkbook"，弹出"ThisWorkbook"代码编写区。

② 单击"通用"右侧的下箭头按钮，在弹出的选项菜单中选择"Workbook"，进行代码编辑。

③ 输入初始化代码。

④ 单击"常用"工具栏"保存"按钮，保存所输入的代码。

以下为初始化代码。

```
Private Sub Workbook_Open()
'引用 Microsoft ActiveX Data Objects 2.x Library
  On Error GoTo Ext
  Dim conn As New ADODB.Connection
  Dim rst As New Recordset
  Dim i As Integer
  '(1)为 Sheet1 表组合框添加选项
  '连接数据库
  conn.Open "Provider = Microsoft.ace.oledb.12.0;Data Source=" & ThisWorkbook.Path & Application.
PathSeparator & "taizhang.accdb"

  '读取 Emp 表员工号
  '将员工号加入组合框 cmbGH 的下拉列表
  With Sheet1.cmbGH
    .Clear '这一句用来避免手工运行该程序
    .Column = conn.Execute("select distinct 员工号 from emp").GetRows '给复合框赋值不重复(distinct)的 Emp
表员工号
    .ListIndex = -1 '不显示任何条目
  End With

  '(2)刷新 Sheet2 表 A 列字段名
  '清空 Sheet2 表 A 列现有内容
  Set rst = conn.Execute("emp") '创建 emp 数据表查询，除了 emp 数据所有记录外，还包括所有字段名
  With Sheet2
    .Range("A2:A" & .Range("A" & .Rows.Count).End(xlUp).Row + 1).ClearContents '清除可能存在的数据
    For i = 1 To rst.Fields.Count '逐个字段
      .Cells(i + 1, 1) = rst.Fields(i - 1).Name '写字段名
    Next i
  End With
Ext:
  If Err.Number > 0 Then
    MsgBox "系统运行出现错误!" & vbCr & Err.Description
    Err.Clear
  End If
  On Error Resume Next
  '关闭连接,释放内存
  rst.Close
  conn.Close
  Set rst = Nothing
  Set conn = Nothing
End Sub
```

Step 4 编辑查询代码

查询代码是系统功能的主代码。当读者从组合框中选择了项目后，能刷新显示数据。具体的操作步骤如下。

① 双击 VBA 编辑器左侧"工程"界面里的"Sheet1"，弹出"Sheet1"代码编写区。

② 单击"通用"下拉列表框按钮，弹出选项菜单，选中"cmbGH"，此时就可以进行代码编辑了。

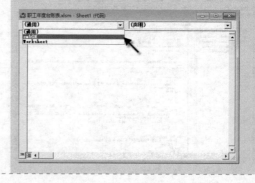

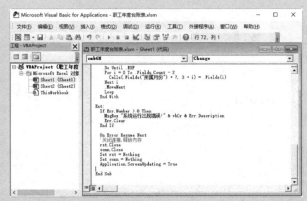

③ 输入查询代码。读者可以适当调整 "cmbGH" 代码编写区的窗口大小，以便输入代码。

④ 单击 "常用" 工具栏的 "保存" 按钮，保存所输入的代码。

以下为查询代码。

```vba
Private Sub cmbGH_Change()
'引用 Microsoft ActiveX Data Objects 2.x Library
  If cmbGH.ListIndex = -1 Then Exit Sub '如果不是选择项目,结束查询
  On Error GoTo Ext
  Dim conn As New ADODB.Connection
  Dim rst As New Recordset
  Dim GH As String
  Dim SelectItem As String
  Dim i As Long
  Dim j As Integer
  Dim SQL As String
  Dim arr
  Application.ScreenUpdating = False
  '连接数据库
  conn.Open "Provider = Microsoft.ace.oledb.12.0;Data Source=" & ThisWorkbook.Path & Application.
PathSeparator & "taizhang.accdb"

  '清除现有数据
  Range("C2,D3,F3,H3,K3:L3,C5:O5,C7:O19").ClearContents

  '根据工号在 pay 中查询基本信息,并写入相应位置
  GH = cmbGH.Value
  SQL = "select * from pay where 员工号='" & GH & "'"
  rst.Open SQL, conn, adOpenKeyset, adLockOptimistic

  [C2] = rst.Fields("所属部门")
  [D3] = rst.Fields("姓名")
  [F3] = rst.Fields("性别")
  [H3] = rst.Fields("职别")
  [K3] = rst.Fields("社会保障号码")

  '写入数据标题
  arr = Sheet2.[b2].Resize(13)    '13 是设计时的最大显示项目数
  [C5].Resize(1, 13) = Application.Transpose(arr)
  '要查找的项目
  With Sheet2
    For i = 2 To .Range("b65536").End(xlUp).Row
      SelectItem = SelectItem & .Cells(i, 3) & " as " & .Cells(i, 2) & ","
    Next i
  End With
  SelectItem = SelectItem & "所属月份"
  '根据要查找的项目执行查询,从 Pay 表读出数据
  SQL = "Select " & SelectItem & " from Emp " & "where 员工号='" & GH & "'"
  Set rst = New Recordset
  rst.Open SQL, conn, adOpenKeyset, adLockOptimistic
```

```
'将查询数据写入工作表相应区域

Range("C8:O19").ClearContents '清除原数据
'将查询结果对应"所属月份"循环写入数据区域
With rst
  Do Until .EOF
  For i = 0 To .Fields.Count - 2
    Cells(.Fields("所属月份") + 7, 3 + i) = .Fields(i)
  Next i
  .MoveNext
  Loop
End With


Ext:
  If Err.Number > 0 Then
    MsgBox "系统运行出现错误!" & vbCr & Err.Description
    Err.Clear
  End If

  On Error Resume Next
  '关闭连接,释放内存
  rst.Close
  conn.Close
  Set rst = Nothing
  Set conn = Nothing
  Application.ScreenUpdating = True
End Sub
```

Step 5 运行程序

① 单击"常用"工具栏里的"运行子过程/用户窗体（F5）"按钮 ▶，运行查询代码程序。

② 双击"ThisWorkbook（代码）"窗口，单击"常用"工具栏中的"运行子过程/用户窗体（F5）"按钮，运行初始化代码程序。

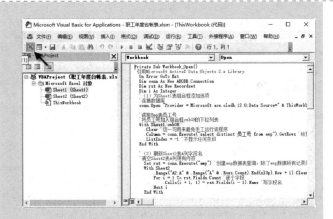

此时在 VBA 编辑器里还看不到结果，要返回工作表里才能看到结果。可单击 VBA 编辑器"常用"工具栏里"视图 Microsoft Excel"按钮 ，或按 <Alt+F11>组合键。

用户也可以依次单击菜单"运行"→"运行子过程/用户窗体"来运行程序。

Step 6 查看结果

① 在"职工年度台账表"的"Sheet1"工作表中，单击 B3 单元格中的下拉列表框按钮，弹出员工工号选项菜单。

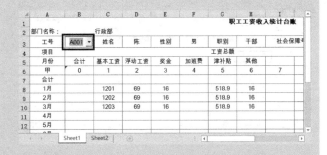

② 选中"A001"，此时在表格里就会输出该员工的相关信息。

③ 切换到"Sheet2"工作表，此时在"全部项目"栏下面显示了相关的子项目。
至此就完成了年度职工工资台账的制作。

Step 7 设置零值不显示

① 依次选择"文件"选项卡→"选项"命令，弹出"Excel 选项"对话框，单击"高级"选项卡。

② 拖动右侧的垂直滚动条，在"此工作表的显示选项"下，取消勾选"在具有零值的单元格中显示零"复选框，即将零值显示为空白单元格，单击"确定"按钮。

③ 注意当执行该操作时，在 B6 单元格中的数字 0 也被隐藏。若想显示该数字，可以单击该单元格，然后在数字 0 前面添加一个半角单引号即"'0"，就可以避免该数字被隐藏。

Step 8 计算合计

① 选中 B8 单元格，输入以下公式，按 <Enter> 键确定。

`=SUM(C8:H8)`

② 选中 B8 单元格，拖曳右下角的填充柄至 B19 单元格。

③ 选中 B7 单元格，输入以下公式，按 <Enter> 键确定。

`=SUM(B8:B19)`

技巧 取消零值显示的选项作用范围

利用 Excel 选项来设置零值不显示的方法将作用于整张工作表，即当前工作表中的所有零值，无论是计算得到的还是手工输入的都不再显示。工作簿的其他工作表不受此设置的影响。

第 **4** 章　人事信息数据统计分析

　　人事信息各种数据的统计分析是人力资源部门的基础工作，人事信息的统计分析结果可以为企业各种相关决策提供重要依据。实时、准确、快速的统计分析在实际工作中显得尤为重要。本章从建立"人事信息数据表"讲起，针对人力资源管理中最常见的统计分析项逐一举例。读者通过本章的学习，可以提高在人力资源信息数据统计分析方面的工作效率。

4.1 人事信息数据表

案例背景

由于企业内部人员较多且流动性大，因而人力资源部应及时做好人事信息数据的整理、汇总、分析等工作，并且这些数据常常也是企业做各项决策的参考和依据，因此做好人事信息数据的整理工作意义重大。

人事信息数据表包括姓名、性别、年龄、身份证号码（或社会保障号码）、学历、职务、联系电话、E-mail 和居住地址等相关信息。

最终效果展示

序号	工号	姓名	隶属部门	学历	身份证号	生日	性别	计算年龄 (-年-月-日)	年龄	职称	现任职务	联系电话	居住地址
1	114	马燕	生产部	本科	120***196709206132	1967-09-20	男	51年4个月4天	51岁	工程师	部长	12345678	杭州市某区某路1号
2	118	王世乔	生产部	专科	120***195811131073	1958-11-13	男	60年2个月11天	60岁	助工	科员	12345679	杭州市某区某路2号
3	69	王倩婷	生产部	硕士	120***197911032171	1979-11-03	男	39年2个月21天	39岁	无	科员	12345680	杭州市某区某路3号
4	236	王梦婷	销售部	本科	120***196209121179	1962-09-12	男	56年4个月12天	56岁	工程师	科员	12345681	杭州市某区某路4号
5	237	王菲	销售部	本科	120***195011220313	1950-11-22	男	68年2个月2天	68岁	工程师	部长	12345682	杭州市某区某路5号
6	238	冯丽珠	行政部	硕士	120***197811013954	1978-11-01	女	40年2个月23天	40岁	助工	科员	12345683	杭州市某区某路6号
7	239	冯婷婷	行政部	本科	120***198204112417	1982-04-11	男	36年9个月13天	36岁	助工	部长	12345684	杭州市某区某路7号
8	240	冯源	技术部	博士	120***198006262010	1980-06-26	男	38年6个月29天	38岁	无	科员	12345685	杭州市某区某路8号
9	241	卢霞	技术部	硕士	120***196908033168	1969-08-03	女	49年5个月21天	49岁	工程师	部长	12345686	杭州市某区某路9号
10	242	卢瑞彬	技术部	硕士	120***198302122327	1983-02-12	女	35年11个月12天	35岁	工程师	科员	12345687	杭州市某区某路10号
11	243	孙焙	财务部	本科	120***196710011170	1967-10-01	男	51年3个月23天	51岁	工程师	科员	12345688	杭州市某区某路11号
12	244	朱鸣谦	财务部	本科	120***198305070321	1983-05-07	女	35年8个月17天	35岁	工程师	科员	12345689	杭州市某区某路12号
13	245	严露沁	财务部	本科	120***196811151719	1968-11-15	男	50年2个月9天	50岁	助工	科员	12345690	杭州市某区某路13号

人事信息数据表

关键技术点

要实现本例中的功能，读者应当掌握以下 Excel 技术点。

- DATEDIF 函数的应用
- RIGHT 函数的应用
- MID 函数的应用
- LEN 函数的应用
- COUNTIF 函数

示例文件

\第 4 章\人事信息数据表.xlsx

4.1.1 创建人事信息数据表

本案例主要介绍如何有效提取员工身份证数据中的信息，比如员工的性别、年龄等。借助 Excel

里的相关函数可以实现这些功能。

Step 1 冻结窗格

打开工作簿"人事信息数据表",选中 D3
单元格,在"视图"选项卡中依次单击"冻
结窗格"→"冻结拆分窗格"命令。

Step 2 输入"序列"工作表内容

插入一个新工作表,重命名为"序列",在
A1:D6 单元格区域中输入相关数据并美化
工作表。

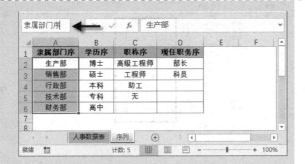

Step 3 利用名称框定义名称

① 选中 A2:A6 单元格区域,在名称框中输
入"隶属部门序",按<Enter>键确定。

② 用类似的操作方法,分别选中 B2:B6、
C2:C5 和 D2:D3 单元格区域,分别定义名
称为"学历序""职称序"和"现任职务序"。

Step 4 设置数据验证

① 切换到"人事数据表"工作表,选中
D3:D15 单元格区域,切换到"数据"选项
卡,然后单击"数据工具"命令组中的"数
据验证"按钮,弹出"数据验证"对话框。

② 单击"设置"选项卡,在"允许"下拉
列表中选择"序列",在"来源"文本框中
输入"=隶属部门序",单击"确定"按钮。

用类似的操作方法,设置 E3:E15、K3:K15
和 L3:L15 单元格区域的数据验证。

Step 5 利用数据验证输入信息

利用数据验证在"隶属部门""学历""职称"和"现任职务"项里输入员工具体信息，结果如图所示。

Step 6 输入身份证号码

在单元格中输入的数字若大于 11 位时，系统将以科学记数法来显示。为保证输入的身份证号码能完整显示，可以通过下面的操作来处理。

① 选中 F3:F15 单元格区域，单击"开始"选项卡，在"数字"命令组中单击"常规"右侧的下箭头按钮，在弹出的列表中拖动滚动条选择"文本"。

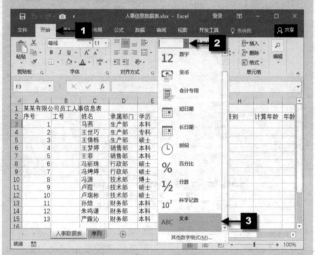

② 在 F3:F15 单元格区域输入员工的身份证号码。

③ 调整 F 列的列宽。

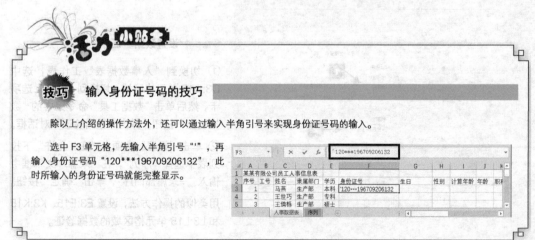

技巧 输入身份证号码的技巧

除以上介绍的操作方法外，还可以通过输入半角引号来实现身份证号码的输入。

选中 F3 单元格，先输入半角引号"'"，再输入身份证号码"120***196709206132"，此时所输入的身份证号码就能完整显示。

4.1.2 利用数据验证防止工号重复输入

在实际工作中，由于员工人数众多，在输入工号时很可能会重复输入同一员工的工号，这时可以利用数据验证来避免工号的重复输入。

Step 1 设置数据验证

① 选中 B3:B15 单元格区域，切换到"数据"选项卡，单击"数据工具"命令组中的"数据验证"按钮，弹出"数据验证"对话框。

② 单击"设置"选项卡，在"允许"下拉列表中选择"自定义"，然后在"公式"文本框中输入"=COUNTIF(B:B,B3)=1"。

③ 切换到"输入信息"选项卡，默认勾选"选定单元格时显示输入信息"复选框，然后在"输入信息"文本框中输入"每个员工请分配唯一工号！"。

④ 切换到"出错警告"选项卡，默认勾选"输入无效数据时显示出错警告"复选框，"样式"保留默认的"停止"。在"错误信息"文本框中输入"此列有重复数据，请核对！"。单击"确定"按钮。

Step 2 输入工号

在 B3:B15 单元格区域的各单元格中分别输入员工工号，用鼠标单击该区域任意单元格时，会出现屏幕提示信息。

若是工号输入重复，系统会自动弹出对话框，提示重新输入工号。

关键知识点讲解

函数应用：COUNTIF 函数

☑ **函数用途**

求满足给定条件的数据个数。

☑ **函数语法**

COUNTIF(range,criteria)

☑ **参数说明**

range　为需要计算其中满足条件的单元格数目的单元格区域，空值和文本值将被忽略。

criteria　为确定哪些单元格将被计算在内的条件，其形式可以是数值、文本或表达式。例如，条件可以表示为 32、">32"、B4、"apples"或"32"。

☑ **函数说明**

● 可以在条件中使用通配符，即问号（？）或星号（＊）。问号匹配任意单个字符，星号匹配任意一串字符。如果要查找实际的问号或星号，请在字符前键入波形符（～）。

● 条件不区分大小写。例如，字符串"apples"和字符串"APPLES"将匹配相同的单元格。

☑ **函数简单示例**

示例一：通用 COUNTIF 公式

	A	B
1	数据	数据
2	apples	38
3	oranges	54
4	peaches	75
5	apples	86

示例	公式	说明	结果
1	=COUNTIF(A2:A5,"apples")	计算 A2:A5 单元格区域中 apples 所在单元格的个数	2
2	=COUNTIF(A2:A5,A4)	计算 A2:A5 单元格区域中 peaches 所在单元格的个数	1
3	=COUNTIF(B2:B5,">56")	计算 B2:B5 单元格区域中值大于 56 的单元格个数	2
4	=COUNTIF(B2:B5,"<>"&B4)	计算 B2:B5 单元格区域中值不等于 75 的单元格个数	3

示例二：在 COUNTIF 公式中使用通配符和处理空值

	A	B
1	数据	数据
2	apples	Yes
3		no
4	oranges	NO
5	peaches	No
6		
7	apples	Yes

示例	公式	说明	结果
1	=COUNTIF(A2:A7,"*es")	计算 A2:A7 单元格区域中以字母 "es" 结尾的单元格个数	4
2	=COUNTIF(A2:A7,"?????es")	计算 A2:A7 单元格区域中以 "les" 结尾且恰好有 7 位字符的单元格个数	2
3	=COUNTIF(A2:A7,"*")	计算 A2:A7 单元格区域中包含文本的单元格个数	4
4	=COUNTIF(A2:A7,"<>*")	计算 A2:A7 单元格区域中不包含文本的单元格个数	2

4.1.3　在身份证号码中提取生日、性别等有效信息

在已输入员工身份证号码的 "人事数据表" 工作表中，利用相关函数可实现员工生日、性别等有效信息的提取。具体的操作步骤如下。

Step 1　设置自定义格式

① 选中 G3 单元格，按<Ctrl+1>组合键弹出 "设置单元格格式" 对话框，单击 "数字" 选项卡。

② 在 "分类" 列表框中选择 "自定义"，在 "类型" 文本框中输入 "yyyy/mm/dd"，单击 "确定" 按钮。

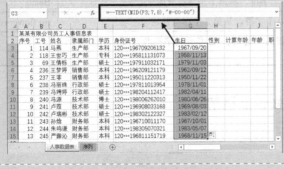

Step 2　编制提取员工生日公式

① 选中 G3 单元格，输入以下公式，然后按<Enter>键确认。

`=--TEXT(MID(F3,7,8),"#-00-00")`

② 将鼠标指针放在 G3 单元格的右下角，待鼠标指针变为 ┿ 形状后双击，将 G3 单元格公式快速复制填充到 G4:G15 单元格区域。

Step 3　编制提取员工性别公式

① 选中 H3 单元格，输入以下公式，然后按<Enter>键确认。

`=IF(MOD(MID(F3,15,3),2),"男","女")`

② 将鼠标指针放在 H3 单元格的右下角，待鼠标指针变为 ┿ 形状后双击，将 H3 单元格公式快速复制填充到 H4:H15 单元格区域。

关键知识点讲解

函数应用：MID 函数

■ 函数用途

从字符串中指定的位置起返回指定长度的字符。

■ 函数语法

MID(text,start_num,num_chars)

■ 参数说明

text　包含要提取字符的文本字符串。如果直接指定文本字符串，需用半角双引号引起来，否则返回错误值"#NAME?"。

start_num　文本中要提取的第一个字符的位置。1 表示从文本中的第一个字符的开始，以此类推。

num_chars　指定希望 MID 从文本中返回字符的个数。

■ 函数说明

● 如果 start_num 大于文本长度，则 MID 返回空文本("")。

● 如果 start_num 小于文本长度，但 start_num 加上 num_chars 超过了文本的长度，则 MID 只返回至多直到文本末尾的字符。

● 如果 start_num 和 num_chars 是负数，则 MID 返回错误值"#VALUE!"。

■ 函数简单示例

示例	公式	说明	结果
1	=MID(A2,1,5)	A2 单元格字符串中的 5 个字符，从第 1 个字符开始	Beaut
2	=MID(A2,7,20)	A2 单元格字符串中的 20 个字符，从第 7 个字符开始	ful flowers
3	=MID(A2,20,5)	因为要提取的第 1 个字符的位置大于 A2 单元格字符串的长度，所以返回空文本	

扩展知识点讲解

1. 函数应用：LEN 函数

■ 函数用途

返回文本字符串的字符数。

■ 函数语法

LEN(text)

text　必需。为要判断其长度的文本或文本所在的单元格。

■ 函数说明

LEN 将每个字符按 1 个字节计数。字符串中不分全角和半角，句号、逗号、空格作为一个字符进行计数。

函数简单示例

示例	公式	说明	结果
1	=LEN(A1)	第一个字符串的长度	11
2	=LEN(A2)	第二个字符串的长度	0
3	=LEN(A3)	第三个字符串的长度，其中包括 5 个空格	10

2. 函数应用：RIGHT 函数

函数用途

从字符串的最后一个字符开始返回指定字符数的字符。

函数语法

RIGHT(text,[num_chars])

参数说明

text   必需。是包含要提取字符的文本字符串。

num_chars   可选。指定希望 RIGHT 提取的字符数。

函数说明

- num_chars 必须大于或等于零。
- 如果 num_chars 大于文本长度，则 RIGHT 返回所有文本。
- 如果省略 num_chars，则假定其值为 1。

函数简单示例

示例	公式	说明	结果
1	=RIGHT(A2,4)	A2 单元格字符串的最后 4 个字符	Eggs
2	=RIGHT(A3)	A3 单元格字符串的最后 1 个字符	江

本例公式说明

以下为本例中 G3 中的公式。

```
=--TEXT(MID(F3,7,8),"#-00-00")
```

我国公民身份证编码规则如下。

身份证号码为 18 位的类型，由 6 位数字地址码、8 位数字出生日期码、3 位数字顺序码和 1 位数字校验码构成。其中顺序码的奇数分配给男性，偶数分配给女性。

从身份证号码的第 7 位开始记录公民的出生日期信息，内容为四位年份+两位月份+两位天数。

在 G3 单元格的公式中，首先利用 MID 函数，从身份证的第 7 位开始提取，提取 8 位出生日期代码，结果为"19670920"。

TEXT 函数使用格式代码"#-00-00"，将其转换为具有日期样式的文本字符串"1967-09-20"。再使用两个减号，相当于用 0 减去负数，结果仍然为正数。通过运算，将日期样式的文本字符串"1967-09-20"转换为 Excel 可识别的日期序列值 24735。由于 G3 单元格事先已经设置了自定义的日期格式，所以在单元格中的显示效果仍然为"1967-09-20"。两者的区别在于日期样式的文本字符串不能直接进行日期类的汇总计算，转换后变成真正的日期，能够方便后续的汇总计算。

■ 本例公式说明

以下为本例中 H3 中的公式。

```
=IF(MOD(MID(F3,15,3),2),"男","女")
```

前面已提到身份证号码的编码规则，其中顺序码的奇数分配给男性，偶数分配给女性。

从身份证的第 15 位开始，提取 3 个字符串，然后使用 MOD 函数判断与 2 相除的余数。余数等于 1 或是 0。

IF 函数的第一参数中，不等于 0 的数值相当于逻辑值 TRUE，数值 0 相当于逻辑值 FALSE。根据 MOD 函数的判断结果，最终返回男女性别。

本例中也可以使用以下公式：

```
=IF(MOD(MID(F3,17,1),2),"男","女")
```

公式计算过程与前一个公式的原理相同，但是前者可以同时兼容 15 位和 18 位的身份证号码。

4.1.4 应用 DATEDIF 函数计算员工年龄

借助 DATEIF 函数可以实现由员工身份证号码来计算员工的年龄或是员工工龄。实际工作中，员工年龄的表示方式可以有多种，比如格式为"×年"，或者为"×年×个月×天"。下面针对这两种表示方式进行介绍。

Step 1 编制提取员工年龄公式（格式为"×年×个月×天"）

① 选中 I3 单元格，输入以下公式，按 <Enter> 键确认。

```
=DATEDIF(G3,TODAY(),"y")&"年"&DATEDIF(G3,
TODAY(),"ym")&"个月"&DATEDIF(G3,
TODAY(),"md")&"天"
```

② 将鼠标指针放在 I3 单元格的右下角，待鼠标指针变为 ✚ 形状后双击，将 I3 单元格公式快速复制填充到 I4:I15 单元格区域。

③ 调整 J 列的列宽。

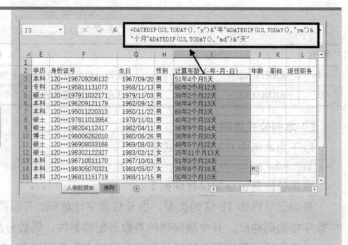

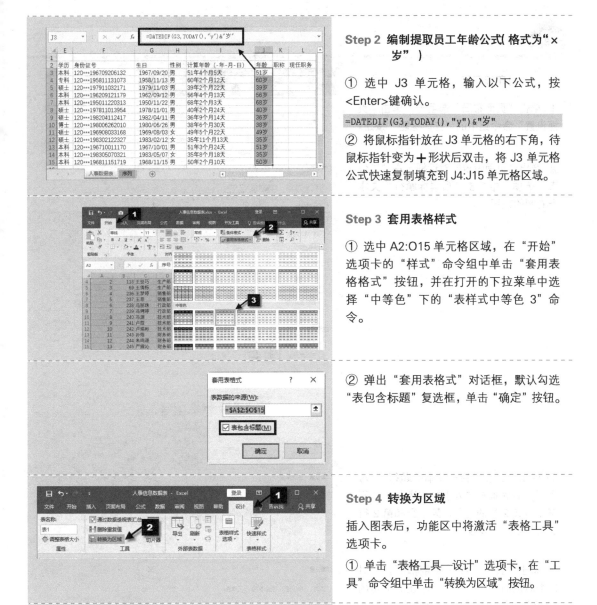

Step 2 编制提取员工年龄公式（格式为"×岁"）

① 选中 J3 单元格，输入以下公式，按 <Enter> 键确认。

`=DATEDIF(G3,TODAY(),"y")&"岁"`

② 将鼠标指针放在 J3 单元格的右下角，待鼠标指针变为 ✚ 形状后双击，将 J3 单元格公式快速复制填充到 J4:J15 单元格区域。

Step 3 套用表格样式

① 选中 A2:O15 单元格区域，在"开始"选项卡的"样式"命令组中单击"套用表格格式"按钮，并在打开的下拉菜单中选择"中等色"下的"表样式中等色 3"命令。

② 弹出"套用表格式"对话框，默认勾选"表包含标题"复选框，单击"确定"按钮。

Step 4 转换为区域

插入图表后，功能区中将激活"表格工具"选项卡。

① 单击"表格工具—设计"选项卡，在"工具"命令组中单击"转换为区域"按钮。

② 弹出"Microsoft Excel"对话框，单击"是"按钮。

至此，人事信息数据表制作完成。

4.1.5 设置每页顶端标题行和底端标题行

由于员工数量多，表格中常出现多页的员工信息，在打印时为确保每一页都能打印出标题行，可以进行如下设置。

视频：设置顶端标题
行和底端标题行

Step

Step 1 打印标题行

① 单击"页面布局"选项卡，单击"页面设置"命令组中的"打印标题"按钮。

② 弹出"页面设置"对话框，在"工作表"选项卡中单击"顶端标题行"文本框右侧的按钮。

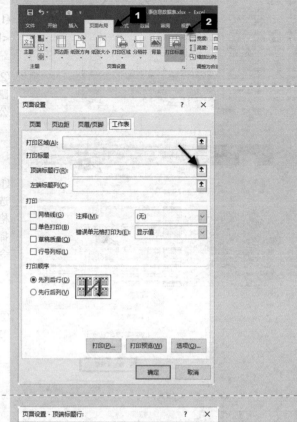

③ 弹出"页面设置—顶端标题行："对话框，然后单击"人事数据表"工作表第 1 行和 2 行的行号，第 1 行和第 2 行的四周会出现虚线框。

④ 单击"页面设置—顶端标题行："对话框右侧的按钮，或者单击右上角的"关闭"按钮，返回"页面设置"对话框。

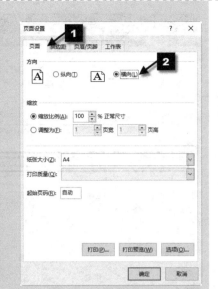

Step 2　设置页面方向

在"页面设置"对话框中切换到"页面"
选项卡，在"方向"下方单击"横向"
单选钮。单击"确定"按钮。

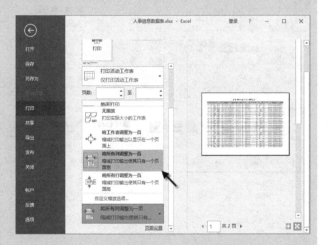

Step 3　查看打印预览

① 依次单击"文件"选项卡→"打印"，
即会显示打印预览效果。

② 单击"缩放选项"右侧的下箭头按
钮，在弹出的菜单中选择"将所有列调
整为一页"。

或者按<Ctrl+F2>快捷键，此时打印
预览的视图中呈现了该工作表的打
印效果。

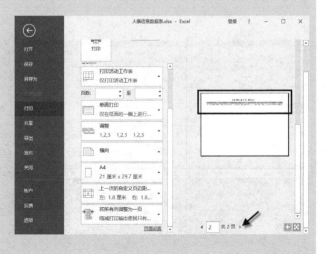

③ 单击最下方的"下一页"按钮▶，
或向下滚动鼠标滚轮，或向下拖动右侧
的滚动条，会显示第 2 页的"打印预
览"效果，此时表格顶端的标题行仍
然显示。

单击"返回"按钮，即可返回普通视图
状态。

Step 4 利用"照相机"复制图片

有关底端标题行的设置，可借助 Excel 自带的照相功能来实现。

"照相机"按钮的添加可参阅 1.5.3 小节。

① 选中某一单元格，如 A31，输入"制作人："；选中 G31:H31 单元格区域，设置"合并后居中"，输入"2017 年 月 日"。

② 选中 A31:H31 单元格区域，单击"快速访问工具栏"中的"照相机"按钮，此时鼠标指针变成十形状，选中区域的边框变成虚边框。

③ 在工作表的任意位置单击鼠标，将刚刚选择的区域拍照到工作表中。

④ 按<Ctrl+C>组合键，复制该图片。

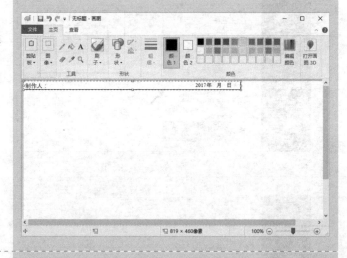

⑤ 依次单击"开始"→"所有应用"→"Windows 附件"→"画图"，系统会启动一个新的"无标题"画图。

⑥ 按<Ctrl+V>组合键，粘贴该图片到该画图中。

⑦ 在"主页"选项卡的"图像"命令组中单击"选择"按钮，再移动鼠标指针到画图中的白色底版的右下角，当鼠标指针变成斜箭头形状时按住鼠标左键不放向左上角拖动，使其缩小至粘贴的图片大小时，松开左键。

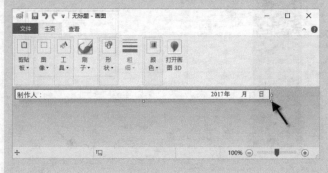

⑧ 单击"快捷访问工具栏"中的"保存"按钮，弹出"保存为"对话框，单击"保存类型"右侧的下箭头按钮，在弹出的列表中选择"JPEG"，选择适当的保存路径，在"文件名"右侧的文本框中输入"1"，单击"保存"按钮。关闭"画图"。

Step 5 设置打印每页底端标题行

① 返回"人事数据表"工作表。依次删除应用 Excel 照相机功能所生成的图片和 A31:G31 单元格区域的内容。

② 单击"页面布局"选项卡，单击"页面设置"命令组右下角的"对话框启动器"按钮，弹出"页面设置"对话框，切换到"页眉/页脚"选项卡，然后单击"自定义页脚"按钮。

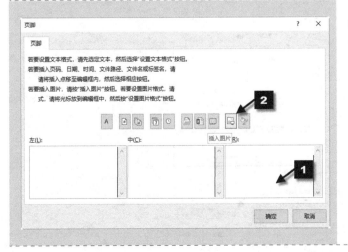

③ 弹出"页脚"对话框，接着单击对话框里的"右"文本框空白处，然后单击"插入图片"按钮。

④ 弹出"插入图片"对话框，在"来自文件"右侧单击"浏览"按钮。

⑤ 双击前面保存的"1.jpg"图片。

⑥ 返回"页脚"对话框，单击"确定"按钮，返回"页面设置"对话框。

⑦ 单击"页面设置"对话框的"打印预览"按钮。

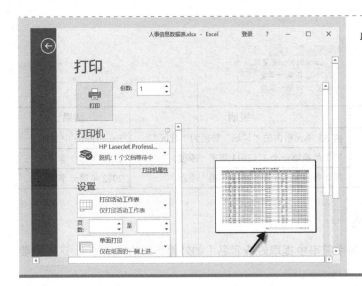

此时输出的效果如图所示。

扩展知识点讲解

1. 替换字符

在 A1 单元格里输入"ExcelHome 中文论坛",现需要将"论坛"替换为"社区",可借助 SUBSTITUTE 函数来实现。

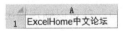

示例	公式	说明	结果
1	=SUBSTITUTE(A1,"论坛","社区")	将 A1 单元格内的"论坛"替换为"社区"	ExcelHome 中文社区

2. 函数应用：SUBSTITUTE 函数

□ 函数用途

用新字符串替换字符串中的部分字符串。

□ 函数语法

SUBSTITUTE(text,old_text,new_text,[instance_num])

□ 参数说明

text　必需。为需要替换其中字符的文本,或对含有文本(需要替换其中字符)的单元格的引用。

old_text　必需。为需要替换的旧文本或文本所在的单元格。

new_text　必需。用于替换 old_text 的文本或文本所在的单元格。

Instance_num　可选。用数值或数值所在的单元格指定以 new_text 替换第一次出现的 old_text。如果省略,则 new_text 替换 text 中出现的所有 old_text。

■ 函数简单示例

	A
1	ExcelHome中文论坛
2	2008 年第一季度
3	2011 年第一季度

示例	公式	说明	结果
1	=SUBSTITUTE(A1,"论坛","社区")	将 A1 单元格内的"论坛"替换为"社区"	ExcelHome 中文社区
2	=SUBSTITUTE(A3,"1","2",1)	用 2 替换第一个 1（2011 年第一季度）	2021 年第一季度
3	=SUBSTITUTE(A3,"1","2",2)	用 2 替换第二个 1（2011 年第一季度）	2012 年第一季度

3. Excel 的字符查找和替换技术

实际工作中，有时可能需要从姓名字符串中提取姓或者名（如外籍员工的姓名等），这时需要用到 Excel 的字符查找和替换技术。

● 姓名拆分

在 A2 单元格里输入"Michael Jordan"（Michael 和 Jordan 之间有一个空格），需要将"姓"与"名"拆分。

单击 B4 单元格，然后输入如下公式，观察出现的结果。

公式	说明（结果）
=LEFT(A2,FIND(" ",A2)-1)	Michael

说明：利用姓和名之间的空格为线索，首先由 FIND 函数查找空格在 A2 单元格中首次出现的位置，在查找的结果的基础上再减去"1"就可以确定输出"名"的字符数，然后借助 LEFT 函数输出"名"。

4.2 劳动合同到期前提醒

案例背景

《劳动合同法》于 2008 年 1 月 1 日开始施行，并于 2013 年 7 月 1 日起修正施行。作为《劳动法》的下位法，《劳动合同法》对合同签订的时间有了更具体详细的规定。《劳动合同法》第十条规定，单位与劳动者应在发生劳动关系之日起一个月内订立书面劳动合同。另外，在实际操作中，社会保险经办机构对单位用工也有登记制度。

我国法律法规对单位没有签订合同而用工的行为有比较严格的责任规定。所以，用工单位应按照《劳动合同法》的规定及时与职工签订或续签劳动合同。下面我们就以劳动合同的到期前提醒这个示例讲解实现过程。

最终效果展示

序号	工号	姓名	隶属部门	学历	身份证号	生日	性别	计算年龄（-年-月-日）	年龄	职称	现任职务	合同到期时间	到期前提醒	联系电话	居住地址
						某某有限公司员工人事信息表									
1	114	马燕	生产部	本科	120***196709206132	1967-09-20	男	51年3个月10天	51岁	工程师	部长	2017/12/31	警告！劳动合同已过期未续签！	12345678	杭州市某区某路1号
2	118	王世巧	生产部	专科	120***195811131073	1958-11-13	男	60年1个月17天	60岁	助工	科员	2016/12/31	警告！劳动合同已过期未续签！	12345679	杭州市某区某路2号
3	69	王倩栋	生产部	硕士	120***197911032171	1979-11-03	男	39年1个月7天	39岁	无		2015/10/31	警告！劳动合同已过期未续签！	12345680	杭州市某区某路3号
4	236	王梦婷	销售部	本科	120***196209121179	1962-09-12	男	56年3个月18天	56岁	工程师	科员	2017/3/31	警告！劳动合同已过期未续签！	12345681	杭州市某区某路4号
5	237	王菲	销售部	本科	120***195011220313	1950-11-22	男	68年1个月8天	68岁	工程师	部长	2018/9/30	警告！劳动合同已过期未续签！	12345682	杭州市某区某路5号
6	238	冯丽珠	行政部	硕士	120***197811013954	1978-11-01	男	40年1个月29天	40岁	助工	科员	2017/6/30	警告！劳动合同已过期未续签！	12345683	杭州市某区某路6号
7	239	冯婷婷	行政部	硕士	120***198204112417	1982-04-11	男	36年8个月19天	36岁	助工	科员	2016/9/30	警告！劳动合同已过期未续签！	12345684	杭州市某区某路7号
8	240	冯勇	博士		120***198006262010	1980-06-26	男	38年6个月4天	38岁	无		2019/8/31		12345685	杭州市某区某路8号
9	241	卢葭	技术部	硕士	120***196908033168	1969-08-03	女	49年4个月27天	49岁	工程师	部长	2015/12/31	警告！劳动合同已过期未续签！	12345686	杭州市某区某路9号
10	242	卢瑞彬	技术部	硕士	120***198302122327	1983-02-12	女	35年10个月18天	35岁	工程师	科员	2018/9/30	警告！劳动合同已过期未续签！	12345687	杭州市某区某路10号
11	243	孙烩	财务部	本科	120***196710011170	1967-10-01	男	51年2个月29天	51岁	工程师	科员	2017/8/31	警告！劳动合同已过期未续签！	12345688	杭州市某区某路11号
12	244	朱鸣谦	财务部	本科	120***198305070321	1983-05-07	女	35年7个月23天	35岁	工程师	科员	2019/1/1	提醒！劳动合同即将到期	12345689	杭州市某区某路12号
13	245	严露沁	财务部	本科	120***196811151719	1968-11-15	男	50年1个月15天	50岁	助工	科员	2020/2/1		12345690	杭州市某区某路13号

劳动合同到期前提醒

示例文件

\第 4 章\劳动合同到期前提醒.xlsx

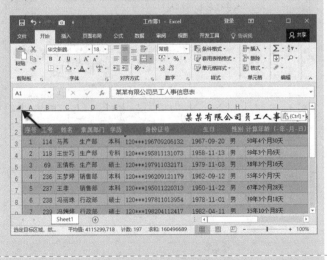

Step 1 复制工作表内容并保存

① 打开 4.1 节制作好的"人事信息数据表"，在第 1 行和 A 列的行列交叉处单击选中整个工作表，按<Ctrl+C>组合键复制，然后按<Ctrl+N>组合键新建一个空白工作簿，在新的空白工作表中按<Ctrl+V>组合键粘贴。

② 按<Ctrl+S>组合键保存工作簿并将其命名为"劳动合同到期前提醒"，将"Sheet1"工作表重命名为"合同期限"。

Step 2 插入列

① 选中 M 和 N 列，在"开始"选项卡的"单元格"命令组中单击"插入"按钮。

② 选中 D3 单元格，在"视图"选项卡的"窗口"命令组中依次单击"冻结窗格"→"冻结拆分窗格"命令。

Step 3 输入合同到期时间

① 在 M2 单元格内输入"合同到期时间"。

② 在 M3:M15 单元格区域内输入合同到期的具体时间。

Step 4 输入到期前提醒

① 在 N2 单元格内输入"到期前提醒"。

② 选中 N3 单元格，输入以下公式，按 <Enter> 键确定。

```
=IF(M3-TODAY()>65,"",IF(M3-TODAY()>0,"
提醒！劳动合同即将到期","警告！劳动合同已过期
未续签！"))
```

③ 将鼠标指针放在 N3 单元格的右下角，待鼠标指针变为 ＋ 形状后双击，将 N3 单元格公式快速复制填充到 N4:N15 单元格区域。

④ 单击 N15 单元格右下角"自动填充选项"按钮右侧的下箭头，在弹出的选项框中单击"不带格式填充"单选钮。

⑤ 调整 N 列的列宽。

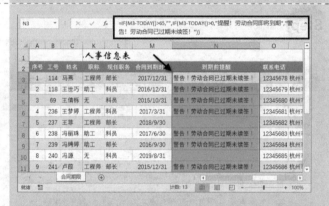

Step 5 美化工作表

取消编辑栏和网格线显示。

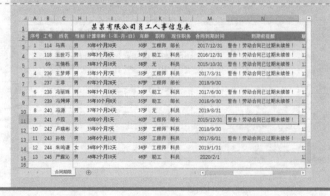

本例公式说明

以下为本例中 N3 单元格的公式。

`IF(M3-TODAY()>65,"",IF(M3-TODAY()>0,"提醒！劳动合同即将到期","警告！劳动合同已过期未续签！"))`

公式先使用 TODAY 函数返回系统当前日期，然后使用 IF 函数判断 M3 单元格中的日期是否大于系统当前日期 65 天，如果条件成立，返回空文本。

如果 M3 单元格中的日期与系统当前日期相差在 65 天以内，则用 M3-TODAY()>0 判断 M3 是否大于系统当前日期。如果大于当前系统日期，返回指定的文字消息"提醒！劳动合同即将到期"，否则返回"警告！劳动合同已过期未续签！"。

4.3　人事数据的条件求和计数

案例背景

Excel 的条件求和计数在实际工作中的应用很广泛。人力资源管理者需要经常对员工信息进行统计分析，比如需要获知人事数据表中学历为本科的员工人数有多少，又比如查询某年龄段的员工人数等，这些都可以通过活用函数条件求和计数来加以解决，进而提高工作效率。

最终效果展示

序号	姓名	隶属部门	学历	性别	年龄	奖金
1	胡	生产部	本科	男	30	400
2	徐	生产部	专科	女	37	200
3	杨	生产部	硕士	男	59	200
4	刘	生产部	专科	女	48	200
5	李	销售部	本科	男	38	200
6	林	销售部	本科	女	25	200
7	童	行政部	专科	女	32	200
8	王	行政部	本科	男	24	400
9	李	生产部	本科	男	24	400
10	赵	生产部	专科	女	44	400
11	刘	生产部	博士	男	30	400
12	马	生产部	博士	女	33	400
13	胡	生产部	本科	女	29	400
14	林	生产部	本科	男	35	300
15	童	生产部	硕士	女	48	300
16	张	生产部	本科	女	44	300
17	王	生产部	本科	女	44	300

所有本科学历人数
年龄大于等于40岁人数

查询某年龄段（如30岁～40岁）人数

性别为男性且30岁以上人数
男
30

多字段多条件：DSUM数据库函数
隶属部门		学历	奖金
生产部		本科	

人事数据的条件求和计数表

关键技术点

要实现本例中的功能，读者应掌握以下 Excel 技术点。

● COUNTIF 函数
● SUMPRODUCT 函数
● DSUM 函数

示例文件

\第 4 章\人事数据的条件求和计数表.xlsx

4.3.1 人事数据的单字段单条件求和计数

本案例涉及对人事数据信息的分析提取，主要实现 3 种不同功能：单字段单条件求和计数、单字段多条件求和计数以及多字段多条件求和计数。

对于需要获知人事数据表中学历为本科的员工人数，或者是想知道所有年龄大于等于 40 岁的人数，可以借助单字段单条件求和来解决。下面首先介绍如何实现单字段单条件的求和计数。

Step 1 编制求和本科学历人数公式

① 打开工作簿"人事数据的条件求和计数表"，选中 I2 单元格，输入"所有本科学历人数"，调整 H:I 列的列宽。

② 选中 J2 单元格，输入以下公式，按 <Enter>键确认。

```
=COUNTIF(D2:D18,"本科")
```

Step 2 编制求和年龄大于等于 40 岁人数公式

① 选中 I3 单元格，输入"年龄大于等于 40 岁人数"。

② 选中 J3 单元格，输入以下公式，按 <Enter>键确认。

```
=COUNTIF(F2:F18,">=40")
```

■ 本例公式说明

以下为本例中 J2 单元格的公式。

```
=COUNTIF(D2:D18,"本科")
```

其是指在 D2:D18 单元格区域中查找值为"本科"的单元格的个数。

以下为本例中 J3 单元格的公式。

```
=COUNTIF(F2:F18,">=40")
```

其是指在 F2:F18 单元格区域中大于等于 40 的单元格的个数。

4.3.2 人事数据的单字段多条件求和计数

现要统计 30~40 岁年龄段的员工人数，可借助 3 种不同的函数来实现：SUM 函数结合数组公式，COUNTIF 函数，SUMPRODUCT 函数。下面逐一介绍这 3 种方法。

Step 1 编制 SUM 函数公式

① 选中 I5 单元格，然后输入"查询某年龄段（如 30 岁~40 岁）人数"。

② 选中 J5 单元格，输入以下公式，按 <Ctrl+Shift+Enter>组合键确认。

`=SUM((F2:F18>=30)*(F2:F18<=40))`

Step 2 编制 COUNTIF 函数公式

选中 J6 单元格，输入以下公式，然后按 <Enter>键确认。

`=COUNTIF(F2:F18,">=30")-COUNTIF(F2:F18,">40")`

也可以使用 COUNTIFS 函数。

`=COUNTIFS(F2:F18,">=30",F2:F18,"<=40")`

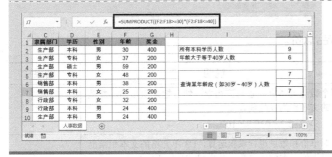

Step 3 编制 SUMPRODUCT 函数公式

选中 J7 单元格，输入以下公式，然后按 <Enter>键确认。

`=SUMPRODUCT((F2:F18>=30)*(F2:F18<=40))`

关键知识点讲解

1. 基础知识：函数公式里"*"的意义

请参阅 3.3.2 小节中有关公式里"*"的意义的知识点。

本例公式说明

以下为本例中 J5 单元格的公式。

`=SUM((F2:F18>=30)*(F2:F18<=40))`

"F2:F18>=30"用来判断员工年龄是否大于或等于 30 岁。"F2:F18>=30"，用 F2:F18 单元格分别与>=30 进行对比，得到一个内存数组结果。

`{TRUE;TRUE;TRUE;TRUE;TRUE;FALSE;…;TRUE}`

同样，"F2:F18<=40"也会得到一个内存数组结果。

`{TRUE;TRUE;FALSE;FALSE;TRUE;TRUE;…;FALSE}`

接着这两个数组里的对应元素相乘得到一个新数组。

`{1;1;0;0;1;0;1;0;0;1;1;0;1;0;0;0}`

然后 SUM 函数对该数组里的元素进行求和，进而得到处于 30~40 岁年龄段的员工数。

2. 函数应用：SUMPRODUCT 函数

▣ 函数用途

将数组间对应的元素相乘，并返回乘积之和。

▣ 函数语法

SUMPRODUCT(array1,[array2],[array3],…)

▣ 参数说明

array1　必需。其相应元素需要进行相乘并求和的第一个数组参数。

array2,array3,…　可选。2～255 个数组参数，其相应元素需要进行相乘并求和。

▣ 函数说明

● 数组参数必须具有相同的维数，否则 SUMPRODUCT 函数将返回错误值#VALUE!。

● SUMPRODUCT 函数将非数值型的数组元素作为 0 处理。

▣ 函数简单示例

示例数据如下。

	A	B	C
1	商品	单价	数量
2	土豆	1.5	2
3	地瓜	2.2	未购买
4	白菜	0.8	10

使用 SUMPRODUCT 函数计算各商品总价。

示例	公式	说明	结果
1	=SUMPRODUCT(B2:B4,C2:C4)	两个数组的所有元素对应相乘，然后把乘积相加，参数中的文本作为 0 处理。 即 1.5×2+2.2×0+0.8×10	11
2	=SUMPRODUCT(B2:B4*C2:C4)	先对单价和数量进行乘积运算，C3 单元格的文本相乘出现错误值，得到内存数组结果{3;#VALUE!;8}。 然后求和计算，由于内存数组中有错误值，所以公式最终返回错误值	#VALUE!

说明：上例第一个公式所返回的乘积之和，与以数组形式输入的公式=SUM(B2:B4*C2:C4)的计算结果相同。使用数组公式可以为类似 SUMPRODUCT 函数的计算提供更通用的解法。

▣ 本例公式说明

以下为本例中 J7 单元格的公式。

```
=SUMPRODUCT((F2:F18>=30)*(F2:F18<=40))
```

"F2:F18>=30"和"F2:F18<=40"分别用来判断员工年龄，得到两个由逻辑值构成的内存数组结果。两个数组里的对应元素相乘，然后利用函数 SUMPRODUCT 进行求和，进而得到处于 30~40 岁年龄段的员工数。

4.3.3 人事数据的多字段多条件求和计数

现需要对员工中符合"性别为男性且年龄在 30 岁以上"条件的人数进行统计，可以借助 SUMPRODUCT 函数来实现。

Step 2 编制 SUMPRODUCT 函数公式

选中 J9 单元格，输入以下公式，然后按 <Enter> 键确认。

=SUMPRODUCT(($E$2:$E$18=I10)*($F$2:$F$18>I11))

■ 本例公式说明

以下为本例中的公式。

=SUMPRODUCT(($E$2:$E$18=I10)*($F$2:$F$18>I11))

"$E$2:$E$18=I10"用来判断员工性别是否为男性。"$F$2:$F$18>I11"用来判断员工年龄是否大于 30 岁。得到两个由逻辑值构成的内存数组结果。两个数组里的对应元素相乘，然后利用函数 SUMPRODUCT 进行求和，得到性别为男性且年龄在 30 岁以上的员工数。

4.3.4 DSUM 数据库函数的应用

在 Excel 中有一个 DSUM 函数，由该函数可以构成一个列表或数据库，然后以此为基础进行所需信息的查找。比如要对生产部学历为本科的员工的奖金进行统计，就可以借助 DSUM 函数。

Step 1 输入表格标题

① 选中 I13 单元格，输入"多字段多条件：DSUM 数据库函数"。

② 选中 I14 和 I15 单元格，分别输入"隶属部门"和"生产部"。

③ 选中 J14 和 J15 单元格，分别输入"学历"和"本科"。

④ 选中 K14 单元格，输入"奖金"。

Step 2 编制 DSUM 函数公式

选中 K15 单元格，输入以下公式，按<Enter>键确认。

=DSUM(A1:G18,K14,I14:J15)

Step 3 美化工作表

① 设置居中、文本左对齐、合并单元格。

② 设置框线。

③ 取消编辑栏和网格线显示。

关键知识点讲解

函数应用：DSUM 函数

函数用途

返回数据库的列中满足指定条件的数字之和。

函数语法

DSUM(database,field,criteria)

参数说明

database　构成列表或数据库的单元格区域，列表的第一行包含着每一列的标志。

field　指定函数所使用的列。输入两端带双引号的列标签，如"使用年数"或"产量"；或是代表列表中列位置的数字（没有引号）：1 表示第一列，2 表示第二列，依此类推。

criteria　包含所指定条件的单元格区域。可以对参数 criteria 使用任何区域，只要此区域包含至少一个列标签，并且列标签下包含至少一个在其中为列指定条件的单元格。

函数说明

● 可以为参数 criteria 指定任意区域，只要它至少包含一个列标志和列标志下方用于设定条件的单元格。

● 虽然条件区域可以位于工作表的任意位置，但不要将条件区域置于列表的下方，以方便在列表中添加新数据。

● 确定条件区域没有与列表相重叠。

函数简单示例

现假设在空白的工作表中输入如下图所示的标题和数据，然后在 B10 单元格中输入 D SUM 函数公式，观察出现的结果。

示例	公式	说明	结果
1	=DSUM(A2:E7,B9,A9:A10)	计算快速消费品 A 的利润	400
2	=DSUM(A2:E7,"利润",G2:I3)	计算快速消费品 A 的折扣数大于 8 小于 9.5 的利润，即计算折扣数为 "8.5" 的利润	300

📖 本例公式说明

以下为本例中的公式。

```
=DSUM(A1:G18,K14,I14:J15)
```

在 A1:G18 单元格区域里，查找符合生产部和本科学历员工的所在行，然后对这些行与奖金列的交叉单元格里的奖金金额求和。

4.4 用数据透视表和数据透视图分析员工学历水平

案例背景

学历分析是人事信息统计分析的一项重要任务。利用图表对数据进行分析，效果直观明了。

Excel 的图表分析功能十分强大，其中的数据透视图更是数据分析汇总的常用功能。本案例以人事基础数据图为例，介绍如何在纷杂的数据中提取所需数据，以及制作合乎需求的数据透视表及数据透视图。

最终效果展示

员工学历数据透视表

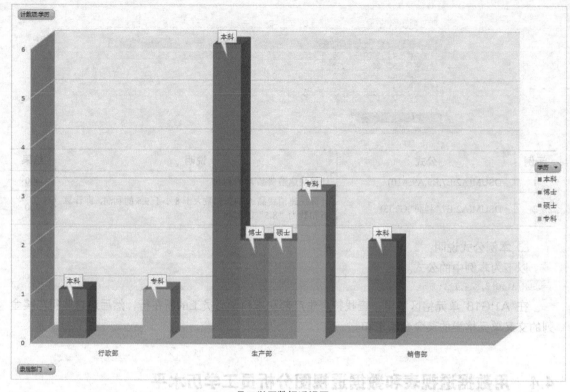

员工学历数据透视图

关键技术点

要实现本例中的功能，读者应掌握以下 Excel 技术点。

- 数据透视表的应用
- 数据透视图的应用

示例文件

\第 4 章\数据透视表与数据透视图.xlsx

4.4.1 编制员工学历透视表

本案例在 4.2 节的基础上，利用工作簿 "人事数据的条件求和计数表" 中的相关数据来制作员工学历透视表和员工学历透视图。

下面先介绍员工学历透视表的编制。

视频：使用数据透视
表统计学力

Step 1 另存工作簿

打开 4.2 节制作的"人事数据的条件求和计数表",按<F12>键弹出"另存为"对话框,选中需要保存的路径,在"文件名"文本框中输入"数据透视表与数据透视图",单击"保存"按钮。

Step 2 创建数据透视表

① 在 A1:G18 单元格区域中单击任意单元格,如 C8 单元格,切换到"插入"选项卡,单击"表格"命令组中的"数据透视表"按钮。

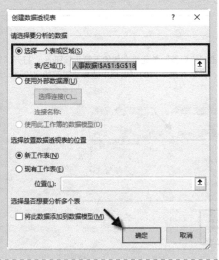

② 打开"创建数据透视表"对话框后,保留默认的选项,单击"确定"按钮。

③ Excel 将自动创建一个空白的透视
表，并自动打开"数据透视表字段"窗
格。将"选择要添加到报表的字段"列
表中的"学历"字段拖至"列"字段中。

④ 将"选择要添加到报表的字段"列表
中的"学历"字段拖至"Σ值"字段中。

⑤ 将"选择要添加到报表的字段"列表
中的"隶属部门"字段拖至"行"字段中。

⑥ 关闭"数据透视表字段"窗格。

Step 3 修改报表布局

插入数据透视表后，单击数据透视表，
将自动激活"数据透视表工具"选项卡。

单击"数据透视表工具—设计"选项卡，
在"布局"命令组中单击"报表布局"
按钮，在打开的下拉菜单中选择"以大
纲形式显示"命令。

修改完报表布局的效果如图所示。

数据透视表具有快速筛选数据的功能。单击"行标签"单元格右侧的下箭头按钮 ▼，打开"选中字段"下拉菜单
后，在顶部的下拉列表框中选中要筛选的字段，然后在最下方的列表框中选择要过滤的字段值，最后单击"确定"按
钮即可，如下图所示。

Step 4 镶边行

单击"数据透视表工具—设计"选项卡，在"数据透视表样式选项"命令组中勾选"镶边行"复选框。

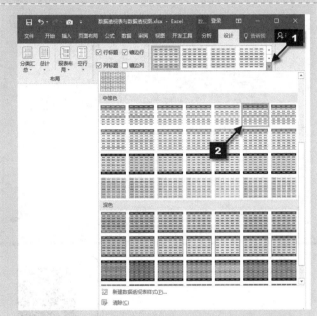

Step 5 设置数据透视表样式

单击"数据透视表样式"命令组中右下角的"其他"按钮，在弹出的样式列表中选择"中等色"下第 1 行第 6 列的"数据透视表样式中等色 6"。

技巧 隐藏数据透视表中的元素

　　数据透视表中包含多个元素，为了数据的简洁，用户可以将某些元素隐藏。方法如下：切换到"数据透视表工具—分析"选项卡，默认情况下，"显示"命令组中的 3 个按钮都处于按下状态，单击"字段列表"按钮，可以隐藏"字段列表"任务窗格；单击"+/-按钮"按钮，可以隐藏行标签字段左侧的按钮；单击"字段标题"按钮，可以隐藏"行标签"和"值"单元格中的字段标题。

Step 6 设置边框

① 在工作表区域中单击任何非空单元格，再按<Ctrl+A>组合键选中 A3:F8 单元格区域，按<Ctrl+1>组合键，弹出"设置单元格格式"对话框，单击"边框"选项卡，在"颜色"下拉列表框中选择"蓝色,着色1"，单击"预置"命令组中的"内部"按钮。

② 在样式列表中选中第 10 种样式，单击"预置"命令组中的"外边框"按钮。单击"确定"按钮。

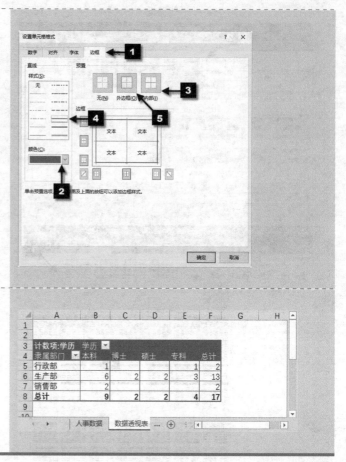

Step 7 重命名工作表，移动工作表

① 将"Sheet1"工作表重命名为"数据透视表"。移动"数据透视表"工作表至"人事数据"工作表的右侧。

② 美化工作表。

至此数据透视表制作完成。

4.4.2 制作数据透视图

前面编制完成了员工学历数据透视表，下面在此基础上介绍如何生成员工学历数据透视图。

视频：制作数据透视图

Step 1 启动数据透视图

① 切换到"数据透视表工具—分析"选项卡，在"工具"命令组中单击"数据透视图"按钮。

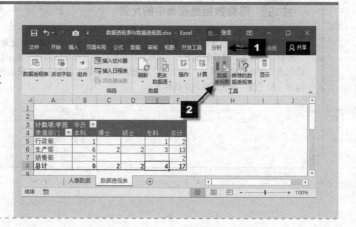

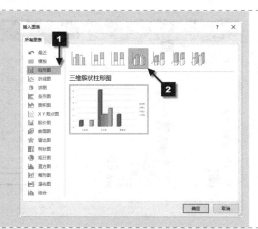

② 弹出"插入图表"对话框,在左侧图表类型中选择"柱形图",在右侧选中"三维簇状柱形图",单击"确定"按钮。

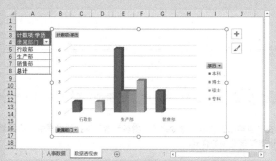

新插入的数据透视图效果如图所示。

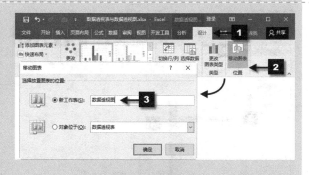

Step 2 移动图表

插入数据透视图后,将自动激活"数据透视图工具"功能区。

① 切换到"数据透视图工具—设计"选项卡中,在"位置"命令组中单击"移动图表"按钮。

② 弹出"移动图表"对话框,在"新工作表"右侧的文本框中输入"数据透视图"。单击"确定"按钮。

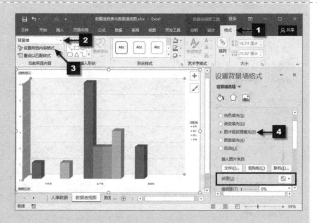

Step 3 设置背景墙格式

① 切换到"数据透视图工具—格式"选项卡,在"当前所选内容"命令组的"图表元素"下拉列表框中选择"背景墙"选项,再单击"设置所选内容格式"按钮,打开"设置背景墙格式"窗格。

② 依次单击"背景墙选项"选项→"填充线条"按钮→"填充"选项卡→"图片或纹理填充"单选钮,单击"纹理"右侧的下箭头按钮,在弹出的样式列表中选择"羊皮纸"。

Step 4 设置基底格式

① 在"当前所选内容"命令组的"图表元素"下拉列表框中选择"基底"选项,此时刚刚的"设置背景墙格式"窗格变成"设置基底格式"窗格。

② 依次单击"基底选项"选项→"填充线条"按钮→"填充"选项卡→"图片或纹理填充"单选钮,此时基底也设置了与背景墙相同的纹理。

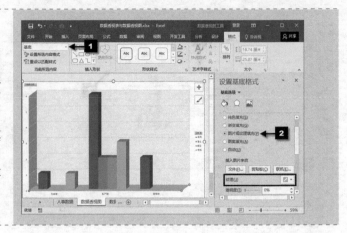

技巧 重设以匹配样式

单击"数据透视图工具—格式"选项卡,在"当前所选内容"命令组的"图表元素"下拉列表框中,选择需要的选项,然后单击"重设以匹配样式"按钮,可以重设该选项的样式。

Step 5 设置数据标签格式

① 单击"数据透视图工具—设计"选项卡,在"图表布局"命令组中单击"添加图表元素"命令,在弹出的下拉列表中选择"数据标签"→"其他数据标签选项"命令,打开"设置数据标签格式"窗格。

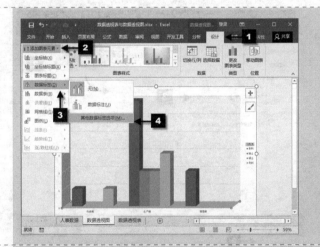

② 依次单击"标签选项"选项→"标签选项"按钮→"标签选项"选项卡,在"标签包括"区域中,勾选"系列名称"复选框,取消勾选"类别名称""值"和"显示引导线"复选框。

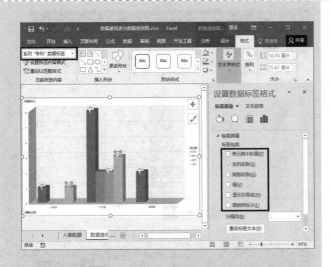

③ 切换到"数据透视图工具—格式"选项卡，在"当前所选内容"命令组中单击"图表元素"右侧的下箭头按钮，在弹出的列表中选择"系列'专科'数据标签"选项。

④ 同样的，在"标签包括"区域中勾选"系列名称"复选框，取消勾选"类别名称""值"和"显示引导线"等复选框。

⑤ 用类似的操作方法，设置"系列'硕士'"和"系列'博士'"的数据标签格式。

设置完毕后，单击"设置数据标签格式"对话框右上角的"关闭"按钮。

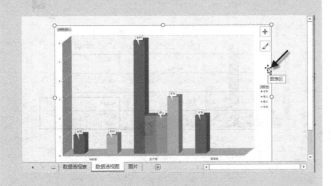

Step 6　复制数据透视图

实际工作中，可能需要将数据透视图复制到某工作表里，可按如下步骤操作。

① 移动"数据透视图"工作表至"数据透视表"工作表的右侧。

② 在标签列的最后插入一个新的工作表，重命名为"图片"。

③ 切换到"数据透视图"工作表，在图表区单击选中整个图表。

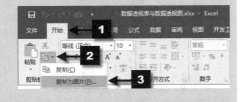

④ 切换到"开始"选项卡，在"剪贴板"命令组中单击"复制"右侧的下箭头按钮，在弹出的下拉菜单中选择"复制为图片"命令。

⑤ 在弹出的"复制图片"对话框中，保留默认的选项，即选中"如屏幕所示"和"图片"单选钮，单击"确定"按钮。

⑥ 切换到"图片"工作表，在"开始"选项卡的"剪贴板"命令组中单击"粘贴"按钮。

效果如图所示。

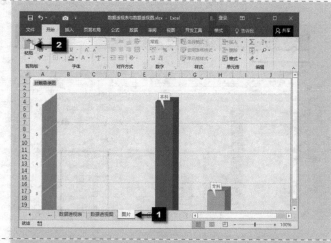

Step 7　调整图片大小

插入图片后，自动激活"图片工具"功能区。

① 在"图片工具—格式"选项卡的"大小"命令组中，单击右下角的对话框启动器按钮，打开"设置图片格式"窗格。

② 在"大小和属性"对话框的"大小"选项卡中，在"缩放高度"文本框中输入"55%"。因为默认勾选了"锁定纵横比"复选框，所以无须更改缩放宽度的数值，宽度将会随着高度的更改而改变。

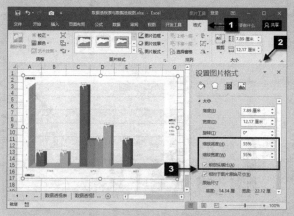

Step 8　美化工作表

取消编辑栏和网格线的显示，效果如图所示。

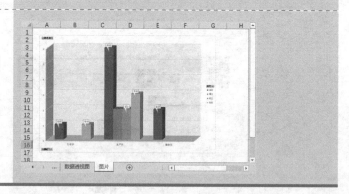

4.5　人事数据表的两表数据核对

案例背景

在实际工作中，人力资源部经常需要核对某些数据，如核对员工身份证号码、职工姓名、银行账号等信息，这些工作单调且麻烦。若被核对的字符串比较简单，可以直接人工处理；一旦字符很多，且排列顺序不一，这时人工查找不仅效率低，还容易出错。

借助 Excel 提供的条件格式或者数据透视表功能，复杂的比对难题就可以迎刃而解。当然，利用相关函数同样也能完成该工作。

最终效果展示

工号	隶属部门	姓名	身份证号码
25	生产部	张三	330202197604281233
14	生产部	李四	310302198101010123
56	生产部	王五	330902197712082132
109	生产部	赵六	210302197604281211
76	销售部	Lemon	320302196311110217
30	行政部	Apple	330302197604281233
7	行政部	Gary	330302198603300135
88	技术部	Sun	120302198805061611

工号	隶属部门	姓名	身份证号码
88	技术部	Sun	120302198806051611
25	生产部	张三	330202197604281233
30	行政部	Apple	330302197604281233
14	生产部	李四	310302198101110123
56	生产部	王五	330902197712082132
7	行政部	Gary	330302198603300135
76	销售部	Lemon	320302196311110217
109	生产部	赵六	210302196704281211

条件格式比对

姓名	身份证号
钱世巧	120102196908033168
孙小竞	120105194710011170
李东洋	120110195903141829
冯思敏	120105198303253036
褚德民	120101770222151
卫斯婕	120102197405070726
蒋丹桦	120101197805020725
韩英	120102195812231629
钱世巧	120102196908033168
孙小竞	120102194710011170
李东洋	120110195903141829
冯思敏	120105198303253036
褚德民	120101770222151
卫斯婕	120105197405070726
蒋丹桦	120101197805020725
韩英	120102195812231629

行标签
⊟褚德民
120101770222151
⊟冯思敏
120105198303253036
⊟韩英
120102195812231629
⊟蒋丹桦
120101197805020725
⊟李东洋
120110195903141829
⊟钱世巧
120102196908033168
⊟孙小竞
120102194710011170
120105194710011170
⊟卫斯婕
120102197405070726
120105197405070726
总计

数据透视表比对

工号	工资	VLOOKUP查找函数	提示
1	1000	1000	
2	1000	1000	
3	1000	1000	
4	1000	1000	
5	1000	1000	
6	1250	1250	
7	1250	1250	
8	1250	1250	
9	1250	1250	
10	1250	1250	
11	1150	1250	有误
12	900	900	
13	900	900	
14	900	900	
15	900	900	
16	900	900	
17	1000	1000	
18	1000	1000	
19	1020	1000	有误
20	1890	1890	
21	1890	1890	
22	1890	1890	
23	2000	2000	
27	600		有误
24	2000	2000	
25	2000	2000	

VLOOKUP 函数比对

关键技术点

要实现本例中的功能，读者应掌握以下 Excel 技术点。

- 条件格式的应用
- 数据透视表的应用
- VLOOKUP 函数的应用
- NOT 函数
- OR 函数

示例文件

\第 4 章\数据表格对照表–利用条件格式.xlsx

\第 4 章\数据表格对照表–利用数据透视表.xlsx

\第 4 章\数据表格对照表–利用 VLOOKUP 函数.xlsx

4.5.1 利用条件格式比照核对两表格数据

首先介绍利用条件格式来实现两表数据的核对，具体的操作步骤如下。

Step

Step 1 美化工作表

打开工作簿"数据表格对照表–利用条件格式"，可以看到本案例将原始数据放在 A1:D9 单元格区域，将对照数据放在 F1:I9 单元格区域。D 列和 I 列被设置为文本格式。

美化工作表。

Step 2 设置条件格式

① 选中 D2:D9 单元格区域，切换到"开始"选项卡，在"样式"命令组中单击"条件格式"按钮，在打开的下拉菜单中选择"新建规则"命令。

② 打开"新建格式规则"对话框，在"选择规则类型"列表框中选择"使用公式确定要设置格式的单元格"选项，在"编辑规则说明"文本框中输入以下公式，单击"格式"按钮。

`=NOT(OR(D2=I$2:I$9))`

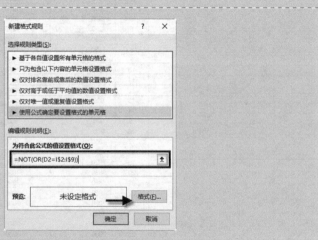

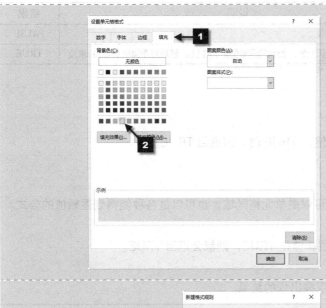

③ 弹出"设置单元格格式"对话框，单击"填充"选项卡，在"背景色"面板中选择"黄色"，单击"确定"按钮。

④ 返回"新建格式规则"对话框，单击"确定"按钮完成设置。

此时工作表的 D3、D5 和 D9 单元格的背景颜色显示为黄色，因为这 3 个单元格里的身份证号码与比照的数据不同。

关键知识点讲解

1. 函数应用：NOT 函数

▣ 函数用途

判定指定的条件不成立。

▣ 函数语法

NOT(logical)

logical   为逻辑值或可以获得逻辑值的表达式。

▣ 函数简单示例

在 Excel 单元格里输入下列公式，观察出现的结果。

示例	公式	说明	结果
1	=NOT(TRUE)	对逻辑值 TRUE 求反	FALSE
2	=NOT(1+1=3)	对 "1+1=3" 进行逻辑判断，得到的逻辑值是 FALSE，然后对逻辑值 FALSE 求反	TRUE

2. 函数应用：OR 函数

函数用途
在其参数组中，任何一个参数逻辑值为 TRUE 时，即返回 TRUE。

函数语法
OR(logical1,[logical2],...)

logical1,logical2,... 为指定区域，可以是单元格区域，也可以是各种能得到逻辑值的公式。

函数说明
● 当指定区域内，至少有一个的逻辑值是 TRUE，则都会返回 TRUE。

函数简单示例
在 Excel 单元格里输入下列公式，观察出现的结果。

示例	公式	说明	结果
1	=OR(1+1=2)	对 "1+1=2" 进行逻辑判断，因为结果正确，所以得到的逻辑值是真	TRUE
2	=OR(2>3,1<3,1+1=4)	在多个参数判断中，如果有一个结果为逻辑值 "TRUE"，系统将会认为逻辑值为真	TRUE

本例公式说明
以下为本例中的公式。

```
=NOT(OR(D2=I$2:I$9))
```

利用 OR 函数对 D2 单元格里的身份证号码是否位于对照数据区域中进行判断，如果位于该对照数据区域中，则返回逻辑值 TRUE，否则返回逻辑值 FALSE。

为了能将输错的身份证号码显示出来，常用 NOT 函数来返回相反值。当身份证号码输错时，逻辑值为 FALSE，此时经过 NOT 函数的处理将输出 TRUE，故而显示出设定的颜色，以便修改。

4.5.2 利用数据透视表比照核对两表格数据

下面介绍借助数据透视表来核对两个表格间的数据，具体的操作步骤如下。

Step 1 新建工作表

打开工作簿"数据表格对照表–利用数据透视表"，可以看到工作簿中已经有两个工作表"数据表一"和"数据表二"。创建新的工作表，并命名为"合并表"。

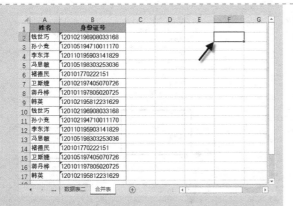

Step 2 复制工作表

① 切换到"数据表一"工作表，选中 A1 单元格，按<Ctrl+A>组合键选中 A1:B9 单元格区域，按<Ctrl+C>组合键复制。切换到"合并表"工作表，选中 A1 单元格，按<Ctrl+V>组合键粘贴。

② 切换到"数据表二"工作表，同样的，将"数据表二"工作表中的内容复制至"合并表"中 A10:B17 单元格区域，调整 B 列的列宽，效果如图所示。

③ 选中 F2 单元格，使鼠标指针定位在该单元格。

Step 3 创建数据透视表

① 切换到"插入"选项卡，单击"表格"命令组中的"数据透视表"按钮。

② 打开"创建数据透视表"对话框后，单击"表/区域"右侧的折叠按钮 ⬆。

③ 拖动鼠标选中 A1:B17 单元格区域，然后单击折叠按钮 📷 或者单击"关闭"按钮 ✖。

④ 返回"创建数据透视表"对话框，单击"确定"按钮。

⑤ 创建数据透视表后，Excel 将自动打开"数据透视表字段"窗格，将"选择要添加到报表的字段"列表中的"姓名"和"身份证号"字段拖至"行"字段中。此时系统会将两个表格里不一致的身份证号码以如图所示的形式输出。

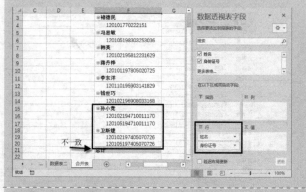

Step 4　美化工作表

① 关闭"数据透视表字段"窗格。
② 取消编辑栏和网格线显示。

4.5.3　利用 VLOOKUP 函数比照核对两表数据

除了前面介绍的两种方法，还可以通过 VLOOKUP 函数来比照核对两个表格的数据，而且该方法能更直观地显示两表中不一致的数据单元格位置，具体的操作步骤如下。

Step 1　打开工作簿

打开工作簿"数据表格对照表–利用 VLOOKUP 函数"，可以看到两个工作表"原始表"和"对照表"。

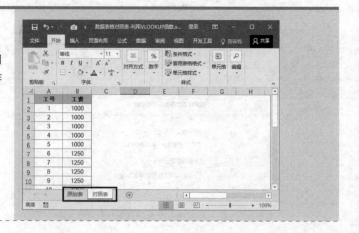

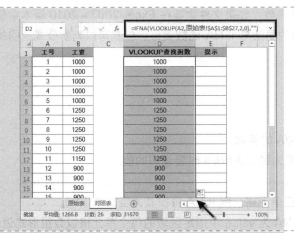

Step 2 编制查找公式

① 在"对照表"工作表中选中 D1 单元格，输入"VLOOKUP 查找函数"；选中 E1 单元格，输入"提示"。调整 D 列的列宽，并美化工作表。

② 选中 D2 单元格，输入以下公式，按<Enter>键确认。

`=IFNA(VLOOKUP(A2,原始表!$A$1:$B$27,2,0),"")`

③ 选中 D2 单元格，拖曳右下角的填充柄至 D27 单元格。

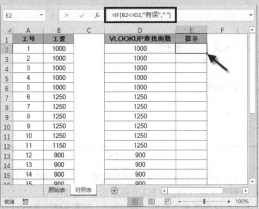

Step 3 编制提示公式

利用前面的查找公式将"原始表"中的数据输入"对照表"中，现在需要利用提示公式来显示两个表格中不一致的数据。

选中 E2 单元格，输入以下公式，按<Enter>键确认。

`=IF(B2<>D2,"有误"," ")`

此时在 E2 单元格里输出结果为空白，因为 B2 单元格里的数值与 D2 单元格里的数值一致。

Step 4 复制公式

选中 E2 单元格，双击填充柄向下复制填充公式。

此时，凡是 B 列和 D 列里数据不一致的单元格都在 E 列里显示"有误"，从而直观地提示用户要重新核对这些不一致的数据。

关键知识点讲解

函数应用：IFNA 函数

▣ 函数用途

如果公式返回错误值#N/A，则结果返回指定的值；否则返回公式的结果。

该函数是 Excel 2013 版本新增的函数，如果文件需要在 Excel 2007~2010 版本中使用，可使用 IFERROR 函数。IFERROR 函数的语法与 IFNA 函数类似，但其可以判断公式返回的更多错误类型。

■ **函数语法**

IFNA(value,value_if_na)

■ **参数说明**

value　必需。用于检查错误值#N/A 的参数。

value_if_na　必需。公式计算结果为错误值#N/A 时要返回的值。

■ **函数说明**

● 如果 value 或 value_if_na 是空单元格，则 IFNA 将视其为空文本（""）。

● 如果 value 是数组公式，则 IFNA 为 value 中指定区域的每个单元格以数组形式返回结果。

■ **函数简单示例**

	A	B
1	水果	数量
2	红富士苹果	90
3	火龙果	96
4	巨峰葡萄	25
5	李子	10
6	荔枝	26
7	榴莲	18

示例	公式	说明	结果
1	=IFNA(VLOOKUP("菠萝",$A$2:$B$7,2,0),"未找到")	IFNA 检验 VLOOKUP 函数的结果。因为在查找区域中找不到"菠萝"，VLOOKUP 将返回错误值#N/A。IFNA 返回指定字符串"未找到"，而不是错误值#N/A	未找到

■ **本例公式说明**

以下为本例中的公式。

```
=IFNA(VLOOKUP(A2,原始表!$A$1:$B$27,2,0),"")
```

（1）该公式里 VLOOKUP 函数将进行精确匹配查找，若 A2 单元格里的数在"原始表"中能找到，返回该表格里的同行 B 列里的值，否则返回错误值#N/A。

（2）当 VLOOKUP 函数返回结果时，IFNA 函数开始对该结果进行判断。若为错误值，IFNA 则在单元格中返回""（即空文本），否则就返回 A2 单元格里的数在"原始表"中同行 B 列里的值。

4.6 员工人事信息数据查询表（员工信息卡片）

案例背景

在人事信息基础数据表的基础上可以实现每人一张员工信息卡片的制作，并可自定义相关信息，随时打印。

实际工作中，为了保证信息及时、准确，应注意以下两点。

（1）人事信息填写应完整，不缺项、漏项。

（2）人事信息应根据人员增减和信息变化随时进行动态调整。

最终效果展示

员工信息卡片

所属部门	销售部				
工号	236	**姓名**	王梦婷	**身份证号码**	120102▧▧▧▧1179
性别	男	**职称**	工程师	**现任职务**	科员
联系电话	12345681				
联系地址	杭州市某区某路4号				

员工信息卡片（查询）

关键技术点

要实现本例中的功能，读者应掌握以下 Excel 技术点。

● VLOOKUP 函数的应用

示例文件

\第 4 章\人事信息数据查询表.xlsx

本案例在 4.1 节中的"人事信息数据表"的基础上进行员工人事信息数据查询表的编制，主要利用 VLOOKUP 函数对姓名、身份证号码、性别、职务电话和地址等信息进行查询。

Step 1 另存为工作簿

打开 4.1 节制作的"人事信息数据表"，另存为"人事信息数据查询表"。

Step 2 插入新工作表

插入一个新的工作表，重命名为"员工信息卡片（查询）"。

Step 3 输入卡片文本

在"员工信息卡片（查询）"工作表中输入如图所示的文本内容，并美化工作表。

Step 4 插入图片

① 切换到"插入"选项卡，在"插图"命令组中单击"图片"按钮，弹出"插入图片"对话框，打开存放带有公司 Logo 图片的文件夹，双击该图片。

② 此时公司 Logo 就添加到工作表里了。

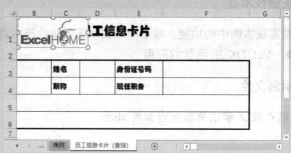

Step 5 移动图片

单击公司 Logo，按住鼠标左键不放将公司 Logo 拖曳至合适的位置，再松开左键，并适当调整图片大小。

Step 6 定义名称

① 切换到"人事数据表"工作表，选中 B3:B15 单元格区域，在名称框中输入"工号"，按<Enter>键确定。

② 切换到"公式"选项卡，在"定义的名称"命令组中单击"名称管理器"打开"名称管理器"对话框，可以查看工作表中定义的名称。单击"关闭"按钮。

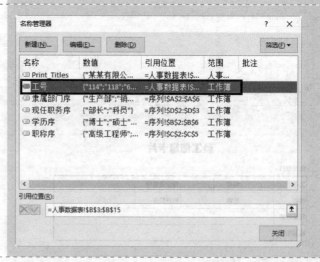

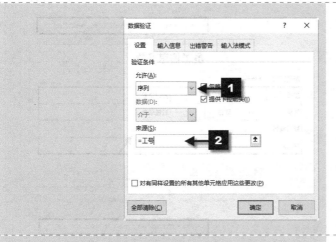

Step 7 设置数据验证

① 在"员工信息卡片（查询）"工作表中，选中 B3 单元格，切换到"数据"选项卡，然后单击"数据工具"命令组中的"数据验证"按钮，弹出"数据验证"对话框。

② 单击"设置"选项卡，在"允许"下拉列表中选择"序列"，在"来源"文本框中输入"=工号"，单击"确定"按钮。

③ 选中 B3 单元格，单击右侧的下箭头按钮，拖动滚动条，在弹出的员工工号列表中选择一个工号，例如"236"。

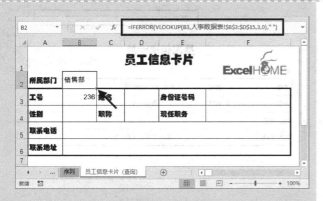

Step 8 编制查询公式

① 选中 B2 单元格，输入以下公式，按<Enter>键确认。

=IFERROR(VLOOKUP(B3,人事数据表!$B$3:$D$15,3,0)," ")

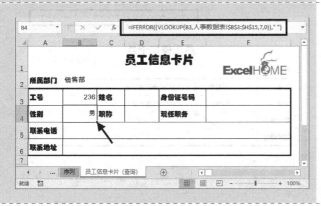

② 选中 B4 单元格，输入以下公式，按<Enter>键确认。

=IFERROR((VLOOKUP(B3,人事数据表!$B$3:$H$15,7,0))," ")

③ 选中 B5 单元格，输入以下公式，按 <Enter>键确认。

`=IFERROR((VLOOKUP(B3,人事数据表!$B$3:$M$15,12,0)),"  ")`

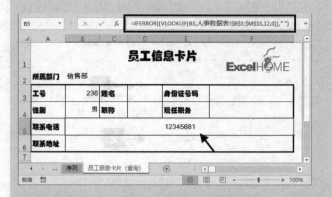

④ 选中 B6 单元格，输入以下公式，按 <Enter>键确认。

`=IFERROR((VLOOKUP(B3,人事数据表!$B$3:$N$15,13,0)),"  ")`

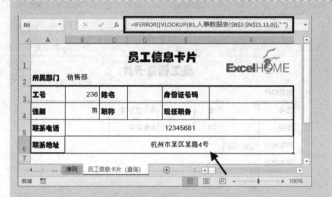

⑤ 选中 D3 单元格，输入以下公式，按 <Enter>键确认。

`=IFERROR((VLOOKUP(B3,人事数据表!$B$3:$D$15,2,0)),"  ")`

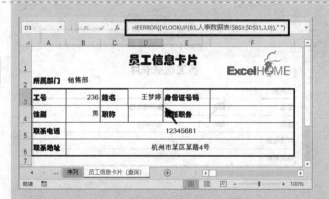

⑥ 选中 D4 单元格，输入以下公式，按 <Enter>键确认。

`=IFERROR((VLOOKUP(B3,人事数据表!$B$3:$K$15,10,0)),"  ")`

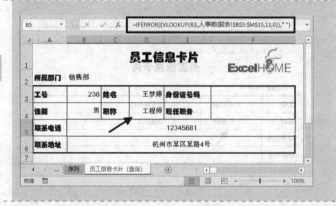

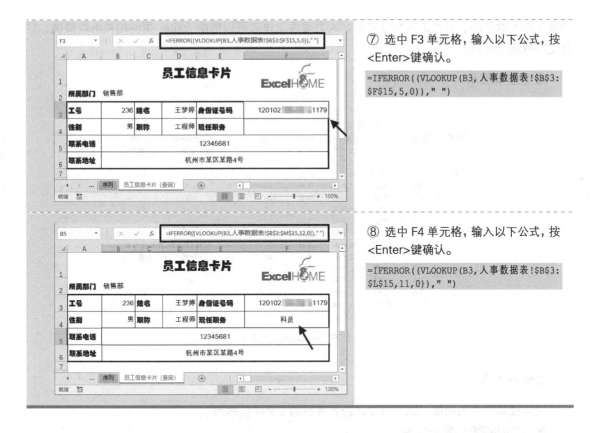

⑦ 选中 F3 单元格，输入以下公式，按
<Enter>键确认。

=IFERROR((VLOOKUP(B3,人事数据表!$B$3:
$F$15,5,0))," ")

⑧ 选中 F4 单元格，输入以下公式，按
<Enter>键确认。

=IFERROR((VLOOKUP(B3,人事数据表!$B$3:
$L$15,11,0))," ")

关键知识点讲解

函数应用：IFERROR 函数

请参阅 3.5.1 小节中有关 IFERROR 函数的知识点。

■ 本例公式说明

以下为本例中的公式。

=IFERROR((VLOOKUP(B3,人事数据表!$B$3:$D$15,2,0))," ")

（1）在该公式里，VLOOKUP 函数将进行精确查找，若 B3 单元格里的数在"人事数据表"中能找到，返回该表格里的同行 C 列里的值，否则返回错误值。

（2）当 VLOOKUP 函数返回结果时，IFERROR 函数开始对该结果进行判断。若为错误值则返回""（即空格），否则就返回 B3 单元格里的数在"人事数据表"中同行 D 列里的值。

关于本例中其他公式的逻辑思路和本公式的逻辑基本一致，不再赘述。

4.7 统计不同年龄段员工信息

案例背景

人力资源部在人事信息统计过程中经常需要按照不同年龄段将职工分组，从而获知不同年龄段职工的人数情况。当员工人数众多时，人力资源工作者可以借助 Excel 里的相关函数精确、轻松地完成该项工作。

最终效果展示

人事信息表

序号	工号	姓名	隶属部门	学历	年龄
1	68	朱娇艳	生产部	本科	30
2	14	吴宁昕	生产部	专科	37
3	55	吴淼清	生产部	硕士	57
4	106	张婷	生产部	专科	48
5	107	张雯	销售部	本科	38
6	114	李文锐	销售部	本科	25
7	118	杜晶	行政部	专科	32
8	69	陈翔	行政部	本科	24
9	236	林晓露	生产部	本科	24
10	237	范明明	生产部	专科	44
11	238	姜露	生产部	高中	30
12	239	时丽静	生产部	高中	33
13	240	赵俊	生产部	本科	29
14	241	夏天一	生产部	本科	35
15	242	徐萍	生产部	硕士	48

按照不同年龄段分组

分组	人数
>50	1
>40	3
>30	5
>20	6
合计	15

FREQUENCY数组公式

分组	人数
30	6
40	5
50	3
60	1
合计	15

统计不同年龄段员工信息表

关键技术点

要实现本例中的功能，以下为读者应当掌握的 Excel 技术点。

- COUNTIF 函数的应用
- FREQUENCY 数组公式的应用

示例文件

\第 4 章\统计不同年龄段员工信息表.xlsx

视频：统计分段
信息

4.7.1 应用 COUNTIF 函数统计分段信息

本案例主要实现按所需要求统计相关性信息的功能,比如统计不同年龄段员工人数。下面介绍通过 COUNTIF 函数来获得不同年龄段的员工数。

Step 1 编制统计分段信息公式

① 打开工作簿 "统计不同年龄段员工信息表"，选中 I4 单元格，输入以下公式，按<Enter>键确认。

`=COUNTIF($F$3:$F$17,H4)`

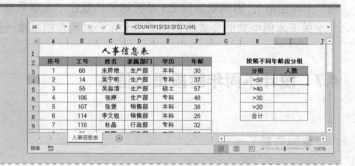

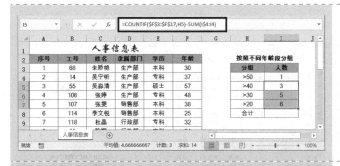

② 选中 I5 单元格，输入以下公式，按 <Enter>键确认。

`=COUNTIF($F$3:$F$17,H5)-SUM(I$4:I4)`

③ 选中 I5 单元格，拖曳右下角的填充柄至 I7 单元格。

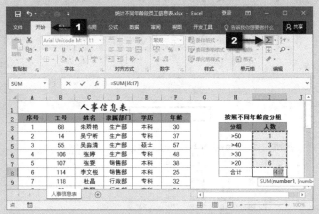

Step 2　编制合计分组信息公式

下面输入求和公式来合计分组中的员工人数，可以被作为合计数来核对统计分段信息公式正确与否。

选中 I4:I7 单元格区域，在"开始"选项卡的"编辑"命令组中单击"求和"按钮∑。

关键知识点讲解

函数应用：COUNTIF 函数

请参阅 4.2.2 小节中有关 COUNTIF 函数的知识点。

📖 本例公式说明

以下为本例中的公式。

`=COUNTIF($F$3:$F$17,H4)`

H4 单元格里存放了分段的依据，"$F$3:$F$17"为查找的区域，利用 COUNTIF 函数可以计算出该区域里有多少个单元格符合分段依据，即其单元格里的数大于 H4 单元格里的数，有多少单元格就对应多少位员工。

`=COUNTIF($F$3:$F$17,H5)-SUM(I$4:I4)`

该公式里的"COUNTIF($F$3:$F$17,H5)"部分将统计出"$F$3:$F$17"区域中年龄大于 40 岁的员工数，但是在工作表里要求的是输出年龄大于 40 岁小于等于 50 岁的员工数，因此要从中减去年龄大于 50 岁的员工数。利用"SUM(I$4:I4)"实现对年龄大于 50 岁员工数的统计，SUM 函数计算得到的值再与 COUNTIF 函数的统计得到的值相减即可获得所需结果。

4.7.2　使用 FREQUENCY 数组公式法统计分段信息

下面介绍利用 FREQUENCY 函数来统计不同年龄段员工数。

Step

Step 1 输入表格内容

① 选中 H11:I11 单元格区域，设置"合并后居中"。输入"FREQUENCY 数组公式"。

② 选中 H12 单元格，输入"分组"；选中 I12 单元格，输入"人数"。

③ 分别在 H13:H16 单元格区域中输入"30""40""50"和">50"。

④ 选中 H17 单元格，输入"合计"，并美化工作表。

Step 2 编制 FREQUENCY 数组公式

选中 I13:I16 单元格区域，在编辑栏中输入以下公式，按<Ctrl+Shift+Enter>组合键确认。

`=FREQUENCY(F3:F17,H13:H15)`

Step 3 编制合计分段信息公式

选中 I13:I16 单元格区域，在"开始"选项卡的"编辑"命令组中单击"求和"按钮。

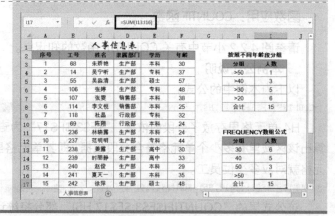

关键知识点讲解

函数应用：FREQUENCY 函数

■ 函数用途

以一列垂直数组返回某个区域中数据的频率分布。

函数语法

FREQUENCY(data_array,bins_array)

参数说明

data_array　必需。为一数组或对一组数值的引用，用来计算频率。数值以外的文本和空白单元格将被忽略。

bins_array　必需。指定的各个间隔区间。

函数说明

● 函数 FREQUENCY 应以数组公式的形式输入。

● 返回的数组中的元素比 bins_array 中的元素多一个，额外元素是对最高间隔以上的计数。区间和度数的关系如下表。

19	19 及以下
29	19 以上，大于 19，小于等于 29
	29 以上，大于 29 的所有数值个数

注：区间和度数的示例（值为整数时，度数比区间多一个）。

函数简单示例

示例数据如下。

FREQUENCY 函数应用示例如下。

示例	公式	说明	结果
1	=FREQUENCY(A2:A10,B2:B4)	小于或等于 70 的分数个数	1
		71～79 区间内的分数个数	2
		80～89 区间内的分数个数	4
		大于 89 的分数个数	2

注：示例中的公式必须以数组公式输入。选择 A12:A15 单元格区域，然后按<F2>键，再按<Ctrl+Shift+Enter>组合键确定。如果公式未以数组公式的形式输入，则 D1 单元格中只显示数组中的首个元素。

4.8　人力资源月报动态图表

案例背景

对于大型生产制造类企业，由于人员较多，员工信息繁杂，因此人力资源部要了解人事实时情况。通过制作人力资源月报表，人力资源部可以实时有效地掌握员工相关信息。

人力资源月报除了使用传统的数据表格表现形式外，还可借助动态图表更直观地展示人力资源信息。本案例的"人力资源月报动态图表"由部门人数分布分析图、学历分布分析图、年龄结构分析图和合同期限分析图等 4 张常用的数据分析图表组成。通过窗体控件的切换，可以将以上 4 张分析图表汇总在一张工作表里，使报表界面更直观、简洁。

此外，在实际工作中可以此作为模板，只需改变某些关键项便可生成各种满足实际需要的动态分析图表。

最终效果展示

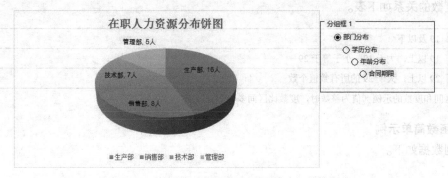

在职人力资源分布饼图

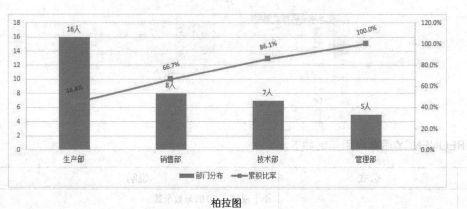

柏拉图

关键技术点

要实现本例中的功能，读者应掌握以下 Excel 技术点。

- OFFSET 函数的应用
- RANK 函数的应用
- COUNTIF 函数的应用
- VLOOKUP 函数的应用
- 窗体控件的应用
- 绘制柏拉图
- 绘制饼图

示例文件

\第 4 章\人力资源月报动态图表.xlsx

4.8.1　创建数据源工作表

本案例中首先要创建存放员工各类信息的工作表，因为后面输出的图表是依据该工作表里的信息所构建的，所以要确保该表中的员工信息及时有效。

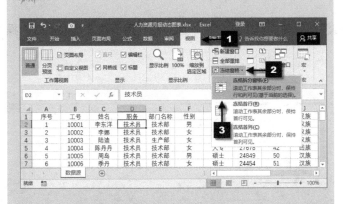

Step 1　冻结窗格

打开工作簿"人力资源月报动态图表"，选中 D2 单元格，单击"视图"选项卡，在"窗口"命令组中依次单击"冻结窗格"→"冻结拆分窗格"命令。

Step 2　编制计算员工年龄公式

① 选中 I2 单元格，输入以下公式，按 <Enter> 键确认。

`=DATEDIF(H2,TODAY(),"y")`

② 选中 I2 单元格，将鼠标指针放在 I2 单元格的右下角，待鼠标指针变为 ✚ 形状后双击，将 I2 单元格公式快速复制填充到 I3:I37 单元格区域。

Step 3　编制计算合同期限公式

① 选中 N2 单元格，输入以下公式，按 <Enter> 键确认。

`=DATEDIF(L2,M2,"m")`

② 选中 N2 单元格，将鼠标指针放在 N2 单元格的右下角，待鼠标指针变为 ✚ 形状后双击，将 N2 单元格公式快速复制填充到 N3:N37 单元格区域。

Step 4　美化工作表

① 设置字体、字号、加粗、居中、自动换行和填充颜色。

② 调整行高和列宽。

③ 设置所有框线。

④ 取消编辑栏和网格线显示。

4.8.2　数据分析汇总

在数据源的基础上可以提取人力资源部所需的员工信息，下面介绍利用函数来提取信息的操作方法。

Step 1　输入表格标题

插入一个新工作表，重命名为"数据处理"，在 A2:B6 单元格区域中输入如图所示的表格标题。

Step 2　统计各部门员工数

① 选中 B3 单元格，输入以下公式，按 <Enter>键确认。

=COUNTIF(数据源!$E$2:$E$37,"技术部")

② 选中 B4 单元格，输入以下公式，按 <Enter>键确认。

=COUNTIF(数据源!$E$2:$E$37,"生产部")

③ 选中 B5 单元格，输入以下公式，按 <Enter>键确认。

=COUNTIF(数据源!$E$2:$E$37,"管理部")

④ 选中 B6 单元格，输入以下公式，按<Enter>键确认。

`=COUNTIF(数据源!$E$2:$E$37,"销售部")`

Step 3 统计各部门员工学历情况

① 在 D2:E8 单元格区域中，输入如图所示的内容。

② 选中 E3 单元格，输入以下公式，按<Enter>键确认。

`=COUNTIF(数据源!$G$2:$G$37,D3)`

③ 双击 E3 填充柄向下复制填充公式，效果如图所示。

Step 4 统计各部门员工年龄情况

① 在 G2:H6 单元格区域中，输入如图所示的内容。

② 选中 H3 单元格，输入以下公式，按<Enter>键确认。

`=COUNTIF(数据源!$I$2:$I$37,G3)`

③ 选中 H4 单元格，输入以下公式，按<Enter>键确认。

`=COUNTIF(数据源!$I$2:$I$37,G4)-SUM(H$3:H3)`

④ 选中 H4 单元格，拖曳右下角的填充柄至 H6 单元格，复制填充公式。

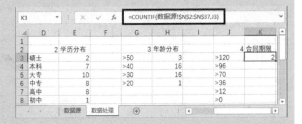

Step 5 统计各部门员工合同期限

① 在 J2:K8 单元格区域中，输入如图所示的内容。

② 选中 K3 单元格，输入以下公式，按<Enter>键确认。

`=COUNTIF(数据源!$N$2:$N$37,J3)`

③ 选中 K4 单元格，输入以下公式，按 <Enter>键确认。

`=COUNTIF(数据源!$N$2:$N$37,J4)-SUM(K$3:K3)`

④ 选中 K4 单元格，拖曳右下角的填充柄至 K8 单元格，复制填充公式。

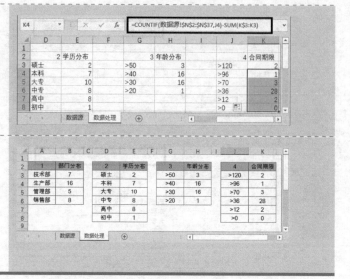

Step 6　美化工作表

① 设置字体、加粗、居中和填充颜色。

② 调整列宽。

③ 设置所有框线。

④ 取消编辑栏和网格线显示

4.8.3　建立窗体控件

本案例借助窗体控件来实现将 4 个图表动态地汇总于一个工作表中，具体操作步骤如下。

Step 1　添加分组框

在本案例中将用到一个分组框、4 个选项按钮。首先介绍分组框的添加。

① 切换到"开发工具"选项卡，在"控件"命令组中单击"插入"按钮，在弹出的下拉菜单中选择"表单控件"下的"分组框（窗体控件）"。

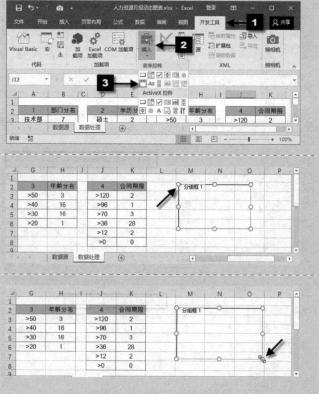

② 单击 M2 单元格，此时在该单元格位置添加了一个分组框。

Step 2　调整分组框的大小

单击分组框的边框，接着移动鼠标指针到分组框的右下角控制点，当鼠标指针变成形状时，按住鼠标左键不放向右下方拖曳至如图所示的位置，然后松开左键，即可完成分组框大小的调整。

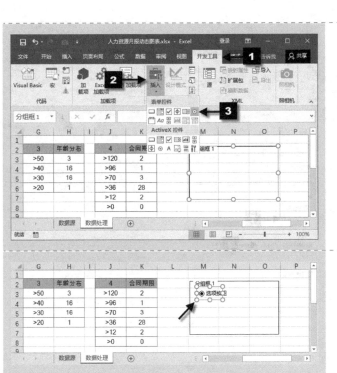

Step 3 添加选项控件

① 在"开发工具"选项卡的"控件"命令组中单击"插入"按钮，在弹出的下拉菜单中选择"表单控件"下的"选项按钮（窗体控件）" ⦿。

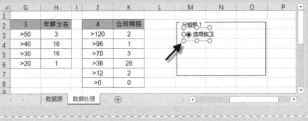

② 单击 M3 单元格，此时在该单元格位置添加了一个选项按钮。

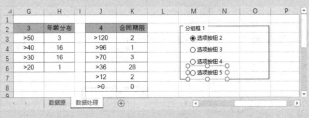

③ 按相同的方法在分组框里依次添加另外 3 个选项按钮。

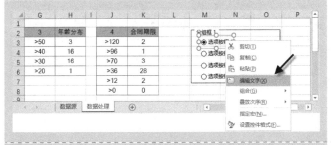

Step 4 重命名选项控件

① 右键单击控件"选项按钮 2"，弹出快捷菜单，选中"编辑文字"，此时即进入选项控件文字编辑状态，删除原有文字，输入"部门分布"。

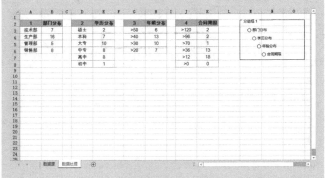

② 用同样的方法，把另外 3 个选项按钮的名称依次修改为"学历分布""年龄分布"和"合同期限"。

Step 5 设置选项的链接区域

① 在单元格 M8 中输入文件 "窗体控件值"，并调整 M 列的列宽。

② 右键单击选项控件 "部门分布"，在弹出的快捷菜单中选择"设置控件格式"命令。

③ 在弹出的 "设置控件格式" 对话框中，选择 "控制" 选项卡，在 "值" 下方单击 "已选择" 单选钮，然后在 "单元格链接" 右侧的文本框中输入 "$N$8"，最后单击 "确定" 按钮。

此时在 N8 单元格里显示数字 "1"。

若单击其他的选项控件如 "合同期限"，这时 N8 单元格里的数字会发生相应的变动。

Step 6 编制数据表的汇总

① 在单元格 M11 中输入文本 "汇总表"，在 L12:L19 单元格区域中分别输入数字 "1" 至 "8"。

② 选中 M12 单元格，输入以下公式，按<Enter>键确认。

`=OFFSET($A$2,$L12,($N$8-1)*3,1,1)`

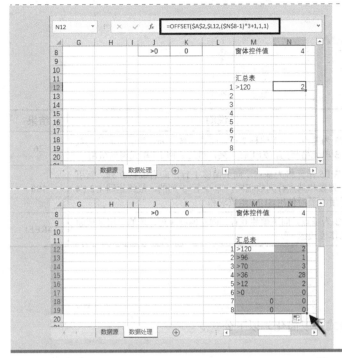

③ 选中 N12 单元格，输入以下公式，按<Enter>键确认。

`=OFFSET($A$2,$L12,($N$8-1)*3+1,1,1)`

④ 选中 M12:N12 单元格区域，将鼠标指针放在 N12 单元格的右下角，待鼠标指针变为 ✚ 形状后双击，在 M13:N19 单元格区域中快速复制填充公式。

关键知识点讲解

函数应用：OFFSET 函数

■ 函数用途
以指定的引用为参照系，通过给定偏移量得到新的引用。

■ 函数语法
OFFSET(reference,rows,cols,[height],[width])

■ 参数说明
reference　必需。指定作为偏移基点的单元格或单元格区域引用。

rows　必需。以偏移基点单元格为参照，指定单元格上下偏移的行数。为正数时向下移动；如果为负数，则向上移动；指定为 0，则不移动。

cols　必需。以偏移基点单元格为参照，指定单元格左右偏移的列数。为正数时向右移动；如果指定为负数，则向左移动；指定为 0，则不移动。

height　可选。用正整数指定偏移后新引用的行数，如果省略该参数，则新引用的行数与基点行数相同。

width　可选。用正整数指定偏移后新引用的列数，如果省略该参数，则引用的列数与基点列数相同。

■ 函数说明
- 如果 rows 和 cols 的偏移使引用超出工作表边缘，则 OFFSET 函数返回错误值#REF!。
- 如果省略 height 或 width，则假设其高度或宽度与 reference 相同。
- OFFSET 函数实际上并不移动任何单元格或更改选定区域，它只是返回一个引用。

■ 函数简单示例

	A	B	C	D	E	F
1	1	8	7	9	6	5
2	2	6	4	1	8	4
3	45	4	21	31	3	7
4	5	7	44	74	4	21
5	3	2	5	65	6	26

示例	公式	说明	结果
1	=OFFSET(C3,2,3)	以 C3 为基点，向下偏移 2 行，向右偏移 3 列，新引用的行列数与 C3 单元格相同，为 1 行 1 列，最终返回 F5 单元格的引用	26
2	=SUM(OFFSET(C3:E5,-1,0))	以 C3:E5 单元格为基点，向上偏移 1 行，向右偏移 0 列，新引用行列数和基点行列数相同，即 3 行 3 列的，最终返回 C2:E4 的引用，最后使用 SUM 函数求和	190
3	=OFFSET(C3,0,-3)	以 C3 为基点，向下偏移 0 行，向左偏移 3 列，新的引用区域超出工作表边缘	#REF!

■ 本例公式说明

以下为本例中的公式。

```
=OFFSET($A$2,$L12,($N$8-1)*3,1,1)
```

因为 L12=1，如果 N8=1，上述公式可以简化为以下公式。

```
=OFFSET($A$2,1,(1-1)*3,1,1)
```

其各参数值指定将显示 A3 单元格的值。

因为 L12=1，如果 N8=3，上述公式可以简化为以下公式。

```
=OFFSET($A$2,1,(3-1)*2,1,1)
```

其各参数值指定将显示 G3 单元格的值。

4.8.4 对数据自动降序排列

在实际工作中，公司领导出于直观掌握信息的需要，可能要求人力资源部在制作图表分析数值时按照大小和重要程度排列，具体就是：重要的或比重大的数据项在前排，次要的或比重小的数据项向后排。

为了满足这种需求，在本案例中使用了 RANK 函数、COUNTIF 函数和 VLOOKUP 函数来排序、查找并生成有序的数据区域。

Step 1 编制有效数据检测公式

① 在分组框中选择"部门分布"。在单元格 A12 中输入文本"其他辅助函数："，在 A13 中输入文本"有效数据检测"。调整 A 列的列宽。

② 选中 B13 单元格，输入以下公式，按 <Enter> 键确认。

```
=8-COUNTIF(M12:M19,"=0")
```

	A	B	C				
2		部门分布		2	学历分布		3
3	技术部	7		硕士	2		>50
4	生产部	16		本科	7		>40
5	管理部	5		大专	10		>30
6	销售部	8		中专	8		>20
7				高中	8		
8				初中	1		

B13 栏公式：=8-COUNTIF(M12:M19,"=0")

12	其他辅助函数	
13	有效数据检测	4

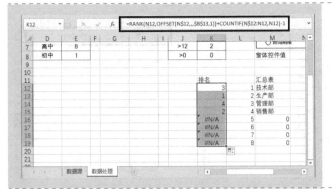

Step 2 编制排名公式

① 选中 K11 单元格，输入"排名"。

② 选中 K12 单元格，输入以下公式，按 <Enter> 键确认。

`=RANK(N12,OFFSET(N$12,,,$B$13,1))+`
`COUNTIF(N$12:N12,N12)-1`

③ 选中 K12 单元格，拖曳右下角的填充柄至 K19 单元格，快速复制填充公式。

Step 3 编制降序公式

① 在 L23 和 N23 单元格中分别输入文本"分析项目"和"累积比率"。

② 选中 M23 单元格，输入以下公式，按 <Enter> 键确认。

`=OFFSET($A$2,,($N$8-1)*3+1,1,1)`

③ 选中 K24 单元格，输入"1"。按<Ctrl>键的同时拖曳 K24 单元格右下角的填充柄至 K31 单元格，在 K24:K31 单元格区域中填充序列"1"至"8"。

④ 选中 L24 单元格，输入以下公式，按 <Enter> 键确认。

`=VLOOKUP($K24,$K$12:$N$19,3,0)`

⑤ 选中 M24 单元格，输入以下公式，按 <Enter>键确认。

`=VLOOKUP($K24,$K$12:$N$19,4,0)`

⑥ 选中 N24 单元格，输入以下公式，按 <Enter>键确认。

`=SUM(M$24:M24)/SUM(OFFSET(M$24,,,$B$13,1))`

⑦ 因为"累积比率"项里的数据要以百分比形式表示，所以要调整相应列单元格的格式。

选中 N24 单元格，在"数字"命令组中单击"百分比样式"按钮，然后单击"增加小数位数"按钮。

⑧ 选中 L24:N24 单元格区域，将鼠标指针放在 N24 单元格的右下角，待鼠标指针变为 ✚ 形状后双击，在 L25:N31 单元格区域中快速复制填充公式。

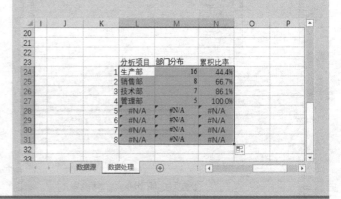

4.8.5　定义动态数据区域名称

定义名称是图表能够实现动态变动的关键点之一，也是本案例的重点所在。具体操作步骤如下。

Step 1 编制定义名称的公式

① 在 D23:E23 单元格中分别输入文本"名称"和"引用位置"。

② 选中 E24 单元格，输入以下公式，按<Enter>键确认。

=OFFSET(数据处理!$M$24,,,数据处理!$B$13,1)

③ 选中 E25 单元格，输入以下公式，按<Enter>键确认。

=OFFSET(数据处理!$N$24,,,数据处理!$B$13,1)

④ 选中 E26 单元格，输入以下公式，按<Enter>键确认。

=OFFSET(数据处理!$L$24,,,数据处理!$B$13,1)

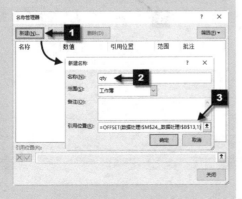

Step 2 定义名称

① 按<Ctrl+F3>组合键，弹出"名称管理器"对话框。

② 单击"新建"按钮，弹出"新建名称"对话框。在"名称"文本框中输入"qty"，在"引用位置"文本框中输入以下公式，单击"确定"按钮，返回"名称管理器"对话框。

=OFFSET(数据处理!$M$24,,,数据处理!$B$13,1)

③ 按相同的操作方法分别添加其他名称，定义名称"rate"，"引用位置"公式如下。

=OFFSET(数据处理!$N$24,,,数据处理!$B$13,1)

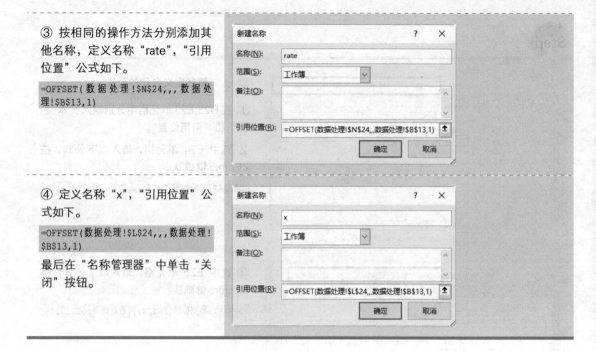

④ 定义名称"x"，"引用位置"公式如下。

=OFFSET(数据处理!$L$24,,,数据处理!$B$13,1)

最后在"名称管理器"中单击"关闭"按钮。

4.8.6 绘制柏拉图

将数据用图表的形式来展现，可以直观地显示数据间的关系。柏拉图就是 Excel 中一种很好的图表输出形式。柏拉图（Pareto chart）是按照特定角度将数据适当分类，同时以各类数据出现的大小顺序排列的图表。

下面介绍柏拉图的具体创建步骤。

Step 1 插入簇状柱形图

① 插入一个新工作表，重命名为"报表输出"。在工作表中选择任意单元格，切换到"插入"选项卡，单击"图表"命令组中的"插入柱形图"按钮，然后在打开的下拉菜单中选择"二维柱形图"下的"簇状柱形图"。

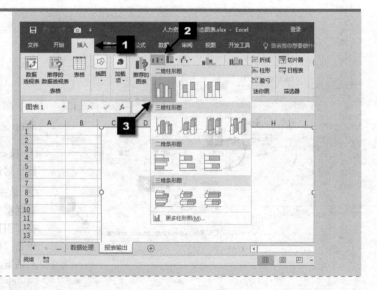

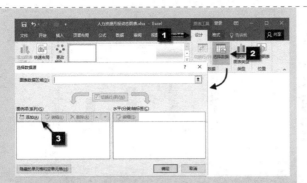

② 切换到"图表工具—设计"选项卡，单击"数据"命令组中的"选择数据"按钮，弹出"选择数据源"对话框，单击"图例项（系列）"组合框内的"添加"按钮。

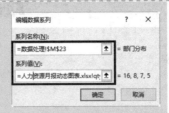

③ 在弹出的"编辑数据系列"对话框中，在"系列名称"文本框中输入以下公式。

=数据处理!$M$23

在"系列值"文本框中输入以下公式。

=人力资源月报动态图表.xlsx!qty

单击"确定"按钮，返回"选择数据源"对话框。

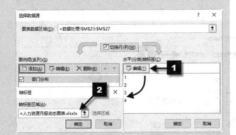

④ 在"选择数据源"对话框中，在右侧的"水平（分类）轴标签"中单击"编辑"按钮，弹出"轴标签"对话框，在"轴标签区域"文本框中输入以下公式。

=人力资源月报动态图表.xlsx!x

单击"确定"按钮，返回"选择数据源"对话框。

⑤ 在"选择数据源"对话框中，再次单击"添加"按钮，弹出"编辑数据系列"对话框，在"系列名称"文本框中输入以下公式。

=数据处理!$N$23

在"系列值"文本框中输入以下公式。

=人力资源月报动态图表.xlsx!rate

单击"确定"按钮，返回"选择数据源"对话框。

⑥ 单击"确定"按钮。

此时在"报表输出"工作表中输出了一份图表，如图所示。

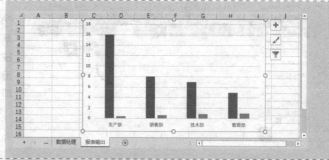

Step 2 更改图表类型

此时"部门分布"和"累积比率"都是以柱形图表示的。为了区分二者，可将"累积比率"的图表类型进行调整。

① 切换到"图表工具—设计"选项卡，在"类型"命令组中单击"更改图表类型"按钮，弹出"更改图表类型"对话框。

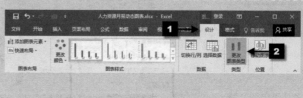

② 单击"所有图表"选项卡，在左侧单击"组合"，在右侧"为您的数据系列选择图表类型和轴"区域下方，保留默认选项，勾选"累积比率"右侧"次坐标轴"下方的复选框，单击"确定"按钮。

此时就完成了向"累积比率"图表类型的改变，效果如图所示。

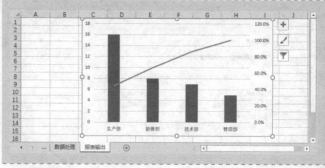

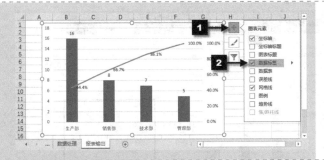

Step 3 设置数据标签格式

① 单击图表边框右侧的"图表元素"按钮，在打开的"图表元素"列表中勾选"数据标签"复选框。

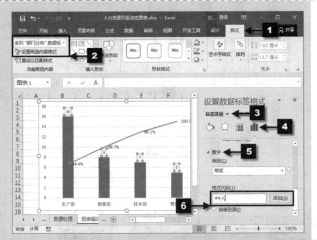

② 单击"图表工具—格式"选项卡，在"当前所选内容"命令组的"图表元素"下拉列表框中选择"系列"部门分布"数据标签"选项，然后单击"设置所选内容格式"按钮，打开"设置数据标签格式"窗格。

③ 依次单击"标签选项"选项→"标签选项"按钮，折叠"标签选项"选项卡，单击"数字"选项卡，在"格式代码"下方的文本框中输入"##人"，单击"添加"按钮。

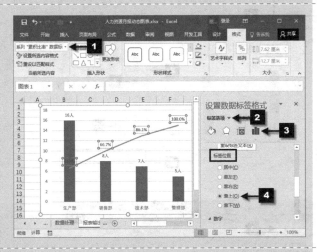

④ 在"当前所选内容"命令组的"图表元素"下拉列表框中选择"系列"累积比率"数据标签"选项。

⑤ 依次单击"标签选项"选项→"标签选项"按钮→"标签选项"选项卡，在"标签位置"区域下方单击"靠上"单选钮。

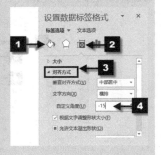

⑥ 依次单击"标签选项"选项→"大小属性"按钮，折叠"大小"选项卡，单击"对齐方式"选项卡，在右侧的"自定义角度"文本框中输入"-15"。

Step 4 设置数据系列格式

① 在"当前所选内容"命令组的"图表元素"下拉列表框中选择"系列"累积比率"选项。

② 依次单击"系列选项"选项→"填充线条"按钮→"标记"选项→"数据标记选项"选项卡,单击"内置"单选钮,在"内置"区域下方单击"类型"右侧的下箭头按钮,在弹出的列表中选择第1项,在"大小"右侧的文本框中输入"7"。

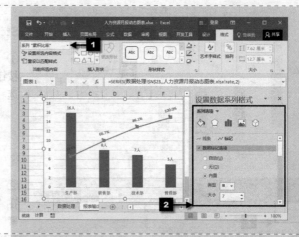

Step 5 添加图例

单击图表边框右侧的"图表元素"按钮,在打开的"图表元素"列表中勾选"图例"复选框,单击"图例"右侧的三角箭头,在弹出的快捷菜单中选择"底部"。

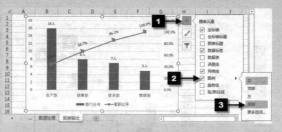

Step 6 设置坐标轴格式

① 选中"垂直(值)轴",在"设置坐标轴格式"窗格中,依次单击"坐标轴选项"选项→"填充与线条"按钮→"线条"选项卡→"实线"单选钮,单击"颜色"右侧的下箭头按钮,在弹出的颜色面板中选择"白色,背景1,深色25%"。

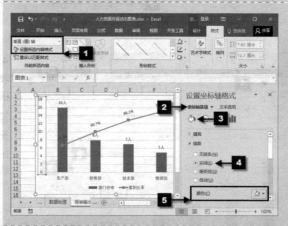

② 选中"次坐标轴 垂直(值)轴",在"设置坐标轴格式"窗格中,依次单击"坐标轴选项"选项→"填充线条"按钮→"线条"选项卡→"实线"单选钮。关闭"设置坐标轴格式"窗格。

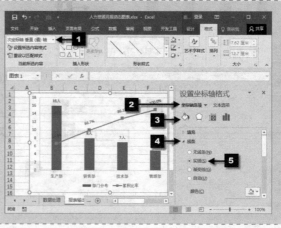

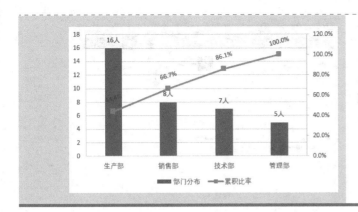

柏拉图基本绘制完毕，效果如图所示。

4.8.7　绘制饼图

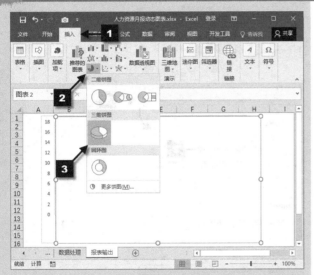

Step 1　绘制饼图

前面介绍了组合图的绘制，此外还可以根据数据绘制饼图。

单击"报表输出"工作表中的任意空白单元格，切换到"插入"选项卡，单击"图表"命令组中的"插入饼图或圆环图"按钮，然后在打开的下拉菜单中选择"三维饼图"下的"三维饼图"。

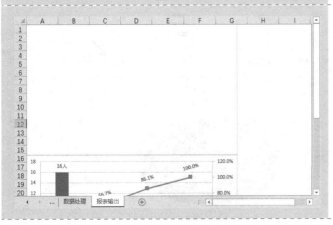

Step 2　调整图表区位置

由于饼图和柱形图相互重叠，可以适当进行位置调整。

① 单击饼图的图表区任意空白位置，然后按住鼠标左键不放，向左上方拖动，这时饼图将随着拖动而改变位置。将饼图调整到如图所示的位置，再松开左键。

② 用同样的方法拖动组合图到饼图的下方。

Step 3 添加图例（系列）

① 选中饼图，单击"图表工具—设计"选项卡，单击"数据"命令组中的"选择数据"按钮，弹出"选择数据源"对话框，然后单击"图例项(系列)"组合框内的"添加"按钮。

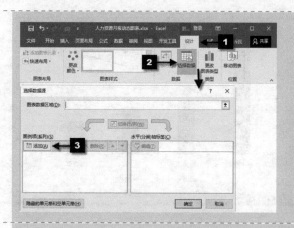

② 弹出"编辑数据系列"对话框，在"系列值"文本框中输入以下公式，单击"确定"按钮，返回"选择数据源"对话框。

=人力资源月报动态图表.xlsx!qty

③ 在"选择数据源"对话框中，在右侧的"水平(分类)轴标签"中单击"编辑"按钮，弹出"轴标签"对话框，在"轴标签区域"文本框中输入以下公式，单击"确定"按钮。

=人力资源月报动态图表.xlsx!x

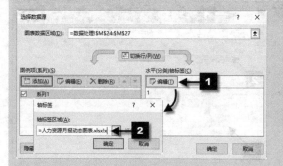

④ 返回"选择数据源"对话框，单击"确定"按钮。

此时简单的饼图绘制完成，效果如图所示。

Step 4 设置饼图的布局方式

单击"图表工具—设计"选项卡,在"图表样式"命令组中选择"样式5"。

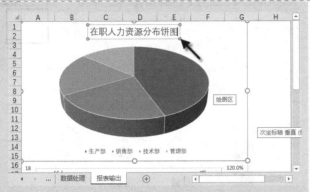

Step 5 修改图表标题

选中图表标题,将图表标题修改为"在职人力资源分布饼图"。

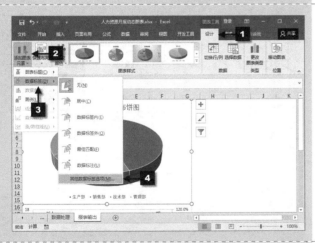

Step 6 设置数据标签

① 单击"图表工具—设计"选项卡,在"图表布局"命令组中单击"添加图表元素"命令,在弹出的下拉列表中选择"数据标签"→"其他数据标签选项"命令。

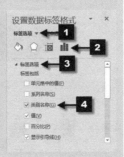

② 打开"设置数据标签格式"窗格,依次单击"标签选项"选项→"标签选项"按钮→"标签选项"选项卡,勾选"类别名称"复选框。

③ 折叠"标签选项"选项卡，单击"数字"选项卡，在"格式代码"下方的文本框中输入"##人"，单击"添加"按钮。

④ 切换到"开始"选项卡，设置数据标签的字体为"Arial Unicode MS"，设置字体颜色为"自动"。关闭"设置数据标签格式"窗格。

Step 7 调整图表区大小

① 单击饼图的任意空白位置，移动鼠标指针到图表区右下角边框控制点，当鼠标指针变成形状时，按住鼠标左键不放向右拖动，此时整个图表大小将随着拖动而变化。拖动到如图所示的位置时，松开左键即可完成图表区大小的调整。

② 选中组合图，在"图表工具—格式"选项卡的"大小"命令组中，单击"形状宽度"右侧的上调节旋钮，增加组合图的宽度，效果如图所示。

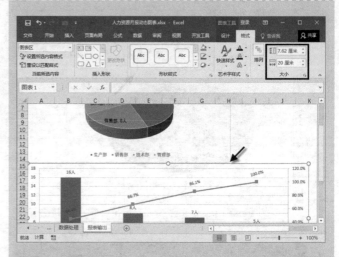

Step 8 添加控件

现在柏拉图已经绘制完毕，再添加几个控件就可以将 4 个图汇总到一个工作表内。

① 单击工作表标签"数据处理"返回该工作表，按住鼠标左键选中该工作表中的 M1:O7 单元格区域控件组，然后按<Ctrl+C>组合键，复制该控件组。

② 切换到"报表输出"工作表，单击工作表中 I1 单元格位置，按<Ctrl+V>组合键，将复制的控件组粘贴在工作表"报表输出"中。

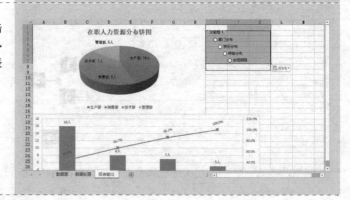

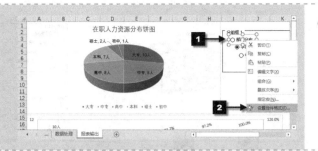

③ 右键单击控件"部门分布"，在弹出的快捷菜单中选择"设置控件格式"。

④ 切换到"控制"选项卡，在"值"区域下方单击"已选择"单选钮。在"单元格链接"右侧的文本框中输入"数据处理!$N$8"，单击"确定"按钮。

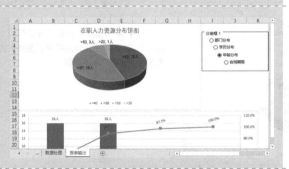

此时就将这几张图表汇总到一个工作表里了。可以单击工作表"报表输出"里新添加的控件，如单击"年龄分布"，来实现 4 张图表的动态转化。

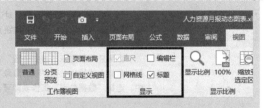

Step 9 取消编辑栏和网格线显示

单击工作表中任意空白单元格，如 M15 单元格，切换到"图表工具—视图"选项卡，在"显示"命令组中取消勾选"编辑栏"和"网格线"复选框。

Step 10 隐藏工作表

实际工作中，数据源和数据处理的工作表可以隐藏起来，这样既可美化工作表，又可防止数据被误删。

按<Ctrl>键，同时选中"数据源"和"数据处理"工作表，右键单击其中的任一工作表，在弹出的快捷菜单中选择"隐藏"命令。

效果如图所示。

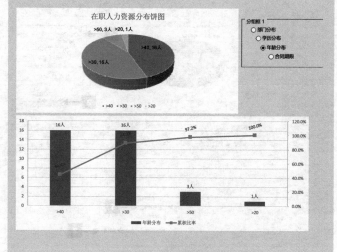

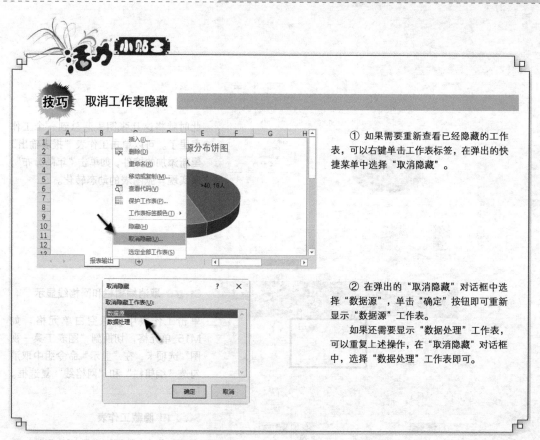

活力 小贴士

技巧 取消工作表隐藏

① 如果需要重新查看已经隐藏的工作表，可以右键单击工作表标签，在弹出的快捷菜单中选择"取消隐藏"。

② 在弹出的"取消隐藏"对话框中选择"数据源"，单击"确定"按钮即可重新显示"数据源"工作表。

如果还需要显示"数据处理"工作表，可以重复上述操作，在"取消隐藏"对话框中，选择"数据处理"工作表即可。

第 **5** 章　职工社保管理

　　近年来，职工的社会保障工作越来越受到重视，企业完善的社保管理工作不仅能保障职工权益，也有助于提高企业的凝聚力和竞争力。本章从实战角度出发，介绍了重要文件如 Excel 表格、Excel 工作簿、文件夹的加密/解密方法，并着重介绍了应用 VBA 来制作"退休提醒表"。"退休提醒表"可提前排列员工退休时间顺序，有效避免漏看漏统应退休人员而给企业和职工造成的损失，同时提高人力资源管理者的工作效率。

5.1 职工社会保险费统计表

案例背景

我国相关法律规定，用人单位劳动者必须依法参加社会保险，缴纳社会保险费。在实际工作中，社会保险费是企业成本和职工工资总额的重要组成部分。社会保险费主要包括基本养老保险、基本医疗保险、失业保险、工伤保险和生育保险等强制性基本保险费用，同时还包括企业依法设立的各项补充保险费用。因此动态、及时掌握社保费用的缴纳和支付情况显得意义重大。

社会保险费包括企业缴纳部分和职工个人缴纳部分。下面以某市社会保险缴费规定为例（各省市缴费比例略有不同）制作表格。

最终效果展示

序号	工号	姓名	年度缴费基数	养老保险			医疗保险			失业保险			工伤保险			生育保险			合计
				合计28.00%	单位20.00%	个人8.00%	合计11.00%	单位9.00%	个人2.00%	合计3.00%	单位2.00%	个人1.00%	合计1.00%	单位1.00%	个人(无)	合计0.80%	单位0.80%	个人(无)	
1	001	王晶晶	2,100.00	588.00	420.00	168.00	231.00	189.00	42.00	63.00	42.00	21.00	21.00	21.00		16.80	16.80		919.80
2	002	包晓菊	2,256.90	631.93	451.38	180.55	248.26	203.12	45.14	67.71	45.14	22.57	22.57	22.57		18.06	18.06		988.53
3	003	孙丹	4,000.70	1,120.20	800.14	320.06	440.08	360.06	80.01	120.02	80.01	40.01	40.01	40.01		32.01	32.01		1,752.32
4	004	朱文慧	5,568.20	1,559.10	1,113.64	445.46	612.50	501.14	111.36	167.05	111.36	55.68	55.68	55.68		44.55	44.55		2,438.88
5	005	朱娅	4,562.10	1,277.39	912.42	364.97	501.83	410.59	91.24	136.86	91.24	45.62	45.62	45.62		36.50	36.50		1,998.20
6	006	汤春华	3,563.10	997.67	712.62	285.05	391.94	320.68	71.26	106.89	71.26	35.63	35.63	35.63		28.50	28.50		1,560.63
7	007	许阳	2,185.30	611.88	437.06	174.82	240.38	196.68	43.71	65.56	43.71	21.85	21.85	21.85		17.48	17.48		957.15
8	008	吴京林	2,546.30	712.96	509.26	203.70	280.09	229.17	50.93	76.39	50.93	25.46	25.46	25.46		20.37	20.37		1,115.27
9	009	张蓓	2,100.00	588.00	420.00	168.00	231.00	189.00	42.00	63.00	42.00	21.00	21.00	21.00		16.80	16.80		919.80
10	010	杨云竹	2,899.80	811.94	579.96	231.98	318.98	260.98	58.00	86.99	58.00	29.00	29.00	29.00		23.20	23.20		1,270.11
	合计		31,782.40	8,899.07	6,356.48	2,542.59	3,496.06	2,860.42	635.65	953.47	635.65	317.82	317.82	317.82		254.27	254.27		13,920.69

社保缴费统计表

关键技术点

要实现本例中的功能，读者应掌握以下 Excel 技术点。

- ROUND 函数的应用
- INDIRECT 函数的应用
- 工作表的保护及撤销

示例文件

\第 5 章\社保缴费统计表.xlsx

5.1.1 创建社保缴费统计表

首先编制员工社保缴费信息表，用来存放员工社保缴费的基本信息。具体操作步骤如下。

Step 1　新建工作簿，输入表格标题

打开工作簿"社保缴费统计表"，按住 <Ctrl> 键，同时选中 E2、H2、K2、N2、Q2 单元格，按 <Ctrl+1> 键，打开"设置单元格格式"对话框，依次单击"数字"→"自定义"，在"类型"编辑框中输入代码"合计 0.00%;;个人(无)"，最后单击"确定"。

用同样方法，设置 F2:S2 单元格格式。

Step 2　设置文本格式

因输入的员工工号以"0"开头，所以在输入员工工号之前要事先设置单元格格式。

选中 B3 单元格，在"开始"选项卡的"数字"命令组中单击"数字格式"右侧的下箭头按钮，拖动滚动条，选中"文本"。

Step 3　输入序号和员工工号

① 选中 A3 单元格，输入"1"；选中 B3 单元格，输入"001"。

② 选中 A3:B3 单元格区域，拖曳 B3 单元格右下角的填充柄至 B12 单元格，即在 A4:B12 单元格区域输入了序号。

Step 4 设置单元格格式

为了使输出的缴纳保费能显示小数点后两位，需要预先设置单元格格式。

选中 D3:T13 单元格区域，设置单元格格式为"数值"，"小数位数"保留默认值"2"，勾选"使用千位分隔符"复选框。

Step 5 设置冻结窗格

选中 D3 单元格，在"视图"选项卡的"窗口"命令组中单击"冻结窗格"→"冻结拆分窗格"命令。

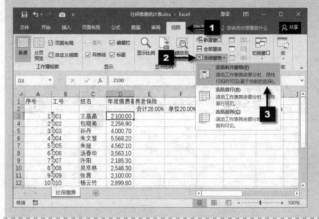

Step 6 编制员工个人单项保险金缴纳的公式

选中 E3 单元格，输入以下公式，按<Enter>键确认。

`=ROUND(INDIRECT("D"&ROW())*E$2,2)`

向下、向右复制填充公式。

Step 7 编制各类保险金的合计公式

选中 T3 单元格，输入以下公式，按<Enter>键确认。

`=ROUND(E3+H3+K3+N3+Q3,2)`

双击 T3 填充柄向下复制填充公式。

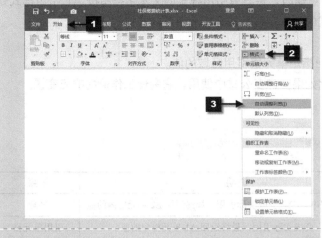

Step 8 编制企业单项保险金的小计公式

现在需要汇总企业里所有员工单项保险金，可按如下步骤操作。

① 选中 A13:C13 单元格区域，设置"合并后居中"，输入"合计"。

② 选中 D3:T12 单元格区域，单击"开始"选项卡，在"编辑"命令组中单击"求和"按钮∑；在"单元格"命令组中单击"格式"→"自动调整列宽"。

Step 9 取消零值的显示

依次单击"文件"→"选项"，弹出"Excel选项"对话框，切换到"高级"选项卡，在"此工作表的显示选项"区域中取消勾选"在具有零值的单元格中显示零(Z)"复选框。

Step 10 美化工作表

① 设置字体、字号、加粗、居中和填充颜色。

② 调整列宽。

③ 设置所有框线。

④ 取消编辑栏和网格线显示。

关键知识点讲解

函数应用：INDIRECT 函数

□ 函数用途

将具有引用样式的文本字符串变成真正的引用。

□ 函数语法

INDIRECT(ret_text,[a1])

□ 参数说明

ret_text 具有引用样式的文本字符串，例如字符串"A1"或是公式"D"&20。

a1　为一逻辑值，其为 TRUE 或者忽略时，将具有引用样式的文本字符串按 A1 引用样式处理；如果为 FALSE 时，将具有引用样式的文本字符串按 R1C1 引用样式处理。

■ 函数说明

● 使用 INDIRECT 函数，直接返回指定单元格引用区域的值。

● INDIRECT 函数是易失的，因此如果在许多公式中使用，它会使工作簿的响应变慢。

■ 函数简单示例

	A	B	C	D	E
1	引用单元格	E2		姓名	职务
2	引用方式	TRUE		1	经理

示例	公式	说明	结果
1	=INDIRECT(B1,B2)	将 B1 中的字符串"E2"变成实际引用，最终返回 E2 单元格内的值	经理
2	=INDIRECT("A1")	将字符串"A1"变成实际引用，最终返回 A1 单元格中的值	引用单元格
3	=INDIRECT("A"&1)	用字符串"A"和 1 连接变成具有引用样式的新字符串"A1"，最终返回 A1 单元格中的值	引用单元格

■ 本例公式说明

以下为本例中 E3 单元格的公式。

```
=ROUND(INDIRECT("D"&ROW())*E$2,2)
```

""D"&ROW()"由"D"与公式所在行的行号构成具有单元格引用样式的字符串，再由 INDIRECT 函数返回正确的单元格的值，即该行的"年度缴费基数"；与 E$2 中的比重相乘，得到本人该项费用值。这样的处理便于后面向下及向右复制填充公式。最后使用 ROUND 函数四舍五入到 2 位小数。

视频：设置工作表保护

5.1.2　设置工作表保护，防止修改

由于保险缴费表具有不允许被随意改动的重要性，故设置工作表内容和格式不允许被修改的保护极为重要。工作表保护的具体操作步骤如下。

Step

Step 1　设置保护工作表

① 单击"审阅"选项卡，在"保护"命令组中单击"保护工作表"按钮，弹出"保护工作表"对话框，在"取消工作表保护时使用的密码"下方的文本框中输入密码，如"excel"，单击"确定"按钮。

在实际工作中，读者应输入保密性强的密码，一般而言，字符加数字的密码安全性较强。

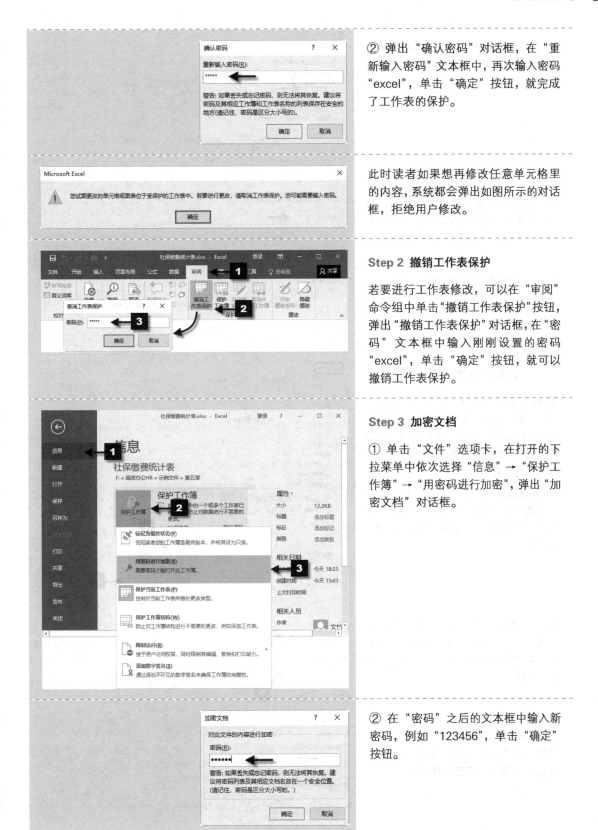

② 弹出"确认密码"对话框，在"重新输入密码"文本框中，再次输入密码"excel"，单击"确定"按钮，就完成了工作表的保护。

此时读者如果想再修改任意单元格里的内容，系统都会弹出如图所示的对话框，拒绝用户修改。

Step 2 撤销工作表保护

若要进行工作表修改，可以在"审阅"命令组中单击"撤销工作表保护"按钮，弹出"撤销工作表保护"对话框，在"密码"文本框中输入刚刚设置的密码"excel"，单击"确定"按钮，就可以撤销工作表保护。

Step 3 加密文档

① 单击"文件"选项卡，在打开的下拉菜单中依次选择"信息"→"保护工作簿"→"用密码进行加密"，弹出"加密文档"对话框。

② 在"密码"之后的文本框中输入新密码，例如"123456"，单击"确定"按钮。

③ 在"重新输入密码"之后的文本框中再次输入密码,单击"确定"按钮。

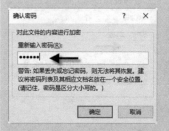

④ 按<Ctrl+S>组合键保存工作簿并关闭。再次打开该工作簿时将弹出"密码"对话框,输入正确的密码"123456"后,才能打开该工作簿。

⑤ 如果输入错误的密码,将弹出"Microsoft Excel"对话框,提示密码不正确。

Step 4 设置修改权限密码

① 在功能区中单击"文件"选项卡→"另存为"命令。在"另存为"区域中选择"计算机"选项,在右侧的"计算机"区域下方选择合适的路径,弹出"另存为"对话框。

② 在弹出的"另存为"对话框中,在右下角单击"工具",在弹出的菜单中选择"常规选项",弹出"常规选项"对话框。

③ 在"修改权限密码"文本框中输入密码,如"excel"。为了安全,可以勾选"生成备份文件"复选框,单击"确定"按钮。

④ 弹出"确认密码"对话框,在"重新输入修改权限密码"文本框中输入"excel",单击"确定"按钮。

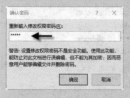

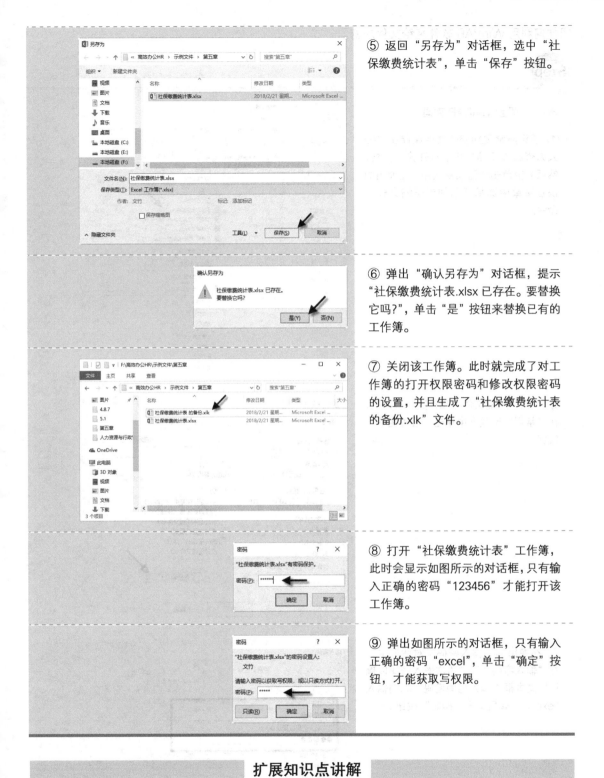

⑤ 返回 "另存为" 对话框，选中 "社保缴费统计表"，单击 "保存" 按钮。

⑥ 弹出 "确认另存为" 对话框，提示 "社保缴费统计表.xlsx 已存在。要替换它吗?"，单击 "是" 按钮来替换已有的工作簿。

⑦ 关闭该工作簿。此时就完成了对工作簿的打开权限密码和修改权限密码的设置，并且生成了 "社保缴费统计表的备份.xlk" 文件。

⑧ 打开 "社保缴费统计表" 工作簿，此时会显示如图所示的对话框，只有输入正确的密码 "123456" 才能打开该工作簿。

⑨ 弹出如图所示的对话框，只有输入正确的密码 "excel"，单击 "确定" 按钮，才能获取写权限。

扩展知识点讲解

应用 WinRAR 给文件加密

除了利用 Excel 自带的加密功能外，还可以借助其他工具对重要文件进行加密处理。下面介绍如何利用 WinRAR 软件来给文件加密。

Step

Step 1 设置 WinRAR 密码

① 假设所需要加密的文件保存在 "F:\人力资源\第五章" 中。打开该文件夹，然后右键单击所需加密文件，在弹出的快捷菜单中选择 "添加到压缩文件" 命令。

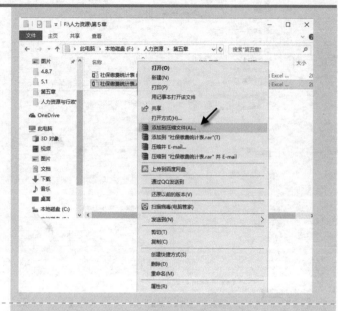

② 弹出 "压缩文件名和参数" 对话框，在 "常规" 选项卡中单击 "设置密码" 按钮。

③ 在弹出的 "输入密码" 对话框中，在 "输入密码" 和 "再次输入密码以确认" 文本框中输入相同密码，本例输入 "excel"，最后单击 "确定" 按钮。

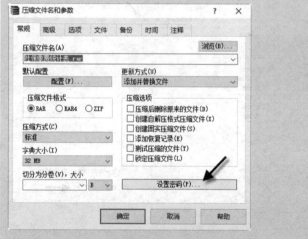

④ 此时返回"带密码压缩"对话框，然后单击"确定"按钮，就可以创建一份加密的压缩文件。

Step 2 打开带有密码的 WinRAR 文件

若要打开这份加密的压缩文件，可按如下步骤操作。

① 右键单击新创建的压缩文件，在弹出的快捷菜单中选择"解压文件"。

② 在弹出的"解压路径和选项"对话框中，本例将压缩文件释放到"桌面"，因此单击对话框里的"桌面"即可，然后单击"确定"按钮。

③ 弹出"输入密码"对话框，只有输入正确的密码"excel"，单击"确定"按钮才能打开该压缩文件。

本案例中输入的密码是"123456"和"excel"，密码位数不多且仅为数字或字母。实际工作中，读者应尽可能设置复杂的密码，比如可以是数字、字母及特殊符号的组合。密码设置得越复杂，对于不知道密码的人而言，试图打开该加密文件的可能性就越低，就越能起到保护重要文件的作用。同时要注意牢记密码，以免忘记密码而无法打开加密文件。

5.2 职工退休到龄提醒表

案例背景

按国家现行规定，男性满 60 周岁，女性干部满 55 周岁，女性工人满 50 周岁即达到正式退休年龄。

在实际工作中，在员工到龄办理退休手续前，人力资源部还有许多工作需要完成，如工作的交接、核定保险缴费、照片准备、保险手册签字等工作，因此人力资源部需要提前了解哪些员工快要到龄，从而提前做好各种准备工作。

下面介绍的案例将借助 VBA 实现职工退休到龄提醒功能。

最终效果展示

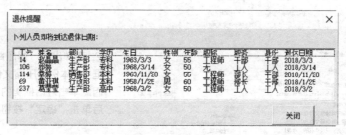

职工退休到龄提醒

关键技术点

要实现本例中的功能，读者应掌握以下 Excel 技术点。
- DATEDIF 函数应用
- VBA 的应用

示例文件

\第 5 章\职工退休到龄提醒表.xlsx

5.2.1 创建职工退休到龄提醒表

对于本案例的实现，首先要编制职工退休到龄提醒表，在该表基础上再利用编制 VBA 代码来提醒人力资源部哪些员工即将退休。

Step 1 新建工作簿

创建工作簿并命名为"职工退休到龄提醒表","保存类型"为"Excel 启用宏的工作簿(*.xlsm)"。

Step 2 输入表格标题和表格内容

① 选中 A1:M1 单元格区域,设置"合并后居中",输入表格标题"某某有限公司员工人事信息表"。

② 在 A2:M2 单元格区域中输入表格各字段标题。

③ 除H列的"年龄"项之外,在A3:M12 单元格区域中输入员工相关信息。

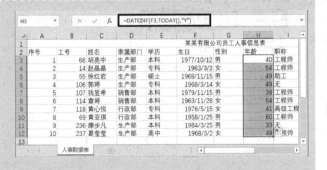

Step 3 编制计算员工年龄公式

现在需要计算员工的年龄。

① 选中 H3 单元格,输入以下公式,按<Enter>键确认。

`=DATEDIF(F3,TODAY(),"Y")`

② 将鼠标指针放在 H3 单元格的右下角,待鼠标指针变为 ➕ 形状后双击,将 H3 单元格的公式快速复制填充到H4:H12 单元格区域。

Step 4 美化工作表

① 设置字体、字号、加粗、居中和填充颜色。

② 调整行高和列宽。

③ 设置框线。

④ 取消编辑栏和网格线显示。

5.2.2 编制 VBA 代码提示到龄员工

下面来编制 VBA 代码，借助窗体提示人力资源部有哪些员工即将退休。本案例中设置提前通知期为两个月。

Step

Step 1 启动 VBA

按<Alt+F11>组合键启动 VBA。

Step 2 插入窗体

依次单击"插入"→"用户窗体"命令。

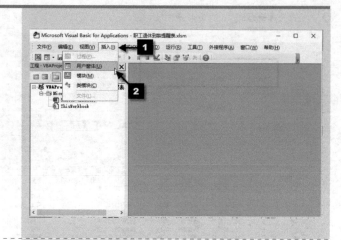

Step 3 修改窗体属性

此时系统将添加一个新窗体"UserForm1"。

① 在"属性"窗口中拖动鼠标选中"(名称)"右侧文本框中的"UserForm1"，将其修改为"usfRtRmnd"，按<Enter>键确认。

② 按此操作方法，将"Caption"文本框中的"UserForm1"修改为"退休提醒"。

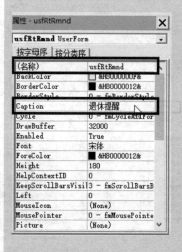

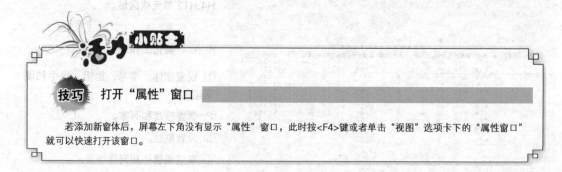

技巧 打开"属性"窗口

若添加新窗体后，屏幕左下角没有显示"属性"窗口，此时按<F4>键或者单击"视图"选项卡下的"属性窗口"就可以快速打开该窗口。

③ 将 "Height" 文本框中的数据修改为 "150"。

④ 向下方拖动 "属性" 窗口右侧的滚动条,直至窗口里显示 "Width",将 "Width" 文本框中的数据修改为 "438"。

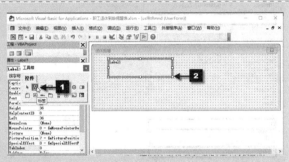

Step 4 添加标签控件

单击窗体的任意位置调出 "工具箱",然后单击 "工具箱" 里的 "标签" 按钮 A,接着移动鼠标单击窗体的任意位置,此时就可以添加一个新标签框。

Step 5 修改标签控件属性

① 在 "属性" 窗口里 "(名称)" 右侧的文本框中选中 "Label1",并修改为 "lblRtRmnd",按<Enter>键确认。

② 按此操作方法,将 "Caption" 文本框里的 "Label1" 修改为 "下列人员即将到达退休日期:"。

③ 将 "Height" 文本框中的数据修改为 "9",将 "Left" 文本框和 "Top" 文本框中的数据修改为 "6",将 "Width" 文本框中的数据修改为 "120"。

Step 6 添加列表框控件

单击窗体的任意位置调出"工具箱"，然后单击"工具箱"里的"列表框"按钮 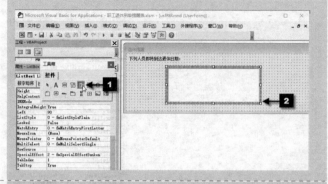，接着移动鼠标单击窗体的任意位置，此时就可以添加一个新列表框。

Step 7 修改列表框控件属性

① 按 Step5 里的操作方法，将"（名称）"右侧文本框中的"ListBox1"修改为"lstRtRmnd"。

② 将"Height"文本框中的数据修改为"66"，将"Left"文本框中的数据修改为"6"，将"Top"文本框中的数据修改为"24"，将"Width"文本框中的数据修改为"418"。

ColumnCount 为列表框的列数，用来显示符合条件人员的工号、姓名、隶属部门、学历、生日、性别、年龄、职称、职务、身份、退休时间，因此需要对其进行修改。

③ 将"ColumnCount"文本框里的数据"1"修改为"11"。

④ 在"ColumnWidths"文本框里输入数据"24.95;40;40;30;53;24.95;24.95;40;40;24.95;49.95"。

Step 8 添加命令控件

单击窗体的任意位置，调出"工具箱"，然后单击"工具箱"里的"命令按钮"按钮，接着移动鼠标单击窗体的任意位置，此时就可以添加一个新命令按钮。

Step 9 修改命令控件属性

① 按 Step5 里的操作方法,将"(名称)"右侧文本框中的"CommandButton1"修改为"cmdOk",将"Caption"右侧文本框中的"CommandButton1"修改为"关闭"。

② 将"Height"文本框中的数据修改为"24",将"Left"文本框中的数据修改为"342",将"Top"文本框中的数据修改为"96",将"Width"文本框中的数据修改为"54"。

Step 10 输入命令按钮控件代码

① 双击窗体里的"关闭"按钮,弹出如图所示的窗口。

② 输入如下代码。

```
Private Sub cmdOk_Click()
  Unload Me
End Sub
```

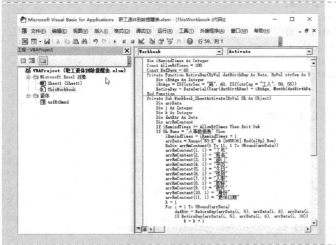

Step 11 输入工作簿代码

双击屏幕左侧"工程"窗口里的"ThisWorkbook",在右侧的代码区中输入以下代码。

```
Dim iRemindTimes As Integer
Const AllowRtTimes = 100
Const BefDays = 60
Private Function RetireDay(ByVal datBirthDay As Date, ByVal strSex As String, ByVal strCap As String)
As Date
    Dim iRtAge As Integer
    iRtAge = IIf(strSex = "男", 60, IIf(strCap = "工人", 50, 55))
    RetireDay = DateSerial(Year(datBirthDay) + iRtAge, Month(datBirthDay), Day(datBirthDay))
End Function
Private Sub Workbook_SheetActivate(ByVal Sh As Object)
    Dim arrData
    Dim i As Integer
    Dim k As Integer
    Dim datRtr As Date
    Dim arrRmContent
    If iRemindTimes >= AllowRtTimes Then Exit Sub
    If Sh.Name = "人事数据表" Then
        iRemindTimes = iRemindTimes + 1
        arrData = Range("B3:K" & [b65536].End(xlUp).Row)
        ReDim arrRmContent(1 To 11, 1 To UBound(arrData))
        arrRmContent(1, 1) = "工号"
        arrRmContent(2, 1) = "姓名"
        arrRmContent(3, 1) = "部门"
        arrRmContent(4, 1) = "学历"
        arrRmContent(5, 1) = "生日"
        arrRmContent(6, 1) = "性别"
        arrRmContent(7, 1) = "年龄"
        arrRmContent(8, 1) = "职称"
        arrRmContent(9, 1) = "职务"
        arrRmContent(10, 1) = "身份"
        arrRmContent(11, 1) = "退休日期"
        k = 1
        For i = 1 To UBound(arrData)
            datRtr = RetireDay(arrData(i, 5), arrData(i, 6), arrData(i, 10))
            If RetireDay(arrData(i, 5), arrData(i, 6), arrData(i, 10)) - Now < BefDays Then
                k = k + 1
                arrRmContent(1, k) = arrData(i, 1)
                arrRmContent(2, k) = arrData(i, 2)
                arrRmContent(3, k) = arrData(i, 3)
                arrRmContent(4, k) = arrData(i, 4)
                arrRmContent(5, k) = arrData(i, 5)
                arrRmContent(6, k) = arrData(i, 6)
                arrRmContent(7, k) = arrData(i, 7)
                arrRmContent(8, k) = arrData(i, 8)
                arrRmContent(9, k) = arrData(i, 9)
                arrRmContent(10, k) = arrData(i, 10)
                arrRmContent(11, k) = datRtr
            End If
        Next i
        ReDim Preserve arrRmContent(1 To 11, 1 To k)
        If k > 1 Then
            usfRtRmnd.lstRtRmnd.List = Application.Transpose(arrRmContent)
            usfRtRmnd.Show False
        End If
    End If
End Sub
Private Sub Workbook_Activate()
    If ActiveSheet.Name = "人事数据表" Then Call Workbook_SheetActivate(ActiveSheet)
End Sub
```

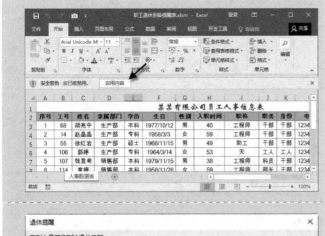

Step 12 运行 VBA

单击"保存"按钮，保存代码，关闭 VBA，再关闭该工作簿。重新打开该工作簿，弹出如图所示的"安全警告"，单击"启用内容"按钮。

此时将显示如图所示的提示框，该提示框中包含了即将到龄的员工信息。

对于达到退休日期人员的信息，需要及时从当前记录中清除，并单独记录整理。

关键知识点讲解

VBA 程序讲解

```
Dim iRemindTimes As Integer
Const AllowRtTimes = 1
Const BefDays = 60
```

第一句定义了一个整型变量 iRemindTimes，用来记录已经提醒的次数；后两句定义了两个常量，AllowRtTimes 为允许提醒的次数，BefDays 为到达退休日的提前提醒天数，根据需要可以重新设置这两个变量。

```
Private Function RetireDay(ByVal datBirthDay As Date, ByVal strSex As String, ByVal strCap As String) As Date
    Dim iRtAge As Integer
    iRtAge = IIf(strSex = "男", 60, IIf(strCap = "工人", 50, 55))
    RetireDay = DateSerial(Year(datBirthDay) + iRtAge, Month(datBirthDay), Day(datBirthDay))
End Function
```

这个自定义函数的作用是计算退休日期，3 个参数 datBirthDay、strSex、strCap 分别为生日、性别、身份，退休日期为：男性满 60 周岁、女性干部满 55 周岁、女性工人满 50 周岁。

```
Private Sub Workbook_SheetActivate(ByVal Sh As Object)
    Dim arrData
    Dim i As Integer
    Dim k As Integer
    Dim datRtr As Date
    Dim arrRmContent
    If iRemindTimes >= AllowRtTimes Then Exit Sub
    If Sh.Name = "人事数据表" Then

        iRemindTimes = iRemindTimes + 1
        arrData = Range("B3:K" & [b65536].End(xlUp).Row)
        ReDim arrRmContent(1 To 11, 1 To UBound(arrData))
```

```
        arrRmContent(1, 1) = "工号"
        arrRmContent(2, 1) = "姓名"
        arrRmContent(3, 1) = "部门"
        arrRmContent(4, 1) = "学历"
        arrRmContent(5, 1) = "生日"
        arrRmContent(6, 1) = "性别"
        arrRmContent(7, 1) = "年龄"
        arrRmContent(8, 1) = "职称"
        arrRmContent(9, 1) = "职务"
        arrRmContent(10, 1) = "身份"
        arrRmContent(11, 1) = "退休日期"
        k = 1
        For i = 1 To UBound(arrData)
            datRtr = RetireDay(arrData(i, 5), arrData(i, 6), arrData(i, 10))
            If RetireDay(arrData(i, 5), arrData(i, 6), arrData(i, 10)) - Now < BefDays Then
                k = k + 1
                arrRmContent(1, k) = arrData(i, 1)
                arrRmContent(2, k) = arrData(i, 2)
                arrRmContent(3, k) = arrData(i, 3)
                arrRmContent(4, k) = arrData(i, 4)
                arrRmContent(5, k) = arrData(i, 5)
                arrRmContent(6, k) = arrData(i, 6)
                arrRmContent(7, k) = arrData(i, 7)
                arrRmContent(8, k) = arrData(i, 8)
                arrRmContent(9, k) = arrData(i, 9)
                arrRmContent(10, k) = arrData(i, 10)
                arrRmContent(11, k) = datRtr
            End If
        Next i
        ReDim Preserve arrRmContent(1 To 11, 1 To k)
        If k > 1 Then
            usfRtRmnd.lstRtRmnd.List = Application.Transpose(arrRmContent)
            usfRtRmnd.Show False
        End If
    End If
End Sub
Private Sub Workbook_Activate()
    If ActiveSheet.Name = "人事数据表" Then Call Workbook_SheetActivate(ActiveSheet)
End Sub
```

第 1 行和第 47 行，即 "Private Sub Workbook_SheetActivate(ByVal Sh As Object)" 和 "End Sub" 为事件过程标志。

第 2 行至第 6 行：变量声明。

第 7 行：判断是否达到提醒次数。

第 8 行和第 46 行，即 "If Sh.Name="人事数据表"Then" 和 "End If"，判断活动工作表是否为数据表。

第 9 行：已经提醒次数计数加 1。

第 10 行：读取工作表数据到变量 arrData 中，为数组变量，可以提高计算速度。

第 11 行：初始化存放结果的数组变量 arrRmContent。

第 12 行至第 22 行：标题行名称。

第 23 行：符合条件人员计数初始化 k=1。

第 24 行至第 41 行："for" 和 "next" 循环体，逐行判断是否接近退休时间，将符合的写入结果数组 arrRmContent。注意两个数组行与列的对应关系。

第 42 行：调整结果数组 arrRmContent 大小。

第 43 行至第 45 行：判断是否有符合条件人员，有则显示提示窗体。

第 49 行至第 51 行：用于首次打开工作簿时能够调用 SheetActivate 事件。

第 **6** 章 Excel 在行政管理中的
应用

Excel 2016 高效办公

　　企业行政管理人员日常需要处理的事务十分繁杂，经常需要
安排各种事务，需要我们提前做好相应准备。本章主要介绍 Excel
在行政管理中的常见应用，包括 Excel 抽奖器和会议室使用安排
表的制作。

6.1 Excel 抽奖器

案例背景

为了丰富职工生活，公司在重大节日时往往会组织一些文体活动，这样既增进员工间的彼此交流，也有益于提高员工对公司的认同感和归属感。在活动的过程中，为了调动现场气氛，使活动显得更精彩，适当穿插一些抽奖的小活动能收到很好的效果。Excel 2003 中就自带有"抽奖器"模板，虽然 Excel 2016 中默认没有这个模板，但是可以导入此模板，利用此模板帮助活动组织者有效地解决抽奖问题。

最终效果展示

特等奖	一等奖	二等奖	三等奖	四等奖	五等奖
杨肠	孙焙	严嘉沁	韩青	朱鸣臻	陆迪
	王倩栎	马泰泰	豪婷	李冬冬	张玲
		李娜	张丽	王路	卢云
			房萌萌	李东洋	王世巧
				钱晟弈	于旭苏
					冯嫡婷

抽奖器

关键技术点

要实现本例中的功能，读者应掌握以下 Excel 技术点。

● Excel 抽奖器的应用

示例文件

\第 6 章\抽奖器.xlsx

6.1.1 了解 Excel 自带的模板

Excel 的功能其实非常强大，不仅能够用于记录人事数据信息，处理企业日常运营所产生的数据，而且其自带模板种类很多，也很实用，比如"案例背景"中提及的抽奖器就是一个用途广泛的模板。下面就将简单介绍有关抽奖器的应用方法。

Step

Step 1 另存为模板

① 双击打开"REPORT9.XLT"模板文件。

Excel 2007 和以上版本均不包含"抽奖器"模板。读者可以在 Internet 上下载，或者在安装了 Excel 2003 的计算机上，在默认的模板位置 C:\Program Files\Microsoft Office\Templates\2052\中将"抽奖器"模板文件"REPORT9.XLT"复制出来。

② 按<F12>键，打开"另存为"对话框，在"保存类型"文本框中单击右侧的下箭头按钮，在弹出的下拉列表中选择"Excel 启用宏的模板（ *.xltm ）"，在"文件名"右侧的文本框中输入"抽奖器"，单击"保存"按钮。

③ 单击右上角的"关闭"按钮，关闭该模板。

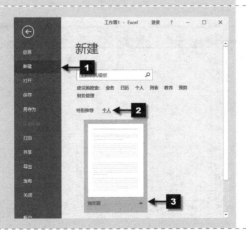

Step 2 打开模板

打开 Excel，依次单击"文件"选项卡 →"新建"命令，在右侧单击"个人"选项卡，单击"抽奖器"。

Step 3 保存工作簿

① 此时系统自建了名为"抽奖器 1"的工作簿。弹出如图所示的"安全警告"，单击"启用内容"按钮。

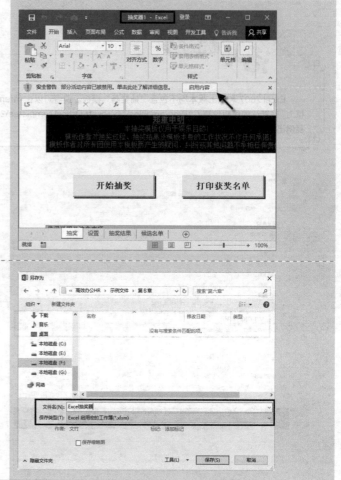

② 单击"快速访问工具栏"中的保存按钮，打开"另存为"对话框，在右侧的"计算机"区域下方单击"浏览"按钮，选择欲保存的路径后，在"保存类型"文本框中，单击右侧的下箭头按钮，在弹出的下拉列表中选择"Excel 启用宏的工作簿（*.xlsm）"，在"文件名"文本框中输入"Excel 抽奖器"。单击"保存"按钮。

6.1.2 应用 Excel 抽奖器模板进行抽奖

现在抽奖器已经启动，接下来就可以进行抽奖活动了。具体的操作步骤如下。

Step 1 输入候选人名单

切换到"候选名单"工作表，在 A 列的"请输入候选名单"栏下面输入要参加抽奖活动的员工姓名。

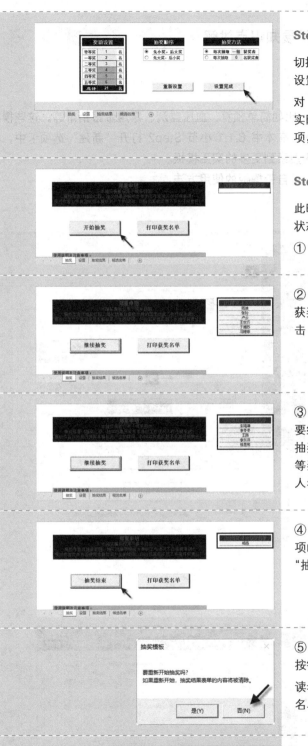

Step 2 设置奖项人数

切换到"设置"工作表，在"奖项设置"栏里设置各个奖项的人数。

对"抽奖顺序"和"抽奖方法"读者可以依据实际情况进行适当调整，本案例使用默认选项，最后单击"设置完成"按钮即可。

Step 3 开始抽奖

此时系统将自动切换至工作表"抽奖"，在该状态下就可以进行抽奖活动了。

① 单击"开始抽奖"按钮。

② 这时在屏幕的右侧将显示"(五)等奖–本次获奖名单"，并且不断地闪动候选人名单。单击"停止"按钮，即可获得获奖员工的名单。

③ 五等奖的获奖员工名单已经获得，接下来要继续抽取四等奖员工的名单。单击"继续抽奖"按钮，这时在屏幕的右侧将显示"(四)等奖–本次获奖名单"，并且不断地闪动候选人名单。

④ 按上面的操作方法，可以依次获得各个奖项的获奖员工名单。特等奖抽完之后，将显示"抽奖结束"按钮，单击"抽奖结束"按钮。

⑤ 此时会弹出"抽奖模板"对话框，单击"否"按钮即可。

读者若想打印获奖名单，直接单击"打印获奖名单"按钮即可。

Step 4 查看抽奖结果

读者若想查看抽奖结果，可以切换到"抽奖结果"工作表，在该工作表里记录了刚才抽奖的结果。

扩展知识点讲解

Excel 2016 中的自带模板

在 Excel 2016 中有许多常用的模板，比如简单预算、血压监测、零用金报销单等，这些模板都有非常重要的应用。如果计算机已联网，在本书 6.1.1 小节 Step2 打开"新建"选项卡中，单击"特色"下方的其他模板，就可以在线搜索到更多的实用模板。

下面以个人预算表为例简单地介绍一下自带模板的使用方法。

Step 1 启动个人预算模板

① 启动 Excel 2016，单击"文件"选项卡，在打开的下拉菜单中选择"新建"命令，单击"特别推荐"选项卡，拖动右侧的滚动条，选中"员工培训跟踪器"模板。

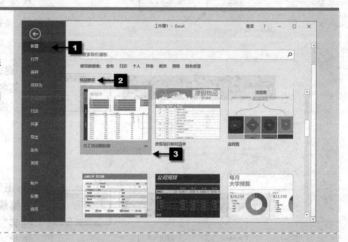

② 在弹出的预览页面中单击"创建"按钮。

③ 等待下载完毕后，自动打开"员工培训跟踪器 1"工作表，按<Ctrl+S>组合键，打开"另存为"页面，单击"浏览"按钮，弹出"另存为"对话框，选择合适的路径后，单击"保存"按钮。

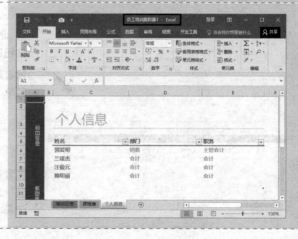

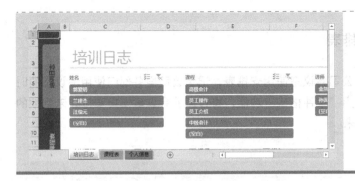

Step 2 输入培训信息

在课程表与个人信息表中，输入单位与个人的相关信息。

6.2 公司会议室使用安排表

案例背景

企业各部门时常有临时任务，需要利用会议室来布置相关事宜。需要使用会议室的部门应该提前向行政部申请会议室，并说明会议举行的大致时间，行政部依此制订出相应的会议室使用时间表。

为了协调各部门的申请，提高会议室的使用效率，行政部可以通过制作 Excel 提醒表来实现这个目的。

最终效果展示

公司会议室使用安排表

日期	使用时间段		使用部门	会议主题	拟到会人数	会议场地
2017/12/30	上午	9:30　11:30	行政部	年终总结报告会	25人	公司大会议室
	下午	13:30　14:30	生产部	生产协调会	10人	公司小会议室
2018/3/5	上午	9:00　10:00	财务部	年报会	6人	公司小会议室
		10:30　11:30	人力资源部	新员工面试	-	公司多功能厅
	下午	13:30　16:30	人力资源部	新员工面试	-	公司多功能厅
2018/3/20	上午					
	下午	14:00　15:30	技术部	新品研发协调会	10人	公司小会议室

企业重大会议日程安排提醒表

关键技术点

要实现本例中的功能，读者应掌握以下 Excel 技术点。

● 条件格式的应用

示例文件

\第 6 章\企业重大会议日程安排提醒表.xlsx

6.2.1 创建公司会议室使用安排表

对于本案例的实现，首先要编制公司会议室使用安排表，记录公司里各部门使用会议室的时间和会议主题等基本内容，其次再利用"条件格式"功能，将过期的会议室使用安排和未到期的会议室使用安排以不同的颜色区别开来。

Step

Step 1 打开工作簿

打开工作簿"公司会议室使用安排表"。

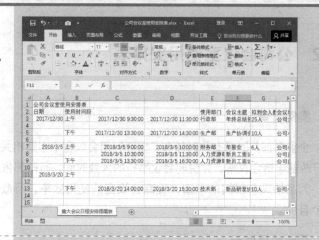

Step 2 设置单元格时间格式

"使用时间段"里的时间显得过于冗长，可以通过单元格格式的设置来简化所显示的时间。

选中 C3:D14 单元格区域，按<Ctrl+1>组合键，弹出"设置单元格格式"对话框。在左侧的"分类"列表框中选择"时间"，在右侧的"类型"列表框中选择"13:30"。单击"确定"按钮。

Step 3 美化工作表

① 设置字体、字号、加粗、合并后居中和居中。

② 调整行高和列宽。

③ 设置框线。

④ 取消编辑栏和网格线显示。

6.2.2 设置 Excel 条件格式高亮提醒

为了在实际工作中更直观地了解会议室的使用安排，可借助 Excel 的条件格式功能便捷实现该目的。该功能判断"日期"和"使用时间段"，即会议室的使用时间是否已经超过当前时间，若超过则对文字加横线区分，单元格背景显示为黄色。

视频：设置高亮提醒

Step 1 设置"日期"高亮提醒

首先设置"日期"字段的高亮提醒。

① 选中 A3 单元格，依次单击"开始"选项卡→"条件格式"→"管理规则"命令。

② 弹出"条件格式规则管理器"对话框，单击"新建规则"按钮。

③ 弹出"新建格式规则"对话框，在"选择规则类型"列表框中选择"只为包含以下内容的单元格设置格式"选项。在"编辑规则说明"区域中，第 1 个选项保持不变；第 2 个选项，单击右侧的下箭头按钮，在弹出的列表中选择"小于"；第 3 个选项中，输入以下公式，单击"格式"按钮。

```
=TODAY()
```

④ 在弹出的"设置单元格格式"对话框中,单击"字体"选项卡,在"特殊效果"区域勾选"删除线"复选框。单击"颜色"下方右侧的下箭头按钮,在弹出的颜色面板中选择"标准色"下的"红色"。

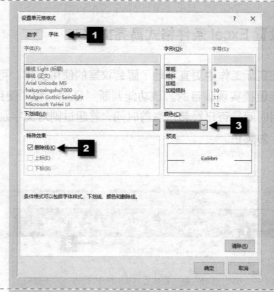

⑤ 切换到"填充"选项卡,选中"黄色",单击"确定"按钮。

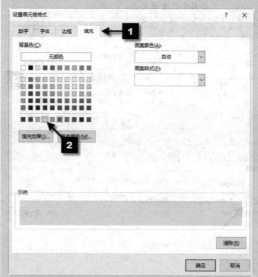

⑥ 返回"新建格式规则"对话框,单击"确定"按钮。

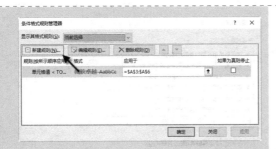

⑦ 返回"条件格式规则管理器"对话框，单击"新建规则"按钮。

⑧ 弹出"新建格式规则"对话框，在"选择规则类型"列表框中选择"只为包含以下内容的单元格设置格式"选项；在"编辑规则说明"区域中，第 1 个选项保持不变；第 2 个选项，单击右侧的下箭头按钮，在弹出的列表中选择"大于或等于"；第 3 个选项中输入以下公式，单击"格式"按钮。

`=TODAY()`

⑨ 弹出"设置单元格格式"对话框，切换到"字体"选项卡，单击"颜色"下方右侧的下箭头按钮，在弹出的颜色面板中选择"标准色"下的"蓝色"。

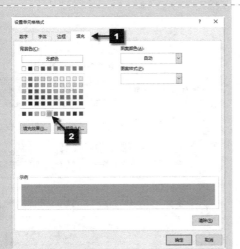

⑩ 切换到"填充"选项卡，选中"浅绿"，单击"确定"按钮。

⑪ 返回"新建格式规则"对话框，单击"确定"按钮。

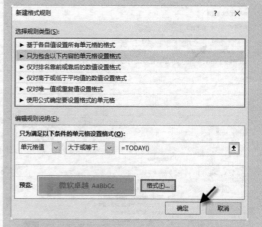

⑫ 效果如图所示，单击"确定"按钮。

此时，系统将依据条件格式里设置的条件，判断表格里的时间是否超过当前时间。若是，则单元格显示黄色背景，单元格里的日期显示红色且加删除线；若不是，则单元格显示浅绿色背景，单元格里的日期显示蓝色。

Step 2 复制单元格格式

选中 A3 单元格，在"开始"选项卡的"剪贴板"命令组中双击"格式刷"按钮，分别单击 A7、A11 单元格，格式即复制填充到 A7:A14 单元格区域。按 <Ctrl+S> 组合键保存或者再次单击"格式刷"按钮，取消"格式刷"状态。

条件格式设置完成。

Step 3 设置"使用时间段"高亮提醒

"使用时间段"项高亮提醒设置的操作基本上和设置"日期"高亮提醒一样，唯一不同的是输入的公式，设置"使用时间段"高亮提醒中所应用的公式如下。

`=NOW()`

选中 C3:D14 单元格区域，设置条件格式。完成设置后，单击"条件格式规则管理器"对话框里的"确定"按钮即可。

效果如图所示。

Step 4 清除规则

若需要删除创建的条件格式，步骤如下。

按<Ctrl>键，同时选中 C4:D4、C6:D6、C10:D12 和 C14:D14 单元格区域，切换到"开始"选项卡，在"样式"命令组中单击"条件格式"按钮，在打开的下拉菜单中选择"清除规则"→"清除所选单元格的规则"命令。

第 **7** 章　考勤和年假管理

Excel 2016 高效办公

　　Excel 控件是放置于窗体上的一些图形对象，可用来显示或输入数据、执行操作或使窗体更易于阅读。

　　这些对象包括文本框、列表框、选项按钮、命令按钮及其他一些对象。控件提供给用户一些可供选择的选项，或是用户单击某些按钮后可运行宏程序。下面就介绍应用 Excel 的 ActiveX 控件制作考勤管理系统和职工带薪年休假申请审批单。

7.1 员工考勤管理系统表

案例背景

企业中的考勤管理是人事管理中重要的一部分，必要的、严格的考勤管理是完成各项任务的重要保障，考勤记录也是分配工资、绩效考核的重要依据。本例通过 Excel 中 VBA 提供的强大功能编制公司考勤系统。

最终效果展示

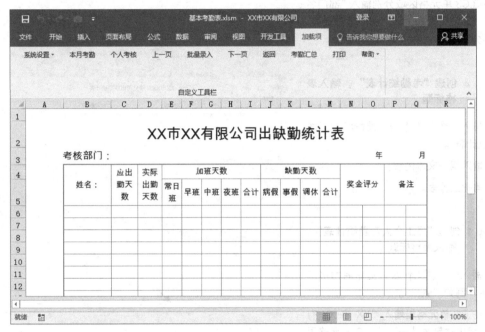

基本考勤表

关键技术点

要实现本例中的功能，以下为读者应当掌握的 Excel 技术点。

● VBA 基础知识应用

示例文件

\第 7 章\基本考勤表.xlsx

7.1.1 建立基本考勤表单

本案例主要是利用 VBA 来实现对员工出勤的考核。

Step 1 创建工作簿

新建一个工作簿，保存为"Excel 启用宏的工作簿（*.xlsm）"文件类型，并命名为"基本考勤表"。将"Sheet1"工作表重命名为"资料"。

Step 2 输入表格标题

在 A1 单元格中输入"使用单位名称"，在 B1 单元格中输入"考勤开始日期"，在 A3:C3 单元格区域分别输入"部门名称""部门负责人"和"部门考勤员"。美化工作表。

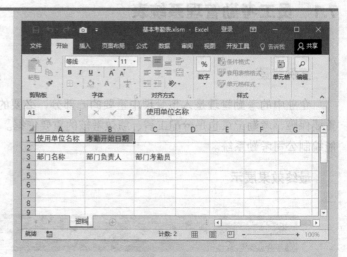

Step 3 创建"考勤统计表"，输入表格标题

① 插入一个新工作表，重命名为"考勤统计表"。

② 输入相关文本内容。

③ 美化工作表。

Step 4 创建"员工个人考勤统计表"，输入表格标题

① 插入一个新工作表，重命名为员工姓名，例如"张三"。

② 在 B1 单元格里输入"XX 市 XX 有限公司出缺勤统计表"，在 B2 单元格里输入"2018 年 月份人员考核记录表"，在 B3 和 B4 里分别输入"姓名"和"日期"，在 C4 和 E4 单元格里分别输入"上午"和"下午"，在 G4 和 G5 单元格里分别输入"工作内容"和"加班情况（或外出情况）"，在 C5:F5 单元格区域里分别输入"到""缺""到"和"缺"，在 O4 单元格里输入"扣分"，在 B37 和 B38 单元格里输入"本月考核得分总计："和"部门负责人："，在 I37 单元格里输入"计分系数："，在 M37 和 M38 单元格里分别输入"实际计分数："和"考勤员："。

Step 5 设置单元格格式

① 选 中 B6:B36 单元格区域，按
<Ctrl+1>组合键，弹出"设置单元格格
式"对话框，切换到"数字"选项卡。

② 在"分类"列表框中选择"自定义"，
在"类型"文本框中输入"d"，单击"确
定"按钮。

此时就完成所选区域里单元格格式日
期设置，日期将以天数形式输出。

Step 6 设置到勤、缺勤的显示符号

本案例利用"√"和"△"符号分别代
表到勤和缺勤。

① 按<Ctrl>键，同时选中 C6:C36 和
E6:E36 单元格区域，按<Ctrl+1>组合
键，弹出"设置单元格格式"对话框，
单击"数字"选项卡。

② 在"分类"列表框中选择"自定义"，
在"类型"文本框中输入"[=1]"√""，
单击"确定"按钮。

③ 按<Ctrl>键，同时选中 D6:D36 和
F6:F36 单元格区域，按<Ctrl+1>组合
键，弹出"设置单元格格式"对话框，
单击"数字"选项卡。

④ 在"分类"列表框中选择"自定义"，
在"类型"文本框中输入"[=1]"△""，
单击"确定"按钮。

Step 7 美化工作表

① 选中 B1:O1、B4:B5、C4:D4、E4:F4、G4:N4、G5:N5、O4:O5 和 I37:J37 单元格区域，设置"合并后居中"。选中 B37:F37 单元格区域，设置"合并单元格"。

② 选中 B4 单元格，设置自动换行。

③ 选中 B4:O36 单元格区域，设置居中。

④ 调整行高和列宽，设置字体、字号，设置框线，取消编辑栏网格线显示。

Step 8 设置工作表保护

① 在"张三"工作表中，选中 B1:O38 单元格区域，按<Ctrl+1>组合键，弹出"设置单元格格式"对话框，切换到"保护"选项卡，取消勾选"锁定"复选框，然后单击"确定"按钮。

② 切换到"审阅"选项卡，在"保护"命令组中单击"保护工作表"按钮，弹出"保护工作表"对话框，取消勾选"选定锁定单元格"复选框，单击"确定"按钮。

7.1.2 编制员工考勤管理系统

前面已经创建好了基本考勤表，下面就可以利用 VBA 编辑器来编制考勤管理系统。

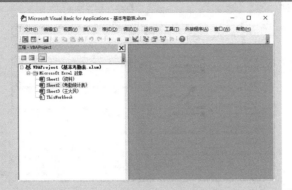

Step 1 启动 VBA 编辑器

按<Alt+F11>组合键，启动 VBA 编辑器。此时将弹出界面"Microsoft Visual Basic for Applications—基本考勤表.xlsm"。

Step 2 添加新窗体 1

在考勤管理系统中会大量用到对话框，因此要事先设置这些对话框。这里需要利用窗体来实现这一目的。

依次单击菜单里栏的"插入"→"用户窗体"，此时系统将自动添加一个新窗体"UserForm1"。

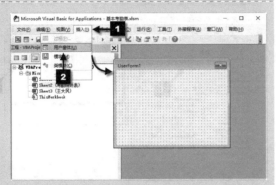

Step 3 重命名窗体

新添加的窗体的作用是设置使用单位和开始考勤日期。可以按下面的操作对该窗体进行重命名。

在屏幕左下角"属性—UserForm1"界面的"Caption"文本框里输入"单位设置"，按<Enter>键确认。

此时"工具箱"控件栏被隐藏，可以单击"单位设置"窗体使"工具箱"控件重新出现。

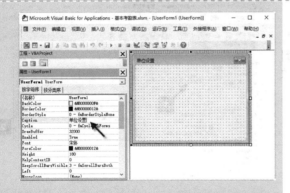

Step 4 添加框架

单击"工具箱"控件栏里的"框架"按钮，然后移动鼠标指针到窗体"单位设置"的任意位置，当鼠标指针变成+形状时，按住鼠标左键不放向右下角拖曳至如图所示的适当位置，松开左键即可添加一个新框架"Frame1"。

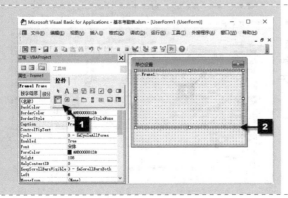

Step 5 重命名框架

在屏幕左下角"属性—Frame1"界面的"Caption"文本框里删除"Frame1"。

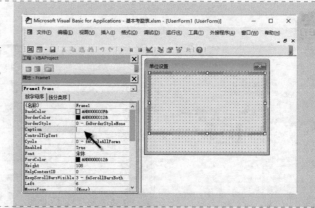

Step 6 添加文本框

单击"工具箱"控件栏里的"文本框"按钮 **ab|**，然后移动鼠标指针到"Frame1"框架中，按住鼠标左键不放向右下角拖曳至如图所示的适当位置，松开左键即可添加一个新文本框。

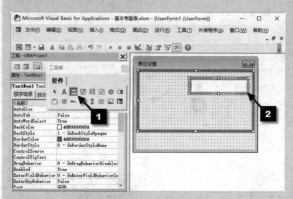

Step 7 添加复合框

单击"工具箱"控件栏里的"复合框"按钮 ，然后移动鼠标指针到"Frame1"框架中，按住鼠标左键不放向右下角拖曳至如图所示的适当位置，松开左键即可添加一个新复合框。

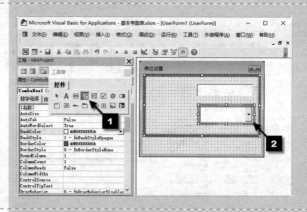

Step 8 添加标签框

单击"工具箱"控件栏里的"标签框"按钮 **A**，然后移动鼠标指针到"Frame1"框架中，按住鼠标左键不放向右下角拖曳至如图所示的位置，松开左键即可添加一个新标签框。

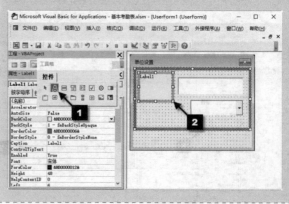

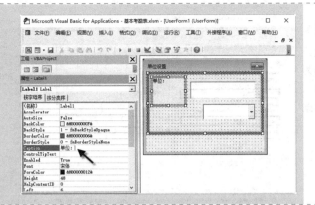

Step 9 重命名标签框

在屏幕左下角"属性—Label1"界面的"Caption"文本框里输入"单位:",按<Enter>键确认即可对该窗口重命名。

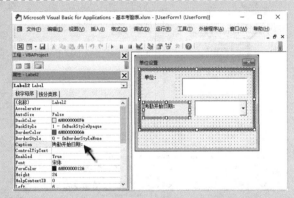

Step 10 添加新标签框并命名

① 按 Step8 和 Step9 的操作方法再添加一个新的标签框。

② 在标签框中拖动鼠标选中"Label2",输入"考勤开始日期:"。

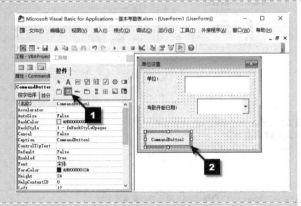

Step 11 添加命令按钮

单击"工具箱"控件栏里的"命令按钮"按钮，然后移动鼠标，单击"Frame1"框架下方如图所示的位置，添加一个命令按钮。

Step 12 重命名命令按钮

① 在屏幕左下角"属性—Command Button1"界面的"Caption"文本框里输入"确定（D）",按<Enter>键确认。

② 在"Accelerator"文本框里输入字母"D",按<Enter>键确认，此时就能为该字母添加下划线。

Step 13 添加新命令按钮并命名

① 按 Step11 和 Step12 的操作方法，再添加一个新命令按钮，并将其命名为"取消（C）"。

② 在"Accelerator"文本框里输入字母"C"，按<Enter>键确认。

Step 14 编写代码

① 单击"工程—VBAProject"界面里的"查看代码"按钮 ，弹出如图所示的窗口。

单击"基本考勤表.xlsm—UserForm1（代码）"窗口的最大化图标，可以调整该窗口的大小。

② 按<Delete>键删除代码编辑区里原有的代码，然后输入如下代码。

```
Private Sub CommandButton1_Click() '设置单位窗体
    If Trim(TextBox1.Text) = "" Then '单位名称不能为空
        MsgBox "请输入使用单位名称!", 64, "提示"
            TextBox1.SetFocus
        Exit Sub
    End If
    Sheet1.Cells(2, 1).Value = Trim(TextBox1.Text)  '[资料]表 A2 单元格存储单位名称
    Sheet1.Cells(2, 2).Value = ComboBox1.Text '[资料]表 B2 单元格存储开始日期
    With Sheet2
        .Unprotect '取消[考勤统计表]的保护
        .Cells(2, 2).Value = Sheet1.Cells(2, 1).Value & "出缺勤统计表" '[考勤统计表]更新标题
        .Protect '保护[考勤统计表]
    End With
    Application.Caption = Sheet1.Cells(2, 1).Value   '更新 Excel 标题栏
    Unload Me
    MsgBox "已成功设置使用单位!", 64, "提示"
    End Sub
Private Sub CommandButton2_Click()
    Unload Me
End Sub
Private Sub Frame1_Click()
End Sub
Private Sub UserForm_Initialize()
    TextBox1.SetFocus
```

```
        ComboBox1.AddItem "26 日"
        ComboBox1.AddItem "27 日"
        ComboBox1.AddItem "28 日"
        ComboBox1.AddItem "29 日"
        ComboBox1.AddItem "30 日"
        ComboBox1.AddItem "31 日"
        ComboBox1.AddItem "1 日"
        ComboBox1.AddItem "2 日"
        ComboBox1.AddItem "3 日"
        ComboBox1.AddItem "4 日"
        ComboBox1.AddItem "5 日"
        ComboBox1.ListIndex = 0
End Sub
Private Sub UserForm_QueryClose(Cancel As Integer, CloseMode As Integer)
    If CloseMode <> 1 Then Cancel = True '屏蔽窗体关闭按钮
End Sub
```

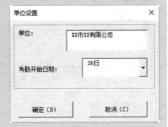

③ 至此，"单位设置"窗体的程序已编写完毕，可以运行调试。单击"运行子过程/用户窗体（F5）"按钮▶，即可运行程序。此时会弹出"单位设置"对话框。

④ 在该对话框的"单位"文本框里输入"XX 市 XX 有限公司"，"考勤开始日期"文本框里使用默认的"26日"，然后单击"确定"按钮。

⑤ 系统弹出"已成功设置使用单位"的提示，单击"确定"按钮。

⑥ 若要查看程序运行的结果，可以单击"常用"工具栏里的"视图 Microsoft Excel(Alt+F11)"按钮图，将返回工作表界面；再单击工作表标签"资料"，在 A2 和 B2 单元格里已分别输出刚才输入的"XX 市 XX 有限公司"和"26 日"。

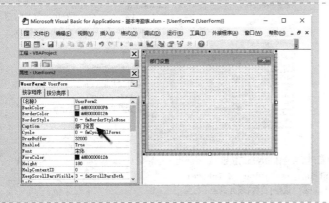

Step 15 添加新窗体 2

前面添加的窗体被用来作为使用单位和开始考勤日期的设置，接着还需要再添加 3 个窗体，分别用于增删部门、增删部门人员和选择考勤月份。下面介绍这 3 个窗体里各自所用到的控件类型和代码。

① 添加新窗体"UserForm2"，并将该窗体重命名为"部门设置"。

② 在该窗体里添加两个框架，将其中的"Frame1"框架命名为"删除"，左侧的"Frame2"框架命名为"增加"。

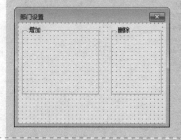

③ 在"删除"框架里添加一个列表框，在"增加"框架里添加 3 个文本框和 3 个标签框，"TextBox1"文本框放置在最上面位置，"TextBox2"文本框放置在最下面位置，"TextBox3"文本框放置在中间位置。将 3 个标签框分别命名为"名称:""负责人:"和"考勤员:"。

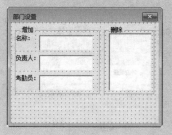

读者若要查看哪个文本框是"TextBox1"，可以单击任意一个文本框的外边框，此时在"属性"界面里将会显示该文本框的名称。

④ 在"部门设置"窗体里添加 3 个命令按钮，并分别命名为"增加(D)""删除(F)"和"退出(C)"。

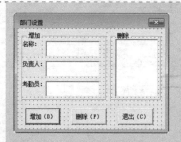

⑤ 在代码编辑区里输入如下代码。

```
Private Sub CommandButton1_Click() '部门设置窗体增加部门按钮
    Dim myRow As Integer, Cycle As Integer, myColumu As Integer
    myRow = Sheet1.[a65536].End(xlUp).Row '取得[资料]表 A 列最下行号
```

```vba
        myColumu = Sheet1.[IV3].End(xlToLeft).Column '取得[资料]表第 3 行最右列号
        If Trim(Frame2.TextBox1.Text) = "" Then '部门名称不能为空
            MsgBox "请输入使用部门名称!", 64, "提示"
                Frame2.TextBox1.SetFocus
            Exit Sub
        End If
        If Trim(Frame2.TextBox3.Text) = "" Then    '部门负责人不能为空
            MsgBox "请输入部门负责人姓名!", 64, "提示"
                Frame2.TextBox3.SetFocus
            Exit Sub
        End If
        If Trim(Frame2.TextBox2.Text) = "" Then    '部门考勤员不能为空
            MsgBox "请输入考勤员姓名!", 64, "提示"
                Frame2.TextBox2.SetFocus
            Exit Sub
        End If
        For Cycle = 4 To myRow '从A4 往下查找
        If Trim(Me.Frame2.TextBox1.Value) = Sheets("资料").Cells(Cycle, 1).Value Then
                MsgBox "部门名称已经存在,请重新输入!", 64, "提示"
                Me.Frame2.TextBox1.SetFocus
                Me.Frame2.TextBox1 = ""
                Exit Sub '如果部门名称已经存在提示重新输入
            End If
        Next
        With Sheet1
          .Cells(myRow + 1, 1).Value = Trim(Me.Frame2.TextBox1.Text) '录入部门名称
          .Cells(myRow + 1, 2).Value = Trim(Me.Frame2.TextBox3.Text) '部门负责人
          .Cells(myRow + 1, 3).Value = Trim(Me.Frame2.TextBox2.Text) '部门考勤员
          .Cells(3, myColumu + 1).Value = Trim(Me.Frame2.TextBox1.Text) '在第三行右边第一个空白列增加一个部门
名称
        End With
        Me.Frame1.ListBox1.Clear '部门列表框清空
        For Cycle = 4 To myRow + 1 '更新部门列表框内容
            Me.Frame1.ListBox1.AddItem Sheet1.Cells(Cycle, 1).Value
        Next
        MsgBox "部门已成功增加,请增加部门人员!", 64, "提示"
        Unload Me
End Sub
Private Sub CommandButton2_Click() '部门设置窗体删除按钮
    Dim myRow As Integer, DepRow As Integer, DepCoumu As Integer, Cycle As Integer, Cyclel As Integer,
myColumu As Integer
    Dim Departments As String
    myRow = Sheet1.[a65536].End(xlUp).Row '取得[资料]表A 列最下行号
    myColumu = Sheet1.[IV3].End(xlToLeft).Column '取得[资料]表第 3 行最右列号
    If Me.Frame1.ListBox1.ListIndex < 0 Then '如果没有选择列表框中的部门
        MsgBox "请选择一个部门!", 64, "提示"
        Exit Sub
    End If
    For Cycle = 4 To myRow '从A4 往下查找要删除的部门所在的行
        If Me.Frame1.ListBox1.Value = Sheet1.Cells(Cycle, 1).Value Then
            DepRow = Cycle 'DepRow 等于所在行的行号
            Exit For '退出循环
        End If
    Next
    For Cyclel = 2 To myColumu '从第 3 行往右查找删除的部门所在的列
        If Me.Frame1.ListBox1.Value = Sheet1.Cells(3, Cyclel).Value Then
            DepCoumu = Cyclel 'DepCoumu 等于所在列的列号
            Exit For '退出循环
        End If
```

```
    Next
    Departments = Me.Frame1.ListBox1.Text '变量Departments记录所要删除的部门名称
    If MsgBox("确定要删除" & Departments & "吗?", vbYesNo + 48, "警告") = vbYes Then
        Application.ScreenUpdating = False
        Sheet1.Select
        Range(Cells(DepRow, 1), Cells(DepRow, 3)).Delete Shift:=xlUp '从A列中删除部门名称、部门负责人、考
勤
        Columns(DepCoumu).Delete Shift:=xlToLeft '部门人员姓名所在的列删除
        Sheet2.Select
        Application.ScreenUpdating = True
      Me.Frame1.ListBox1.RemoveItem (ListBox1.ListIndex) '更新部门列表框内容
    End If
    MsgBox Departments & "已经成功删除!", 64, "提示"
End Sub
Private Sub CommandButton3_Click() '关闭
    Unload Me
End Sub
Private Sub UserForm_Initialize() '窗体初始化
    Dim myRow As Integer, Cycle As Integer
    myRow = Sheet1.[a65536].End(xlUp).Row
    For Cycle = 4 To myRow
        Me.Frame1.ListBox1.AddItem Sheet1.Cells(Cycle, 1).Value '列表框显示已有部门的名称
    Next
    Frame2.TextBox1.SetFocus
End Sub
Private Sub UserForm_QueryClose(Cancel As Integer, CloseMode As Integer)
    If CloseMode <> 1 Then Cancel = True '屏蔽窗体关闭按钮
End Sub
```

⑥ 单击"运行子过程/用户窗体（F5）"按钮▶，弹出"部门设置"对话框，接着在"名称："'负责人："和"考勤员："文本框里分别输入"财务科""王汉民"和"张大光"，然后单击"增加"按钮。

⑦ 弹出"部门已成功增加，请增加部门人员!"提示框，单击"确定"按钮。

⑧ 返回"资料"工作表，在第4行中查看程序运行后的结果。

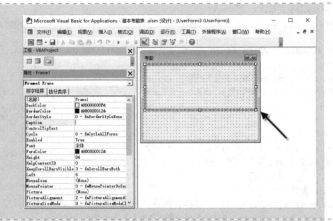

Step 16 添加新窗体 3

① 添加新窗体"UserForm3",并将该窗体重命名为"考勤"。

② 在该窗体里添加一个框架,将"Frame1"框架的名称删除。

③ 在该框架里添加两个文本框、一个标签框和一个复合框。"TextBox1"文本框作为月份输出,故将其要将其放置在框架的右侧;将"TextBox2"文本框作为年份输出,故将其放置在框架的左侧;将复合框置于"TextBox1"文本框下方;将标签命名为"考勤部门:"。

④ 单击"工具箱"控件栏里的"滚动条"按钮,将其添加在"TextBox1"文本框的右侧,然后使用相同的操作方法为"TextBox2"文本框添加一个同样的滚动条按钮。

⑤ 在"考勤"窗体里添加两个命令按钮,并分别命名为"增加(D)"和"取消(C)"。

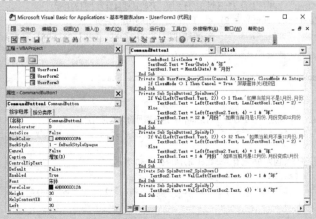

⑥ 单击工具栏里的"视图"→"代码窗口",弹出"基本考勤表.xlsm-UserForm3(代码)"窗口,在代码编辑区里输入如下代码。

```
Private Sub CommandButton1_Click() '考勤窗体确定按钮
    Dim myRow As Integer, Cycle As Integer, Cyclel As Integer, Cyclell As Integer, Cyclelll As Integer,
DepCoumu As Integer
    Dim myColumu As Integer, Start As Integer, myDate As Integer, Sh As Integer
    Application.ScreenUpdating = False
    myRow = Sheet1.[a65536].End(xlUp).Row '取得[资料]表A列最下行号
    myColumu = Sheet1.[IV3].End(xlToLeft).Column '取得[资料]表第3行最右列号
    Call Table_space '先运行清除模块
    With Sheet2
        .Unprotect
        .Cells(3, 16).Value = Left(TextBox1.Text, Len(TextBox1.Text) - 2) '考勤月份
        .Cells(3, 14).Value = Left(TextBox2.Text, 4) '考勤年份
        .Cells(3, 3).Value = ComboBox1.Value '考勤部门
        For Cycle = 4 To myRow '查找部门在[资料]表所在的行
        If Sheet1.Cells(Cycle, 1).Value = Trim(Me.Frame1.ComboBox1.Text) Then
                .Cells(31, 3).Value = Sheet1.Cells(Cycle, 2).Value '部门负责人
                .Cells(31, 17).Value = Sheet1.Cells(Cycle, 3).Value '考勤员
            End If
        Next
        For Cyclel = 2 To myColumu '查找部门人员姓名在[资料]表所在的列
      If Trim(Me.Frame1.ComboBox1.Text) = Sheet1.Cells(3, Cyclel).Value Then
                DepCoumu = Cyclel '变量DepCoumu等于所在列的列号
                Exit For '从循环中退出
            End If
        Next
        If Trim(Sheet1.Cells(4, DepCoumu).Value) = "" Then   '如果[资料]表中部门中人员空白
            MsgBox "请先增加部门人员!", 64, "提示" '提示先增加部门人员
            Unload Me
            Exit Sub
        End If
        myRow = Sheet1.Cells(65536, DepCoumu).End(xlUp).Row '取得部门人员在[资料]表所在列的最下有数据行的行号
        For Cyclell = 4 To myRow '[考勤统计表]姓名栏赋值
            .Cells(Cyclell + 2, 2).Value = Sheet1.Cells(Cyclell, DepCoumu).Value
        Next
        .Protect
    End With
    With Sheet3
        .Unprotect
        .Cells(1, 2).Value = Sheet2.Cells(2, 2).Value
        .Cells(2, 2).Value = Year(Date) & "年" & TextBox1.Text & "人员考核记录表"
        .Cells(38, 5).Value = Sheet2.Cells(31, 3).Value '部门负责人
        .Cells(38, 14).Value = Sheet2.Cells(31, 17).Value '考勤员
        Start = Val(Sheet1.Cells(2, 2)) '取得考勤开始日期,一般单位为上月25日到本月5日之间
        If Start >= 25 And Start <= 31 Then '如果是上月25日到31日之间,开始日期月份为上月的月份
            If Left(TextBox1.Text, Len(TextBox1.Text) - 2) <> 1 Then '如果不是一月份
                .Cells(6, 2) = Left(TextBox2.Text, 4) & "-" & Left(TextBox1.Text, Len(TextBox1.Text) -
2) - 1 & "-" & Start
            Else '开始日期的月份为上月
                .Cells(6, 2) = Left(TextBox2.Text, 4) - 1 & "-" & 12 & "-" & Start
            End If '否则为上一年的12月份
        End If
        If Start >= 1 And Start <= 5 Then '如果是本月1日到5日之间,开始日期月份为本月的月份
            .Cells(6, 2) = Year(Date) & "-" & Left(TextBox1.Text, Len(TextBox1.Text) - 2) & "-" & Start
        End If
        For myDate = 1 To 30 '从B7往下写入日期,因为B6已有了开始日期,所以循环30次
            .Cells(myDate + 6, 2) = Sheet3.Cells(6, 2) + myDate
            If .Cells(myDate + 6, 2).Value = DateAdd("m", 1, Sheet3.Cells(6, 2)) - 1 Then Exit For
    Next '如果已经满了一个月退出循环
        For myDate = 6 To 36
```

```vba
            If .Cells(myDate, 2).Value <> "" Then
                If DatePart("w", Sheet3.Cells(myDate, 2).Value) = 7 Or DatePart("w", Sheet3.Cells(myDate,
2).Value) = 1 Then
                    .Range("B" & myDate & ":O" & myDate).Interior.ColorIndex = 34
                End If
            End If
        Next
        ActiveWorkbook.Unprotect
        For Cyclelll = 4 To myRow - 1 '根据考勤部门人员的多少开始复制[出缺勤统计表]，少复制一张，因为预设了一张空表
            Sheet3.Copy After:=Worksheets(Worksheets.Count)
            Sheets(Worksheets.Count).Name = Cyclelll '先按顺序重命名
        Next
        For Sh = 3 To Sheets.Count '从第 3 张表开始
            Sheets(Sh).Unprotect
            Sheets(Sh).Range("C3").Value = Sheet2.Cells(Sh + 3, 2).Value '[出缺勤统计表]D3 中依次填入人员姓名
            Sheets(Sh).Name = Sheet2.Cells(Sh + 3, 2).Value '把人员考核记录表按人员姓名重命名
            Sheets(Sh).Protect
        Next
        ActiveWorkbook.Protect
        .Protect
    End With
    Sheet2.Select
    Unload Me
    ActiveWorkbook.Protect , , True
    Application.ScreenUpdating = True
End Sub
Private Sub CommandButton2_Click() '关闭
    Unload Me
End Sub
Private Sub UserForm_Initialize() '窗体初始化
    Dim myRow As Integer, Cycle As Integer
    myRow = Sheet1.[a65536].End(xlUp).Row '取得[资料]表A列最下行号
    For Cycle = 4 To myRow
        ComboBox1.AddItem Sheet1.Cells(Cycle, 1).Value
    Next
    ComboBox1.ListIndex = 0
    TextBox2.Text = Year(Date) & "年"
    TextBox1.Text = Month(Date) & "月份"
End Sub
Private Sub UserForm_QueryClose(Cancel As Integer, CloseMode As Integer)
    If CloseMode <> 1 Then Cancel = True '屏蔽窗体关闭按钮
End Sub
Private Sub SpinButton1_SpinDown()
    If Val(Left(TextBox1.Text, 2)) <> 1 Then '如果当前月不是 1 月份，月份减 1 个月
        TextBox1.Text = Left(TextBox1.Text, Len(TextBox1.Text) - 2) - 1 & "月份"
    Else
        TextBox2.Text = Left(TextBox2.Text, 4) - 1 & "年"
        TextBox1.Text = 12 & "月份" '如果当前月是 1 月份，月份变成 12 月份
    End If
End Sub
Private Sub SpinButton1_SpinUp()
    If Val(Left(TextBox1.Text, 2)) <> 12 Then '如果当前月不是 12 月份，月份加 1 个月
        TextBox1.Text = Left(TextBox1.Text, Len(TextBox1.Text) - 2) + 1 & "月份"
    Else
        TextBox2.Text = Left(TextBox2.Text, 4) + 1 & "年"
        TextBox1.Text = 1 & "月份" '如果当前月是 12 月份，月份变成 1 月份
    End If
End Sub
Private Sub SpinButton2_SpinDown()
    TextBox2.Text = Val(Left(TextBox2.Text, 4)) - 1 & "年"
End Sub
```

```
Private Sub SpinButton2_SpinUp()
    TextBox2.Text = Val(Left(TextBox2.Text, 4)) + 1 & "年"
End Sub
```

⑦ 单击"运行子过程/用户窗体（F5）"
按钮 ▶，弹出"考勤"对话框。

此时应单击"取消"按钮，因为后续程
序未完成编制，若单击"增加"按钮运
行该程序，系统将会报警出错。

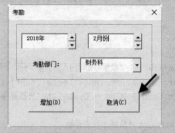

Step 17 添加新窗体 4

① 添加新窗体"UserForm4"，并将该
窗体重命名为"人员设置"。

② 在该窗体里添加 3 个框架，将其中
的"Frame1"框架命名为"删除人员"，
将"Frame3"框架命名为"选择部门"，
将"Frame2"框架命名为"增加人员"。

③ 在"删除人员"框架里添加一个列
表框，在"选择部门"框架里添加一个
复合框，在"增加人员"框架里添加一
个文本框。

④ 在"人员设置"窗体里添加 3 个命
令按钮，并分别命名为"增加(D)""删
除(F)"和"退出(C)"。

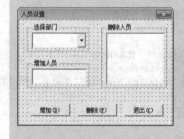

⑤ 在代码编辑区里输入如下代码。

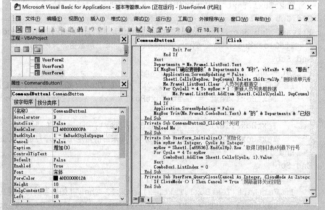

```
Private Sub ComboBox1_Change() '用部门组合框的 Change 事件更新部门人员姓名
    Dim myRow As Integer, Cycle As Integer, DepCoumu As Integer, Cyclel As Integer
    Dim myColumu As Byte
    myColumu = Sheet1.[IV3].End(xlToLeft).Column
    For Cycle = 2 To myColumu
        If Trim(Me.Frame3.ComboBox1.Text) = Sheet1.Cells(3, Cycle).Value Then
            DepCoumu = Cycle
```

```
                Exit For
          End If
      Next
      Me.Frame1.ListBox1.Clear
      myRow = Sheet1.Cells(65536, DepCoumu).End(xlUp).Row
      For Cyclel = 4 To myRow
          Me.Frame1.ListBox1.AddItem Sheet1.Cells(Cyclel, DepCoumu).Value
      Next
End Sub
Private Sub CommandButton1_Click()  '增加部门人员按钮
    Dim myRow As Integer, Cycle As Integer, Cyclel As Integer, Cyclell As Integer, DepCoumu As Integer,
myColumu As Integer
    myColumu = Sheet1.[IV3].End(xlToLeft).Column '取得[资料]表第 3 行最右有数据列的列号
    If Trim(Me.Frame3.ComboBox1.Text) = "" Then
        MsgBox "请先选择一个部门!", 64, "提示"
        Exit Sub
    End If
    If Trim(Frame2.TextBox1.Text) = "" Then
        MsgBox "请输入部门人员姓名!", 64, "提示"
        Frame2.TextBox1.SetFocus
        Exit Sub
    End If
    For Cycle = 4 To myColumu '根据窗体中的部门查找在[资料]表中的列号
        If Trim(Me.Frame3.ComboBox1.Text) = Sheet1.Cells(3, Cycle).Value Then
            DepCoumu = Cycle '变量 DepCoumu 等于所在的列号
            Exit For
        End If
    Next
    myRow = Sheet1.Cells(65536, DepCoumu).End(xlUp).Row '取得该部门所在列的最下行号
    If myRow = 28 Then '如果行号已经是 28 行,即有 25 人
        MsgBox "部门人员已经超过 25 人,请重新增加部门!", 64, "提示"
        Me.Frame2.TextBox1 = ""
        Exit Sub
    End If
    For Cyclel = 4 To myRow '根据窗体中要增加的人员姓名查找是否重复
        If Trim(Me.Frame2.TextBox1.Text) = Sheet1.Cells(Cyclel, DepCoumu).Value Then
            MsgBox "人员已经存在,请重新输入!", 64, "提示"
            Me.Frame2.TextBox1.SetFocus
            Me.Frame2.TextBox1 = ""
            Exit Sub
        End If
    Next
    Application.ScreenUpdating = False
    Sheet1.Cells(myRow + 1, DepCoumu).Value = Trim(Me.Frame2.TextBox1.Text) '增加人员
    Me.Frame1.ListBox1.Clear ' 窗体列表框清除数据
    For Cyclell = 4 To myRow + 1
        Me.Frame1.ListBox1.AddItem Sheet1.Cells(Cyclell, DepCoumu).Value ' 更新窗体列表框
    Next
    Sheet2.Select
    Frame2.TextBox1.Text = "" '清空窗体人员栏以便继续增加
    Frame2.TextBox1.SetFocus
    MsgBox "人员已成功增加!", 64, "提示"
    Application.ScreenUpdating = True
End Sub
Private Sub CommandButton2_Click()  '设置部门人员窗体删除人员按钮
    Dim myRow As Integer, Cycle As Integer, Cyclel As Integer, Cyclell As Integer, DepCoumu As Integer,
DepRow As Integer
    Dim myColumu As Integer, Departments As String
    myColumu = Sheet1.[IV3].End(xlToLeft).Column '取得[资料]表第 3 行最右列号
```

```
    If Trim(Me.Frame3.ComboBox1.Text) = "" Then
        MsgBox "请先选择一个部门!", 64, "提示"
        Exit Sub '部门不能为空
    End If
    If Me.Frame1.ListBox1.ListIndex < 0 Then '如果没有选择选择人员姓名
        MsgBox "请选择人员姓名!", 64, "提示"
        Exit Sub
    End If
    For Cycle = 4 To myColumu '查找人员所在部门在[资料]表所在的列
        If Trim(Me.Frame3.ComboBox1.Text) = Sheet1.Cells(3, Cycle).Value Then
            DepCoumu = Cycle '变量 DepCoumu 等于所在列的列号
            Exit For '
        End If
    Next
    myRow = Sheet1.Cells(65536, DepCoumu).End(xlUp).Row '取得人员所在部门列最下面有数据单元格的行号
    For Cyclel = 4 To myRow '开始查找要删除人员姓名所在的单元格
        If Trim(Me.Frame1.ListBox1.Text) = Sheet1.Cells(Cyclel, DepCoumu).Value Then
            DepRow = Cyclel '变量 DepRow 等于所在行的行号
            Exit For
        End If
    Next
    Departments = Me.Frame1.ListBox1.Text
    If MsgBox("确定要删除" & Departments & "吗?", vbYesNo + 48, "警告") = vbYes Then
        Application.ScreenUpdating = False
        Sheet1.Cells(DepRow, DepCoumu).Delete Shift:=xlUp '删除该单元格
        Me.Frame1.ListBox1.Clear '人员列表框清空
        For Cyclell = 4 To myRow + 1 '更新人员列表框数据
            Me.Frame1.ListBox1.AddItem Sheet1.Cells(Cyclell, DepCoumu).Value
        Next
    End If
    Application.ScreenUpdating = False
    MsgBox Trim(Me.Frame3.ComboBox1.Text) & "的" & Departments & "已经删除!", 64, "提示"
End Sub
Private Sub CommandButton3_Click() '关闭
    Unload Me
End Sub
Private Sub UserForm_Initialize() '初始化
    Dim myRow As Integer, Cycle As Integer
    myRow = Sheet1.[a65536].End(xlUp).Row '取得[资料]表A列最下行号
    For Cycle = 4 To myRow
        ComboBox1.AddItem Sheet1.Cells(Cycle, 1).Value
    Next
    ComboBox1.ListIndex = 0
End Sub
Private Sub UserForm_QueryClose(Cancel As Integer, CloseMode As Integer)
    If CloseMode <> 1 Then Cancel = True '屏蔽窗体关闭按钮
End Sub
```

⑥ 单击"运行子过程/用户窗体（F5）"按钮▶，弹出"人员设置"对话框。单击"选择部门"的下拉列表框按钮，弹出选项菜单，选中"财务科"，接着在"增加人员"文本框里输入"张三"，然后单击"增加"按钮。

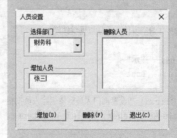

⑦ 此时弹出"人员已成功增加!"提示框，提示已添加该员工，单击"确定"按钮。

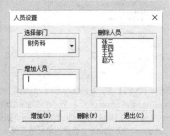

⑧ 在"人员"文本框里依次添加"李四""王五"和"赵六"。人员添加完成后，单击"退出"按钮即可返回 VBA 编辑器的界面。

⑨ 若要查看添加后的结果，可以单击"常用"工具栏里的"视图 Microsoft Excel"按钮，将返回工作表界面，切换到"资料"工作表，此时在 D3 单元格里会输出所选部门"财务科"，在 D4:D7 单元格区域里分别输出刚才输入的员工名字。

Step 18 统计应出勤天数

窗体设置已经完成，现在利用工作簿的 Workbook_SheetActivate 事件统计应出勤天数。

在 VBA 编辑器的代码编辑区里输入如下代码。

```
Private Sub Workbook_SheetActivate(ByVal Sh As Object)
Dim myDate As Byte, Should As Byte
    If ActiveSheet.Index <> 1 And ActiveSheet.Index <> 2 Then '如果活动工作表不是[资料]表和[考勤统计表]
    ActiveSheet.ScrollArea = "a1:s45"
    ActiveSheet.Unprotect
        For myDate = 6 To 36 '个人考核表激活时统计本月应出勤天数
            If DatePart("w", ActiveSheet.Cells(myDate, 2).Value) <> 7 And DatePart("w", ActiveSheet.
Cells(myDate, 2).Value) <> 1 Then
                Should = Should + 1
            End If
        Next
    ActiveSheet.Range("A40") = Should
    ActiveSheet.Protect
    End If
End Sub
```

Step 19 自动录入出缺勤数

本案例中，工作表"张三"是作为示范用的个人考核表。下面借助 Workbook_SheetSelectionChange 事件实现在个人考核表中单击"到"和"缺"列的单元格自动录入出缺勤数据。

在代码编辑区里接着输入如下代码。

```vba
Private Sub Workbook_SheetSelectionChange(ByVal Sh As Object, ByVal Target As Range)
    If ActiveSheet.Index <> 1 And ActiveSheet.Index <> 2 Then '如果活动工作表不是[资料]表和[考勤统计表]
        If Trim(ActiveSheet.Cells(Target.Row, 2).Value) <> "" Then '如果日期栏不是空白
            If Target.Row > 5 And Target.Row < 37 Then '选的单元格在第 6 行到 36 行
                If Target.Column = 3 Or Target.Column = 5 Then '选择的单元格在第 3 列和第 5 列
                    Target.Value = 1 '所选择的单元格等于 1,用自定义格式打上出勤记号[√]
                    Target.Offset(, 1) = "" '同时清空缺勤栏
                    ActiveSheet.Cells(Target.Row, 7).Value = "上  班"
                End If
                If Target.Column = 4 Or Target.Column = 6 Then '选择的单元格在第 4 列和第 6 列
                    Target.Value = 1 '所选的单元格等于 1,用自定义格式打上缺勤记号[Δ]
                    Target.Offset(, -1) = "" '同时清空出勤栏
                    ActiveSheet.Cells(Target.Row, 7).Value = ""
                End If
            End If
        End If
    End If
End Sub
```

Step 20 添加模块 1

至此，该系统的大部分功能已经实现，余下其他的一些功能交给自定义菜单来完成。

① 关闭属性窗口。

② 依次单击 VBA 编辑器菜单"插入"→"模块"，此时系统自行创建模块 1。

Step 21 编写自定义菜单程序

模块 1 被用来编写增删自定义菜单的程序。

在模块 1 的代码编辑区里输入如下代码，目的分别是为了实现增加自定义菜单，用于删除自定义菜单，屏蔽 Excel 的界面，在系统退出时恢复 Excel 的界面功能。

```vb
Sub Increase()    '增加自定义菜单
    Dim Now_Increase As CommandBar          '声明 Now_Increase(新菜单)为命令栏
    Dim Functionality As CommandBarPopup    '声明 Functionality(系统设置)为弹出式控件
    Dim Attendance As CommandBarControl     '声明 Attendance(考勤)为菜单栏控件
    Dim Assessment As CommandBarControl     '声明 Assessment(考核)为菜单栏控件
    Dim Previous As CommandBarControl       '声明 Previous(上一页)为菜单栏控件
    Dim iInput As CommandBarControl         '声明 iInput(批量录入)为菜单栏控件
    Dim Down As CommandBarControl           '声明 Down(下一页)为菜单栏控件
    Dim iReturn As CommandBarControl        '声明 iReturn(返回)为菜单栏控件
    Dim Summary As CommandBarControl        '声明 Summary(汇总)为菜单栏控件
    Dim pPrint As CommandBarControl         '声明 pPrint(打印)为菜单栏控件
    Dim Help As CommandBarPopup             '声明 Help(帮助)为弹出式控件


    On Error Resume Next  '忽略错误,如果有错误发生执行下一句语句
    Application.CommandBars("NowIncrease").Delete  '先删除自定义命令栏,假如已增加的话


    Set  Now_Increase  =  Application.CommandBars.Add(Name:="NowIncrease",  Position:=msoBarTop,
MenuBar:=True, Temporary:=True)
    Now_Increase.Visible = True
    With Application.CommandBars("NowIncrease").Controls                    '在"NowIncrease"命令栏中增加菜单
        Set Functionality = .Add(Type:=msoControlPopup, Before:=1)
            With Functionality
                .Caption = "系统设置(&X)"
                With .Controls.Add(msoControlButton)
                    .Caption = "设置使用单位(&U)"
                    .BeginGroup = True
                    .OnAction = "Set_Units" '设置使用单位模块
                    .FaceId = 3733
                End With
                With .Controls.Add(msoControlButton)
                    .Caption = "设置使用部门(&D)"
                    .BeginGroup = True
                    .OnAction = "Set_Departments" '设置使用部门模块
                    .FaceId = 3737
                End With
                With .Controls.Add(msoControlButton)
                    .Caption = "设置部门人员(&S)"
                    .BeginGroup = True
                    .OnAction = "Set_Staff" '设置使用人员模块
                    .FaceId = 3732
                End With
            End With
            '以上是[系统设置]菜单

        Set Attendance = .Add(Type:=msoControlButton, Before:=2)
            With Attendance
                .Style = msoButtonCaption
                .Caption = "本月考勤(&A)"
                .BeginGroup = True
                .OnAction = "Attendance" '考勤模块
            End With
            '以上是[考勤]菜单
        Set Assessment = .Add(Type:=msoControlButton, Before:=3)
            With Assessment
                .Style = msoButtonCaption
                .Caption = "个人考核(&P)"
                .BeginGroup = True
                .OnAction = "Personal_assessment" '人员考核模块
            End With
            '以上是[考核]菜单
        Set Previous = .Add(Type:=msoControlButton, Before:=4)
```

```
        With Previous
            .Style = msoButtonCaption
            .Caption = "上一页(&O)"
            .BeginGroup = True
            .OnAction = "On_page"
        End With
        '以上是[上一页]菜单
    Set iInput = .Add(Type:=msoControlButton, Before:=5)
        With iInput
            .Style = msoButtonCaption
            .Caption = "批量录入(&B)"
            .BeginGroup = True
            .OnAction = "Bulk_input "
        End With
        '以上是[批量录入]菜单
    Set Down = .Add(Type:=msoControlButton, Before:=6)
        With Down
            .Style = msoButtonCaption
            .Caption = "下一页(&N)"
            .BeginGroup = True
            .OnAction = "Next_Page"
        End With
        '以上是[下一页]菜单
    Set iReturn = .Add(Type:=msoControlButton, Before:=7)
        With iReturn
            .Style = msoButtonCaption
            .Caption = "返回(&R)"
            .BeginGroup = True
            .OnAction = "mReturn"
        End With
        '以上是[返回]菜单
    Set Summary = .Add(Type:=msoControlButton, Before:=8)
        With Summary
            .Style = msoButtonCaption
            .Caption = "考勤汇总(&Y)"
            .BeginGroup = True
            .OnAction = "Summary" '汇总模块
        End With
        '以上是[汇总]菜单
    Set pPrint = .Add(Type:=msoControlButton, Before:=9)
        With pPrint
            .Style = msoButtonCaption
            .Caption = "打印(&P)"
            .BeginGroup = True
            .OnAction = "myPrint" '打印模块
        End With
        '以上是[打印]菜单
    Set Help = .Add(Type:=msoControlPopup, Before:=10)
        With Help
            .Caption = "帮助(&H)"
            With .Controls.Add(msoControlButton)
                .Caption = "主题(&H)"
                .OnAction = "Theme_Help"
            End With
            With .Controls.Add(msoControlButton)
                .Caption = "关于(&A)"
                .BeginGroup = True
                .OnAction = "On_Help"
            End With
        End With
        '以上是[系统帮助]菜单
End With
```

```
End Sub
Sub Delete() '删除新增加的自定义菜单
    On Error Resume Next '忽略错误
    Application.CommandBars("NowIncrease").Delete
End Sub
Sub Resumption() '恢复Excel界面模块
    With Application
        .CommandBars.DisableAskAQuestionDropdown = False '恢复帮助
        .CommandBars("Standard").Visible = True '恢复常用工具栏
        .CommandBars("Formatting").Visible = True '恢复格式工具栏
        .CommandBars("Stop Recording").Visible = True '恢复常用工具栏
        .CommandBars("ply").Enabled = True '恢复工作表标签右键
        .CommandBars("cell").Enabled = True '恢复工作表右键
        .DisplayFormulaBar = True '恢复编辑栏
        .Caption = ""      '恢复标题栏
    End With
    ActiveWindow.DisplayWorkbookTabs = True '恢复工作表标签
    ActiveWorkbook.Protect , , False '恢复工作表图标和最大最小化按钮
End Sub
Sub Hide() '隐藏Excel界面模块
    With Application
        .CommandBars.DisableAskAQuestionDropdown = True '去除帮助
        .CommandBars("Standard").Visible = False '屏蔽常用工具栏
        .CommandBars("Formatting").Visible = False '屏蔽格式工具栏
        .CommandBars("Stop Recording").Visible = False '屏蔽常用工具栏
        .CommandBars("ply").Enabled = False '屏蔽工作表标签右键
        .CommandBars("cell").Enabled = False
        .DisplayFormulaBar = False '屏蔽编辑栏
        .Caption = Sheet1.Cells(2, 1).Value    'Excel标题为设置的单位名称和[考勤系统]
    End With
    ActiveWorkbook.Protect , , True '屏蔽工作表图标和最大最小化按钮
    ActiveWindow.DisplayWorkbookTabs = False '屏蔽工作表标签
End Sub
```

Step 22 添加模块 2

增删自定义菜单的程序已放置在模块 1 里，还需要进一步设置自定义菜单里的功能。下面再添加一个模块 2 来实现。

依次单击 VBA 编辑器菜单 "插入" → "模块"，此时系统创建模块 2。

在模块 2 里输入如下代码。

```
Sub mReturn() '返回模块'返回时计算所有个人考核表中的出缺勤数据
    Dim myDate As Byte
    Dim Sh As Integer
    Application.ScreenUpdating = False '关闭屏幕更新
    For Sh = Worksheets.Count To 3 Step -1
        With Worksheets(Sh)
            .Unprotect
            .Range("A41").FormulaR1C1 = _
                "=(COUNTIF(R[-35]C[2]:R[-5]C[2],""=1"")+COUNTIF(R[-35]C[4]:R[-5]C[4],""=1""))/2" '写入
计算函数
```

```
            .Range("A41") = .Range("A41").Value '函数转化为数值
            .Range("A42").FormulaR1C1 = _
            "=(COUNTIF(R[-36]C[3]:R[-6]C[3],""=1"")+COUNTIF(R[-36]C[5]:R[-6]C[5],""=1""))/2"
            .Range("A42") = .Range("A42").Value


       For myDate = 6 To 36 '在扣分栏自动扣分
           If .Cells(myDate, 4).Value = 1 Then
               .Cells(myDate, 15).Value = Round(100 / Val(.Cells(40, 1).Value), 1) * 0.5
           Else
               .Cells(myDate, 15).Value = ""
           End If
           If .Cells(myDate, 6).Value = 1 Then
               .Cells(myDate, 15).Value = .Cells(myDate, 15).Value + Round(100 / Val(.Cells(40,
1).Value), 1) * 0.5
           End If
               .Cells(43, 1) = 0 + .Cells(myDate, 15).Value        '计算扣分总数
       Next
           .Cells(37, 7).FormulaR1C1 = "=SUM(R[-31]C[8]:R[-1]C[8])" '计算缺勤扣分合计
           .Cells(37, 7) = 100 - .Cells(37, 7)      '计算考核得分，满分100
           .Cells(37, 14).Value = .Cells(37, 7).Value
           .Protect
       End With
    Next
    Sheet2.Select
    Application.ScreenUpdating = True '开启屏幕更新
End Sub
Sub Bulk_input()  '批量录入出缺勤信息模块
    Dim Cycle As Integer
    If ActiveSheet.Index < 3 Then '如果当前表不是个人考核表
        MsgBox "请选择【个人考核】按钮!", 64, "提示" '提示
        Exit Sub
    End If
    Application.ScreenUpdating = False '关闭屏幕更新
    ActiveSheet.Unprotect
    For Cycle = 6 To 36 '设置循环
        If ActiveSheet.Cells(Cycle, 2).Value <> "" Then '如果是星期一到星期五
            If  DatePart("w",  ActiveSheet.Cells(Cycle,  2).Value)  <>  7  And  DatePart("w",
ActiveSheet.Cells(Cycle, 2).Value) <> 1 Then
                ActiveSheet.Cells(Cycle, 3).Value = 1 '通过条件格式自动打勾
                ActiveSheet.Cells(Cycle, 5).Value = 1
                ActiveSheet.Cells(Cycle, 7).Value = "上　班" '工作内容写上"上班"
            Else
                ActiveSheet.Cells(Cycle, 7).Value = "休　息" '工作内容写上"休息"
            End If
        End If
    Next
    ActiveSheet.Protect
    Application.ScreenUpdating = True '开启屏幕更新
End Sub
Sub Next_Page()  '往下翻页模块
    If ActiveSheet.Index = 2 And Trim(ActiveSheet.Cells(3, 3).Value) = "" Then
        MsgBox "请按【本月考勤】按钮进行本月考勤!", 64, "提示" '如果没有考勤不可翻页,提示先考勤
        Exit Sub
    End If
    If ActiveSheet.Index = 2 And Trim(ActiveSheet.Cells(3, 3).Value) <> "" Then
        MsgBox "请选择【个人考核】按钮!", 64, "提示" '如果活动工作表是[考勤统计表],提示选择[人员考核]按钮
        Exit Sub
    End If
    If ActiveSheet.Index = Sheets(Worksheets.Count).Index Then
        MsgBox "已经是最后一页,请按【返回】按钮!", 64, "提示" '如果已是[考勤统计表]中的第一个人
        Exit Sub
    End If
```

```vba
        Sheets(ActiveSheet.Index + 1).Activate '往下翻页
End Sub
Sub On_page() '往上翻页模块
    If ActiveSheet.Index = 2 And ActiveSheet.Cells(3, 3).Value = "" Then
        MsgBox "请按【本月考勤】按钮进行本月考勤!", 64, "提示"
        Exit Sub '如果没有考勤不可翻页,提示先考勤
    End If
    If ActiveSheet.Index = 2 And ActiveSheet.Cells(3, 3).Value <> "" Then
        MsgBox "请选择【个人考核】按钮!", 64, "提示"
        Exit Sub '如果活动工作表是[考勤统计表],提示选择[人员考核]按钮
    End If
    If ActiveSheet.Index = 3 Then
        MsgBox "已经是第一页,请按【返回】按钮!", 64, "提示"
        Exit Sub '如果活动工作表是[考勤统计表],提示选择[人员考核]按钮
    End If
    Sheets(ActiveSheet.Index - 1).Activate '往上翻页
End Sub
Sub Table_space() '清除考勤统计表中考勤数据
    Dim Sh As Integer
    ActiveWorkbook.Unprotect
    Application.DisplayAlerts = False '删除工作表警告提示取消
    For Sh = Worksheets.Count To 4 Step -1
        Worksheets(Sh).Delete '删除其他出缺勤统计表,只留[资料]、[考勤统计表]、[空表]
    Next
    Application.DisplayAlerts = True
    With Sheet3
        .Unprotect
        .Range("C3,D3,B6:O36,G37,K37,O37,E38,N37,N38").ClearContents   '清除表中数据
        .Range("B6:O36").Interior.ColorIndex = xlNone   '清除表中格式
        .Protect
    End With
    With Sheet2
        .Unprotect
        .Range("B6:H30,N6:P30,J6:L30,C3,N3,P3,C31,Q31").ClearContents   '清除表中数据
        .Protect
    End With
End Sub
Sub Set_Units() '设置使用单位模块
    If Trim(Sheet1.Cells(2, 1).Value) <> "" Then '如果[资料]表中已经保存单位信息,提醒是否重新设置
        If MsgBox("已经设置了使用单位,是否要重新设置?", vbYesNo, "提示") = vbNo Then Exit Sub
        UserForm1.Show '设置使用单位窗体
    End If
End Sub
Sub Set_Departments() '设置使用部门模块
    UserForm2.Show '设置使用部门窗体
End Sub
Sub Set_Staff() '设置使用人员模块
    If Trim(Sheet1.Cells(4, 1).Value) = "" Then '如果[资料]表中A4空白,即还没有设置使用部门
        MsgBox "请先设置使用部门!", 64, "提示" '不能设置人员
        Exit Sub
    End If
    UserForm4.Show '设置使用部门人员窗体
End Sub
Sub Attendance() '考勤模块
    Sheet2.Select
    If Trim(Sheet1.Cells(4, 1).Value) = "" Then   '如果[资料]表中A4空白,即还没有设置使用部门
        MsgBox "请先设置使用部门!", 64, "提示" '提示先设置使用部门
        Exit Sub
    End If
    UserForm3.Show '考勤窗体
End Sub
Sub Personal_assessment()   '人员考核模块
```

```
    If Trim(Sheet2.Cells(6, 2).Value) = "" Then '如果[考勤统计表]B6 空白,即还没有考勤
        MsgBox "请按【本月考勤】按钮进行本月考勤!", 64, "提示" '提示先考勤
        Exit Sub
    End If
    Sheet3.Activate '选择第一张个人出缺勤统计表
End Sub
Sub Summary() '汇总模块
    Dim Cycle As Integer
    If ActiveSheet.Index <> 2 Then
        MsgBox "请按【返回】按钮返回统计表!", 64, "提示"
        Exit Sub
    End If
    If Trim(Sheet2.Cells(3, 3).Value) = "" Then '如果[考勤统计表]C3 空白,即还没有考勤
        MsgBox "请按【本月考勤】按钮进行本月考勤!", 64, "提示" '提示先考勤
        Exit Sub
    End If
    If MsgBox("是否汇总" & Sheet2.Cells(3, 3).Value & Sheet2.Cells(3, 16).Value & "月份的考勤记录?", 32 +
vbYesNo _
        , "提示") = vbNo Then Exit Sub
    '根据考勤日期所在的年份,在[考勤统计表]中应出勤天数中减去相对应的节日的天数.
    With Sheet2
        .Unprotect
        Dim wksheet      As Worksheet
        Dim i As Integer
        i = 0
        For Each wksheet In ThisWorkbook.Worksheets '判断工作表数
         i = i + 1
        Next
        For Cycle = 3 To i
            If Trim(.Cells(Cycle + 3, 2).Value) <> "" Then '根据考勤统计表中的姓名
                .Cells(Cycle + 3, 3).Value = Sheets(Cycle).Range("A40").Value '写入对应考勤记录表中应出勤天数
                .Cells(Cycle + 3, 4).Value = Sheets(Cycle).Range("A41").Value '写入对应考勤记录表中实际出勤天数
            End If
            If Trim(.Cells(Cycle + 3, 4).Value) <> "" Then
                .Cells(Cycle + 3, 14).Value = Sheets(Cycle).Range("G37").Value '写入对应考勤记录表中考核得分
            End If
    '减去元旦天数
            If .Range("P3").Value = 1 Then '如果是一月份
                .Cells(Cycle + 3, 3).Value = Sheets(Cycle).Range("A40").Value - 1 '应出勤天数减元旦一天
            End If
    '减去春节天数
            If .Range("P3").Value = 2 Then '如果是2 月份即春节
                .Cells(Cycle + 3, 3).Value = Sheets(Cycle).Range("A40").Value - 3 '应出勤天数减春节三天
            End If
            If .Range("N3").Value = 2009 And .Range("P3").Value = 2 Then '如果2011 年2 月份即春节
                .Cells(Cycle + 3, 3).Value = Sheets(Cycle).Range("A40").Value - 5 '应出勤天数减春节三天加
1 月份调二天
            End If
    '减去清明\五一\端午\中秋节天数
            If .Range("P3").Value = 4 Or .Range("P3").Value = 5 Or .Range("P3").Value = 6
Or .Range("P3").Value = 9 Then '如果是四、五、六或九月份
                .Cells(Cycle + 3, 3).Value = Sheets(Cycle).Range("A40").Value - 1 '应出勤天数减一天
            End If
    '减去国庆节天数
            If .Range("P3").Value = 10 Or .Range("P3").Value = 10 Then '如果是十月份
                .Cells(Cycle + 3, 3).Value = Sheets(Cycle).Range("A40").Value - 3 '应出勤天数减三天
            End If
        Next
    .Protect
    End With
End Sub
Sub myPrint() '打印模块
```

```
    If Trim(Sheet2.Range("C3").Value) = "" Then
        MsgBox "没有要打印的考勤表!", 64, "提示"
        Exit Sub
    End If
    If MsgBox(Sheet2.Cells(3, 3).Value & Sheet2.Cells(3, 16).Value & "月份的考勤记录?", vbYesNo, "提示
") = vbNo Then Exit Sub
    ActiveWorkbook.PrintOut From:=2, To:=32767, Copies:=1, Collate:=True '从第2张打到最后一张
End Sub
Sub Theme_Help() '帮助模块
    UserForm5.Show '帮助窗体
End Sub
Sub On_Help() '关于模块
    UserForm6.Show '关于窗体
End Sub
```

Step 23 添加窗体 5

此时还需要添加两个新窗体，用于系统的帮助。

① 添加窗体"UserForm5"，重命名为"考勤系统 V1.2 帮助主题"。

② 添加一个框架、一个标签框和一个命令按钮，将框架和标签框"Caption"里的名称"Frame1"和"Label1"删掉，将命令按钮重命名为"取消(C)"。

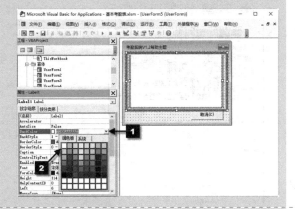

③ 按<F4>快捷键，调出"属性"窗口。单击标签框，然后单击"属性"窗口中"BackColor"右侧的下箭头按钮，弹出菜单选项，切换到"调色板"选项卡，选择"白色"。这样就将标签框的背景色设置为白色。

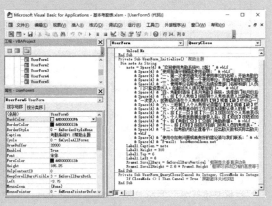

④ 在代码编辑区里输入如下代码。

```
Private Sub UserForm_Initialize() '帮助主题
 Dim note As String
    note = Space(4) & "欢迎使用考勤系统V1.2版！" & vbLf _
        & Space(4) & "使用前请仔细阅读使用说明：" & vbLf _
        & Space(4) & "一、第一次使用请先设置使用单位的名称、开始考勤的日期。" & vbLf _
        & Space(4) & "二、系统只能设置一个使用单位，开始考勤的日期只能从下拉框中选择，从上月26日到本月5日。" & vbLf _
        & Space(4) & "三、使用单位名称设置以后请设置部门名称和部门人员姓名，部门设置数量不限，每个部" _
        & "门只能设置25人。如超过25人请另增加部门。" & vbLf _
        & Space(4) & "四、考勤时请按【本月考勤】按钮，选择部门和月份后按【确定】按钮。" & vbLf _
        & Space(4) & "五、按【个人考核】按钮到个人考核表录入出缺勤记录，常日班可以按【批量录入】按钮" _
        & "一次录入，如要修改请在个人考核表的【到】或者【缺】栏中点一下单元格，系统会自动修改出缺勤数据0" & vbLf _
        & Space(4) & "六、三班制工人个人考核记录需在【到】或者【缺】栏手工选择。" & vbLf _
        & Space(4) & "七、个人考核表中的工作内容系统默认录入的是"上班"或者"休息"，可根据实际情况手工录入。" & vbLf _
        & Space(4) & "八、按【上一页】或【下一页】按钮可在个人考核表中翻页。" & vbLf _
        & Space(4) & "九、个人考核表数据全部录入后，按【返回】按钮返回统计汇总表。" & vbLf _
        & Space(4) & "十、按【考勤汇总】汇总部门考勤数据。" & vbLf _
        & Space(4) & "十一、按【打印】按钮打印部门所有人员的考核表。" & vbLf _
        & Space(4) & "十二、如考勤月份正逢春节，应出勤天数和实际出勤天数可能有误差，请在考勤汇总表中的应出勤天数栏手
工修改。" & vbLf _
        & vbLf _
        & Space(4) & "使用中如有问题或者有好的建议请与我们联系：" & vbLf _
        & Space(4) & "E-mail: book@excelhome.net"
    Label1.Caption = note
    Label1.Height = 310
    Label1.Top = 6
    Label1.Left = 6
    Frame1.ScrollBars = fmScrollBarsVertical '框架显示垂直滚动条
    Frame1.ScrollHeight = 2.6 * Frame1.Height '框架可滚动区域的高度等于框架的2.6倍
End Sub
Private Sub UserForm_QueryClose(Cancel As Integer, CloseMode As Integer)
    If CloseMode <> 1 Then Cancel = True '屏蔽窗体关闭按钮
End Sub
```

⑤ 读者可以运行该程序来查看结果。

单击"取消（C）"按钮可以返回 VBA
编辑器。

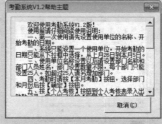

Step 24 添加窗体 6

① 添加窗体"UserForm6"，重命名为
"关于考勤系统 V1.2"。

② 在该窗体上添加两个框架、两个标
签框、两个图像框和一个命令按钮，将
其中的"Frame1"框放置于窗体内下方；
"Frame2"框放置于窗体内上方，然后将
二者"Caption"里的名称去掉；"Image1"
框放置于"Frame1"框里，"Image2"
框放置于"Frame2"框里，"Label1"框
放置于"Frame1"框里上方，"Label2"
框放置于"Frame1"框里下方；将命令
按钮重命名为"确定（D）"。

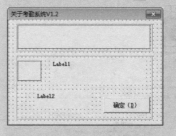

③ 单击"Image1"框，在"属性"界面下方双击"Picture"，或者单击"Picture"右侧的按钮 ...。

④ 弹出"加载图片"对话框，选中所需的图片，然后单击"打开"按钮即可添加图片。

⑤ 按上述操作也为"Image2"框添加所需图片。

⑥ 按<F7>快捷键返回"代码窗口"界面，按<Delete>键删除原有内容，然后输入如下代码。

```
Private Sub CommandButton1_Click()
    UnloadMe
End Sub
Private Sub UserForm_Initialize() '关于
 Dim note As String
  note = "考勤系统V1.2" & vbLf
```

```
        & "版本: V1.2.0000" & vbLf _
& "版权: (C)2005-2022" & vbLf _
& "作者: Excel Home " & vbLf _

    Label1.Caption = note
Label2.Caption = "欢迎传播复制！"
End Sub
Private Sub UserForm_QueryClose(Cancel As Integer, CloseMode As Integer)
    If CloseMode <> 1 Then Cancel = True '屏蔽窗体关闭按钮
End Sub
```

Step 25 编写启动/关闭自定义菜单代码

现在需要编写代码来实现系统在打开时转换成自定义界面,在退出时自动恢复的功能。

双击 VBA 编辑器左侧 "工程" 界面里的 "ThisWorkbook",弹出 "ThisWorkbook" 代码编辑区,在下方添加输入以下代码。

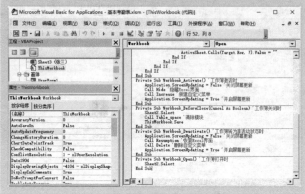

```
Private Sub Workbook_Activate() '工作簿激活时
    Application.ScreenUpdating = False '关闭屏幕更新
    Call Hide '隐藏 Excel 界面
    Call Increase '新建自定义菜单
    Application.ScreenUpdating = True '开启屏幕更新
End Sub
Private Sub Workbook_BeforeClose(Cancel As Boolean) '工作簿关闭时
    Sheet2.Select
    Call Table_space '清除模块
    ThisWorkbook.Save
End Sub
Private Sub Workbook_Deactivate() '工作簿转为非活动状态时
    Application.ScreenUpdating = False '关闭屏幕更新
    Call Resumption '恢复 Excel 界面
    Call Delete '删除自定义菜单
    Application.ScreenUpdating = True '开启屏幕更新
End Sub
Private Sub Workbook_Open() '工作簿打开时
    Sheet2.Select
End Sub
```

Step 26 运行程序结果

① 所有程序已完成编辑,在运行该程序前请先单击 "常用" 工具栏里的 "保存" 按钮来保存前面所设置的表格和编制的程序,然后关闭 Excel。

② 重新打开该工作簿。此时界面如图所示,在 "功能区中" 出现 "加载项" 选项卡。在 "加载项" 选项卡中,可以单击 "系统设置" 等按钮来进行员工出缺勤的情况登记。

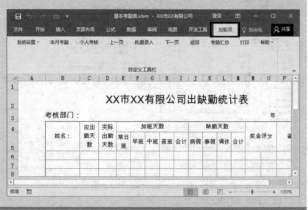

7.2 职工带薪年休假申请审批单

案例背景

《职工带薪年休假条例》规定：机关、团体、企业、事业单位、民办非企业单位，有雇工的个体工商户等单位的职工，凡连续工作 1 年以上的均可以享受带薪年休假。单位应当保证职工享受年休假。职工累计工作满 1 年不满 10 年的，年休假 5 天，满 10 年不满 20 年的年休假 10 天，满 20 年的年休假 15 天。国家法定休假日、休息日不计入年休假的假期。职工在休假期间享受与正常工作期间相同的工资收入。以下通过 Excel 的 Active 控件计算出员工的年假台账，作为员工带薪年休假申请审批单的审批依据。

最终效果展示

序	部门	姓名	参加工作时间	截止到18年12月工龄(年/月)	2018年假						职工本人具体休年假台账														
					应休假天数	统一占用年假天数1	统一占用年假天数2	统一占用年假天数3	已休天数	剩余年假天数	1	2	3	4	5	6	7	8	9	10	11	12	13	14	15
1	生产	桂婶雪	1979/10/1	36年2个月	15	1	1			13															
2	生产	羿慕	1981/12/30	34年0个月	15	1			2	11	18/4/13	18/3/23													
3	生产	邛柔	1984/2/1	31年10个月	15	1			0	13															
4	生产	慎会	2008/1/1	7年11个月	5	1	1		3	0	18/10/19	18/2/12		18/2/6											
5	生产	钟籀	1979/4/1	36年8个月	15	1			1	12					18/2/23										
6	生产	祝皎	1981/12/1	34年0个月	15	1			5	8	18/4/20	13/4/20	18/2/23	18/2/23	18/2/23										
7	生产	万俟林	1985/12/1	30年0个月	15	1			3	10	18/2/23				18/2/23	18/2/23									
8	生产	上官策晖	1998/9/1	17年3个月	10	1			0	8															
9	生产	尤宏	2001/7/1	14年5个月	10	1			0	8															
10	生产	纪丹	1981/10/1	34年2个月	15	1			1	12				18/2/23											

年假台账

天津市某某有限公司
职工带薪年休假申请审批单

部门：　　　　　　　　　　　　　　　　　　　　No：

休假申请人：	尤宏	（集体、个人）	第一联部门留档登记
休假日期：	起始2018年　月　日至2018年　月　日终止，共：　天		
审批人：		主管领导：	
审批日期：	2018年　月　日		
职工休假情况：	本年度应休假10天，已休假0天。剩余年假8天		
备注：			

注：集体休假附全体休假人名单

天津市某某有限公司
职工带薪年休假申请审批单

部门：　　　　　　　　　　　　　　　　　　　　No：

休假申请人：	尤宏	（集体、个人）	第二联上缴管理部门
休假日期：	起始2018年　月　日至2018年　月　日终止，共：　天		
审批人：		主管领导：	
审批日期：	2018年　月　日		
职工休假情况：	本年度应休假10天，已休假0天。剩余年假8天		
备注：			

注：集体休假附全体休假人名单

申请表

关键技术点

要实现本例中的功能，以下为读者应当掌握的 Excel 技术点。

- 添加控件

示例文件

\第 7 章\2018 年假.xlsx

7.2.1 年假台账

Step 1 新建工作簿

创建一个新工作簿，保存类型为"Excel 启用宏的工作簿（*.xlsm）"，并命名为"2018 年假"。

输入相关文本并美化工作表。

Step 2 计算截止到 2018 年 12 月工龄

选中 E3 单元格，输入以下公式，按 <Enter>键确定。

```
=DATEDIF(D3,"2018-12-31","y")&"年"&DATEDIF(D3,"2018-12-31","ym")&"个月"
```

Step 3 计算应休假天数

选中 F3 单元格，输入以下公式，按 <Enter>键确定。

```
=SUM(5*(DATEDIF(D3,"2018-12-31","y")>={1,10,20}))
```

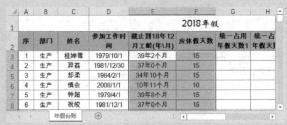

Step 4 复制公式

选中 E3:F3 单元格区域,将鼠标指针放在 F3 单元格的右下角,待鼠标指针变为 ✚ 形状后双击,在 E4:F178 单元格区域中快速复制填充公式。

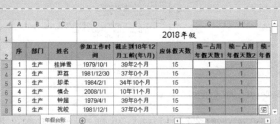

Step 5 输入统一占用年假天数

① 选中 G3:H3 单元格区域,输入"1",按<Ctrl+Enter>组合键批量输入。

② 选中 G3:H3 单元格区域,将鼠标指针放在 H3 单元格的右下角,待鼠标指针变为 ✚ 形状后双击,在 G4:H178 单元格区域中快速输入相同数据。

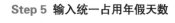

Step 6 添加控件

① 切换到"开发工具"选项卡,在"控件"命令组中单击"插入"按钮,弹出菜单面板,在"ActiveX 控件"下方单击第 2 排第 6 个的"其他控件"按钮 ┇,弹出"其他控件"对话框。

② 拖动右侧的滚动条至如图所示的位置,选中"Microsoft Date and Time Picker Control 6.0(SP6)",单击"确定"按钮。

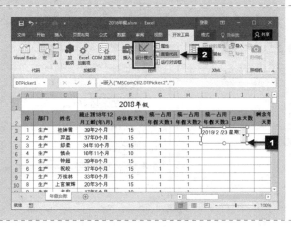

③ 待鼠标指针变成 ✚ 形状后,单击工作表中任意位置,就在工作表里添加了一个"DTPicker"控件,并且"控件"命令组中的"设计模式"按钮变成高亮显示,说明此时处于设计状态。

④ 单击"控件"命令组中的"查看代码"按钮。

⑤ 在 VBA 编辑器中输入以下代码。

```
Option Explicit
Private Sub Worksheet_SelectionChange(ByVal Target As Range)
    With Me.DTPicker1
        If Target.Count = 1 And Target.Row > 2 And Target.Row < 202 And Target.Column > 11 And Target.Column
< 27 Then
            .Visible = True
            .Top = Selection.Top
            .Left = Selection.Left
            .Height = Selection.Height
            .Width = Selection.Width
            If Target.Cells(1, 1) <> "" Then
                .Value = Target.Cells(1, 1).Value
            Else
                .Value = Date
            End If
        Else
            .Visible = False
        End If
    End With
End Sub
Private Sub DTPicker1_CloseUp()
    ActiveCell.Value = Me.DTPicker1.Value
    Me.DTPicker1.Visible = False
End Sub
Private Sub Worksheet_Change(ByVal Target As Range)
    If Target.Count = 1 And Target.Column = 2 Or Target.MergeCells Then
        If Target.Cells(1, 1).Value = "" Then
            DTPicker1.Visible = False
        End If
    End If
End Sub
```

⑥ 在"设计"模式中，单击"保存"按钮，单击右上角的"关闭"按钮，返回 Excel 工作表中。

⑦ 在"开发工具"选项卡的"控件"命令组中单击"设计模式"按钮,退出设计状态。

技巧 Excel 如何添加 Microsoft Date and Time Picker Control 控件

有时 Excel 如果找不到 Microsoft Date and Time Picker Control 控件,可以按照下列方法添加。

① 在 Internet 下载"mscomct2.ocx 文件,将其复制到系统盘的\Windows\System32 文件夹下;如果是 Windows 7 的 64 位系统,则复制到系统盘的\Windows\SysWOW64 文件夹下。

② 在 Windows 的"开始"按钮 ▦ 上右键单击,在弹出的快捷菜单中选择"Windows PowerShell(管理员)"命令。

③ 在弹出的"管理员:Windows PowerShell"对话框中,输入"regsvr32 c:\windows\system32\mscomct2.ocx",按<Enter>键。

④ 弹出"RegSvr32"对话框,单击"确定"按钮。

此时控件里面就会添加 Microsoft Date and Time Picker Control。

Step 7 输入职工本人具体休年假时间

利用控件，在 L3:Z178 单元格区域中输入职工本人具体休年假的时间。

Step 8 设置日期格式

选中 L3:Z178 单元格区域，设置单元格格式为"日期"，类型为"12/3/14"。

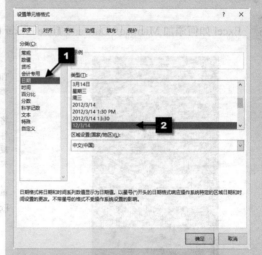

Step 9 计算已休天数

选中 J3 单元格，输入以下公式，按<Enter>键输入。

`=COUNTIF(L3:Z3,">1")`

Step 10 计算剩余年假天数

选中 K3 单元格，输入以下公式，按<Enter>键输入。

`=F3-SUM(G3:J3)`

Step 11 复制公式

选中 J3:K3 单元格区域，将鼠标指针放在 K3 单元格的右下角，待鼠标指针变为╋形状后双击，在 J3:K178 单元格区域中快速复制填充公式。

Step 12 美化工作表

① 选择 L1:Z178 单元格区域，设置填充颜色。

② 调整列宽。

③ 设置框线。

④ 取消编辑栏和网格线显示。

7.2.2 申请表

Step 1 输入表格标题和内容

插入一个新工作表，重命名为"申请表"，在 A1:D10 单元格区域中输入表格标题和内容。

Step 2 输入职工姓名

切换到"年假台账"申请表，选中 C3:C178 单元格区域，按<Ctrl+C>组合键复制。切换到"申请表"工作表，选中 I1 单元格，按<Ctrl+V>组合键复制，在 I 列中输入职工姓名，并美化工作表。

Step 3 设置数据验证

① 选中 B4 单元格，切换到"数据"选项卡，在"数据工具"命令组中单击"数据验证"按钮，弹出"数据验证"对话框。

② 单击"设置"选项卡，在"允许"下拉列表中选择"序列"，单击"来源"下方右侧的按钮。

③ 弹出"数据验证"对话框，在工作表中单击 I 列的列标以选中 I 列，此时"数据验证"对话框中显示选中的内容"=$I:$I"。单击"关闭"按钮，返回"数据验证"对话框。

④ 单击"确定"按钮。

⑤ 利用数据验证在 B4 单元格中输入申请人姓名，如"钟超"。

Step 4 输入"职工休假情况"

选中 B8 单元格，输入以下公式，按 <Enter>键确定。

```
="本年度应休假"&IFERROR(VLOOKUP(B4,年假台账!$C$3:$F$178,4,0)," ")&"天,已休假"&IFERROR(VLOOKUP(B4,年假台账!$C$3:$J$178,8,0)," ")&"天。剩余年假"&IFERROR(VLOOKUP(B4,年假台账!$C$3:$K$178,9,0)," ")&"天"
```

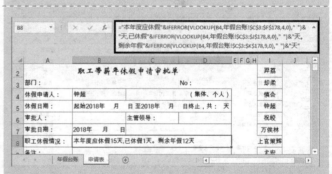

Step 5 输入骑缝栏

① 选中 E3 单元格，输入"第一联部门留档登记"。

② 选中 E3:E10 单元格区域，按 <Ctrl+1>组合键，弹出"设置单元格格式"对话框，切换到"对齐"选项卡，在"文本控制"下方勾选"合并单元格"复选框；在右侧的"方向"下方单击第一个竖排的"文本"。

③ 选中 E 列，调整字号为"10"，调整列宽。

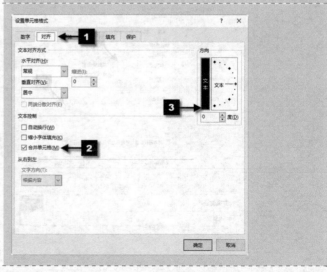

Step 6 隐藏列

右键单击 I 列的列标,在弹出的快捷菜单中选择"隐藏",隐藏 I 列。

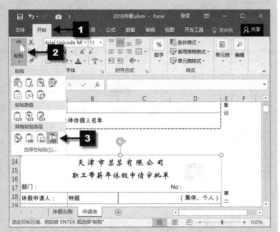

Step 7 复制动态图片

① 选中 A1:D10 单元格区域,按组合键 <Ctrl+C>复制。

② 将光标定位在 A14 单元格内,然后依次单击"开始"→"粘贴"→"链接的图片"命令。

当 A1:D10 单元格区域中的数据发生变化时,下面的图片会同步变化。

Step 8 输入骑缝栏

① 选中 E3:E10 单元格区域,按<Ctrl+C>组合键复制,再选中 E18 单元格,按<Ctrl+V>组合键粘贴。

② 选中 E18:E25 单元格区域,两次单击"合并后居中"按钮。

③ 选中 E18 单元格,在编辑栏中修改其内容为"第二联上缴管理部门"。

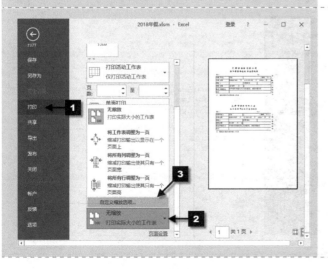

Step 9 打印预览

① 单击"文件"选项卡,在打开的下拉菜单中选择"打印"命令。

② 单击"设置"下方的"无缩放"右侧的下箭头按钮,在弹出的菜单中选择"自定义缩放选项"选项。

③ 弹出"页面设置"对话框，在"页面"选项卡中，在"缩放比例"右侧的文本框中输入"120"，单击"确定"按钮。

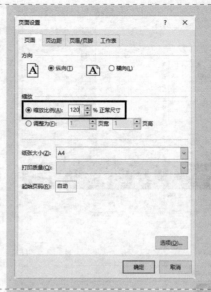

④ 切换到"页边距"选项卡，在"居中方式"区域中勾选"水平"复选框，单击"确定"按钮。

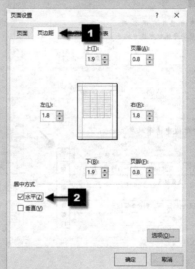

自定义缩放后的打印预览效果如图所示。

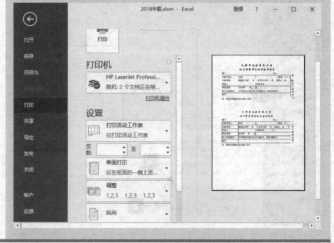

附录

Excel 2016 高效办公

　　本书中有关人力资源管理的流程是按生产制造类企业的一般标准制定的，目的是方便读者理解书中的具体案例。由于各类企业的人力资源管理流程有所差异，本附录提供的流程图不作为唯一标准，仅供参考。

第1章 人员外部招聘流程图

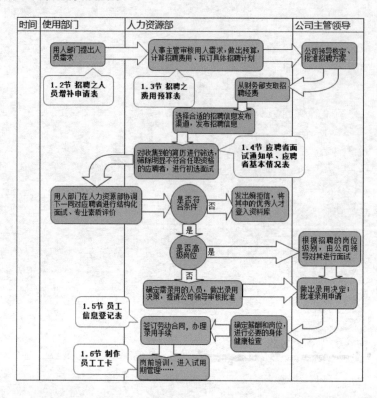

第2章 培训计划执行流程图

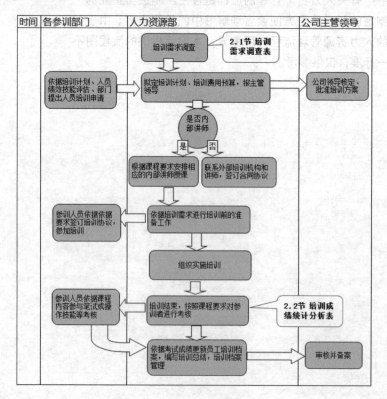

第 3 章　薪酬福利管理流程图

3.1 节　申请核定加班流程图

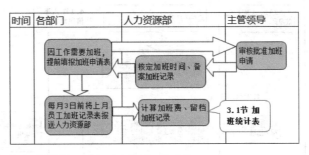

3.2 节　绩效奖金核定流程图

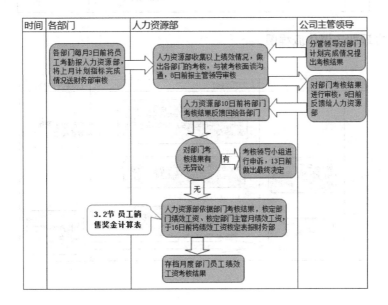

3.3～3.8 节　核发员工薪酬流程图

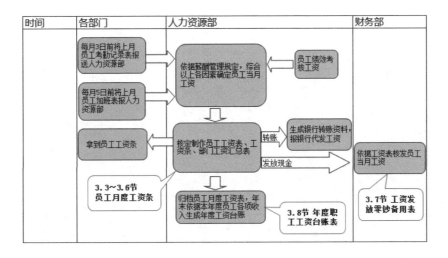

第 4 章　人事信息数据统计分析流程图

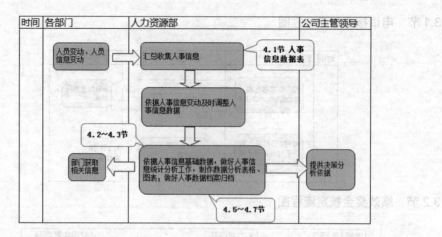

第 5 章　办理职工退休流程图

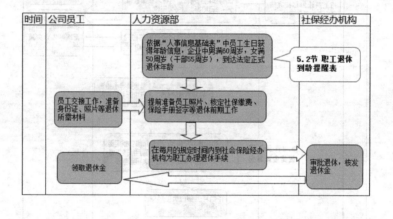

后浪出版公司

数字音频原理

非常感谢您购买 Excel Home 编著的图书!

Excel Home 是全球知名的 Excel 技术与应用网站，诞生于 1999 年，拥有超过 400 万注册会员，是微软在线技术社区联盟成员以及微软全球最有价值专家（MVP）项目合作社区，Excel 领域中国区的 Microsoft MVP 多数产生自本社区。

Excel Home 致力于研究、推广以 Excel 为代表的 Microsoft Office 软件应用技术，并通过图书、图文教程、视频教程、论坛、微信公众号、新浪微博、今日头条等多形式多渠道帮助您解决 Office 技术问题，同时也帮助您提升个人技术实力。

- 您可以访问 Excel Home 技术论坛，这里有各行各业的 Office 高手免费为您答疑解惑，也有海量的应用案例。

- 您可以在 Excel Home 门户网站免费观看或下载 Office 专家精心录制的总时长数千分钟的各类视频教程，并且视频教程随技术发展在持续更新。

- 您可以关注新浪微博"ExcelHome"，随时浏览精彩的 Excel 应用案例和动画教程等学习资料，数位小编和众多热心博友实时和您互动。

- 您可以关注 Excel Home 官方微信公众号"Excel 之家 ExcelHome"，我们每天都会推送实用的 Office 技巧，微信小编随时准备解答大家的学习疑问。成功关注后发送关键字"大礼包"，会有惊喜等着您!

- 您可以关注官方微信公众号"ExcelHome 云课堂"，众多大咖精心准备的在线课程，让您以最快速度学好 Excel、Word 和 PPT。